AURORE

CENT RÉCITS SUR DES SUJETS VARIÉS

LECTURES COURANTES

A l'usage des écoles et des institutions
de demoiselles

PAR

J. HENRI FABRE

Ancien élève de l'École normale primaire de Vaucluse,
Docteur ès sciences,
Correspondant du Ministère de l'Instruction publique,
Lauréat de l'Institut et de la Sorbonne, Officier de l'Instruction publique,
Chevalier de la Légion d'honneur.

PARIS

LIBRAIRIE CH. DELAGRAVE

15, RUE SOUFFLOT, 15

AURORE

AURORE

CENT RÉCITS SUR DES SUJETS VARIÉS

LECTURES COURANTES

A l'usage des écoles et des institutions
de demoiselles

PAR

J. HENRI FABRE

Ancien élève de l'École normale primaire de Vaucluse
Docteur ès sciences,
Correspondant du Ministère de l'instruction publique
Lauréat de l'Institut et de la Sorbonne, Officier de l'instruction publique,
Chevalier de la Légion d'honneur,

TROISIÈME ÉDITION

PARIS
LIBRAIRIE DE CH. DELAGRAVE
15, RUE SOUFFLOT, 15

1879

Tout exemplaire non revêtu de la griffe de l'Éditeur sera réputé contrefait.

AURORE

I

CENDRILLON

Revenez, disait un jour Aurore s'adressant à ses trois nièces, Augustine, Claire et Marie, revenez en mon esprit, souvenirs de ce bel âge où la curiosité s'éveille, où l'imagination travaille, pleine de riantes illusions. Revenez, ô mes souvenirs de ce temps où le soir, assises en rond sur les foins coupés, au chant monotone des grillons, nous nous racontions des histoires.

Un soir c'était le Petit-Poucet. Les oiseaux avaient mangé les miettes de pain répandues à terre pour reconnaître le chemin. Les sept petits garçons étaient égarés dans le bois. Petit-Poucet, du haut d'un arbre, voyait au loin une lueur. On y courait. Pan, pan !... C'était la demeure d'un ogre. Il eût fallu voir comme nous nous faisions petites, tout entières aux voluptés des terreurs imaginaires.

Un autre soir, c'était le Chat-Botté. La bête rusée, un grain de blé dans la patte et le sac ouvert, attendait les perdreaux dans un sillon. Quelles chasses exagérées nous mettions sur son compte ! Perdreaux étourdis, cailles innocentes et lapereaux benêts accouraient en foule dans le sac. A notre dire, tout le gibier du canton y passait. L'enthousiasme sert d'excuse à cette grave altération de l'histoire. Le passage venait où le Chat, précédant le

faux marquis de Carabas, défiait l'Ogre de prendre la
forme de toutes sortes d'animaux, comme il s'en prétendait le pouvoir. L'Ogre stupide—quel ogre ne l'est pas !—
s'empressait de se métamorphoser en lion d'abord, puis
en souris. L'intérêt redoublait. Crac !... la griffe était
lancée, la souris prise et l'Ogre avalé. Le château appar-
tenait désormais au fils du meunier, devenu pour tout
de bon le marquis de Carabas. Suivaient les noces et le
gala.

Puis venait l'horripilante tragédie de la Barbe-Bleue.
Ce soir-là, par exemple, l'émotion était au comble. Invo-
lontairement nous cherchions les mains de nos voisines
pour nous rassurer à leur amical contact. Comment
triompher en effet de la frayeur ? Vous rappelez-vous ce
cabinet englué de sang, cet affreux charnier où pendent
au croc les sept femmes de la Barbe-Bleue ? Et cette
maudite clef, dont rien ne peut faire disparaître la tache !
— La Barbe-Bleue arrive ; la scène se passe dans la
tour. — «Anne, ma sœur Anne, ne vois-tu rien venir ? »
dit la pauvre femme d'une voix éteinte par les affres de
la mort. — « Voudrais-tu bien descendre ! » gronde du
bas de l'escalier la grosse voix de la Barbe-Bleue. On
entend le coutelas qui s'aiguise surune dalle de grès.....

Cendrillon venait rasséréner nos esprits. — Les sœurs
sont parties pour le bal, bien fières, bien pimpantes. Cendrillon, le cœur gros, surveille la marmite. Entrée en
scène de la marraine. « Va, dit-elle, au jardin quérir une
citrouille. » Et voilà que la citrouille évidée se change,
sous la baguette de la marraine, en un carrosse doré. —
« Cendrillon, fait-elle encore, lève la trappe de la souri-
cière. » — Six souris s'en échappent, aussitôt touchées de
la magique baguette, aussitôt métamorphosées en six chevaux d'un beau gris pommelé. Un rat à maîtresse barbe
devient un gros cocher doué d'une triomphante mous-
tache. Six lézards qui dormaient derrière l'arrosoir deviennent des laquais, tout de vert chamarrés, qui montent

aussitôt derrière le carrosse. Enfin les méchantes nippes de la pauvre fille sont changées en habits de drap d'or et d'argent, semés de pierreries. Cendrillon part pour le bal, chaussée de pantoufles de verre. Mieux que moi vous savez apparemment le reste.

Puissantes marraines pour qui c'était un jeu de changer des souris en chevaux, des lézards en laquais ; gracieuses fées qui sous vos pas faisiez éclore des merveilles, qu'êtes-vous devenues? Êtes-vous remontées aux sereines sommités du ciel, avez-vous fui pour toujours notre terre ? — Non, non. Dieu soit béni ! vous habitez encore parmi nous. Vous nourrissez l'imagination enfantine de merveilles illusoires, vous nourrissez l'esprit mûr de merveilles réelles. La Fantaisie, fée de Cendrillon, sait toujours, en ses rêves, se créer un carrosse avec une citrouille ; la Réalité, grande fée du bon Dieu, avec bien moins qu'une citrouille, fait mieux qu'attelage et carrosse, cocher et laquais. Mille vies humaines ne suffiraient pas à raconter ses merveilles. Que du moins j'essaie de vous en dire quelques mots.

Parlons des papillons. Qu'ils sont beaux ! oh ! mon Dieu, qu'ils sont beaux ! Il y en a dont les ailes sont barrées de rouge sur un fond grenat ; il y en a d'un bleu vif avec des ronds noirs ; d'autres sont d'un jaune de soufre avec des taches orangées ; d'autres sont blancs et frangés de brun. Ils ont sur le front deux fines cornes ou antennes, tantôt effilées en aigrettes, tantôt découpées en panaches. Ils ont sous la tête une trompe, un suçoir aussi mince qu'un cheveu et roulé en spirale. Quand ils s'approchent d'une fleur, ils déroulent la trompe et la plongent au fond de la corolle pour y boire une goutte de liqueur mielleuse. Qu'ils sont beaux ! oh ! mon Dieu, qu'ils sont beaux ! Si l'on vient seulement à les toucher, ils laissent entre les doigts comme une poussière de métaux précieux.

Eh bien, tout papillon, avant d'être la ravissante créa-

ture qui vole de fleur en fleur avec de magnifiques ailes,
est une misérable chenille qui rampe péniblement. Presque tous les insectes débutent comme les papillons. En
sortant de l'œuf, ils ont une forme provisoire, qu'ils doivent remplacer plus tard par une autre. Ils naissent en
quelque sorte deux fois : d'abord imparfaits, lourds, vo-
races, laids ; puis parfaits, agiles, et souvent d'une richesse, d'une élégance admirables. Sous sa première forme,
l'insecte est un ver, que l'on désigne par le nom général
de larve. La chenille ou ver des papillons est une larve.

Vous connaissez la Jardinière, ce bel insecte d'un vert

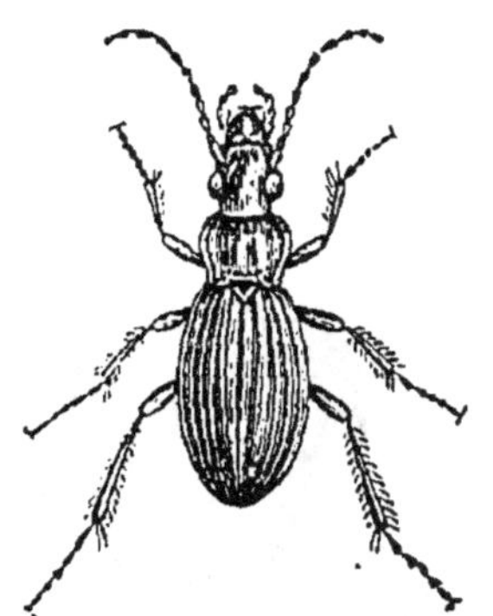 

Fig. 1. — La Jardinière ou Carabe doré.   Fig. 2. — Larve du Carabe doré.

doré que vous voyez si souvent vagabonder dans le jardin. Son véritable nom est Carabe doré. Je vous apprendrai qu'avant d'avoir sa riche cuirasse, plus brillante que
le bronze poli, la Jardinière était, ainsi que vous le montre la figure, une fort laide bestiole, toute noire et
vivant dans la terre. — Vous connaissez la jolie bête
du bon Dieu, ou, comme on dit, la Coccinelle, de forme
ronde, d'un rouge vif avec sept points noirs. Elle a été
d'abord un ver couleur d'ardoise, hérissé de piquants.
Le Hanneton, le bonasse Hanneton, qui, la patte retenue par un fil, gonfle gauchement ses ailes et part au
chant de vole ! vole ! est d'abord un ver blanc, une larve

dodue, grasse à lard, qui vit sous terre et s'attaque aux racines des plantes. Le grand Cerf-volant, dont la tête est armée de pinces menaçantes, semblables de forme aux cornes

Fig. 3. — Le Hanneton.

Fig. 4. — Larve du Hanneton.

du cerf, est au début un gros ver qui vit dans les vieux troncs d'arbres. Il en est de même du Capricorne, si curieux par ses longues antennes. Et le ver qui vit dans les cerises trop mûres, que devient-il, lui si répugnant ? Il devient une belle mouche dont les ailes sont parées de quatre bandes de velours noir. Ainsi des autres.

Le merveilleux changement qui transfigure le ver, la larve, en insecte parfait, se nomme métamorphose. Par la métamorphose, les chenilles, parfois d'une repoussante laideur, deviennent ces magnifiques papillons dont les ailes parées des couleurs les plus riches nous ravissent d'admiration ; par la

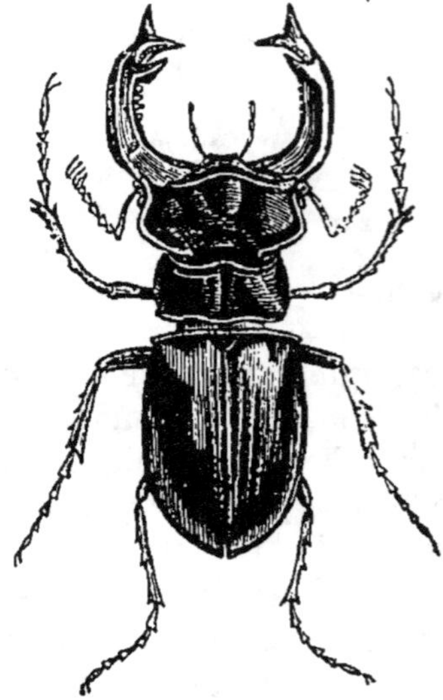

Fig. 5. — Le Cerf-volant.

métamorphose, des vers affreux, qu'on n'oserait toucher du bout du doigt, deviennent des scarabées, dont beaucoup rivalisent d'éclat avec les pierres fines et sont de véritables bijoux vivants. De cette abjecte vermine la métamorphose fait les papillons et les scarabées, ces délicieuses créatures en comparaison desquelles pâlissent les gemmes et les fleurs.

Que sont, mes chères enfants, les puissantes fées de vos contes, changeant une citrouille en carrosse, à côté de la Réalité, qui, d'un ver impur, objet de dégoût, sait faire une ravissante créature! Elle touche de sa divine baguette une misérable chenille velue, un ver hideux qui bave dans le bois pourri, et le miracle est fait : la dégoûtante larve est devenue un scarabée tout reluisant d'or, un papillon dont les ailes d'azur auraient fait pâlir la toilette princière de Cendrillon.

II

LE VER A SOIE

Quand elle a suffisamment grandi, la larve se prépare un abri tranquille pour un sommeil semblable à celui de la mort, pendant lequel se fait la métamorphose. Mille méthodes sont en œuvre pour la préparation de ce gîte.

Certaines larves s'enfouissent simplement dans la terre ; d'autres s'y creusent des niches rondes à parois polies. Il y en a qui se façonnent un abri avec des feuilles sèches ; il y en a qui savent agglutiner en boule creuse les grains de sable et le bois pourri. Celles qui vivent dans le tronc des arbres bouchent en arrière, avec un tampon de sciure de bois, la galerie qu'elles se sont creusée ; une petite chenille vivant dans le blé ronge toute la partie farineuse du grain et respecte l'enveloppe, le son, qui doit lui servir de berceau. D'autres, moins précautionnées, s'abritent dans quelque ride d'une écorce, d'un mur, et s'y fixent au moyen d'un cordon qui les ceint par le travers du corps. Mais c'est surtout dans la confection de la cellule de soie appelée cocon que se montre la haute industrie des larves.

Une chenille d'un blanc cendré, de la grosseur du

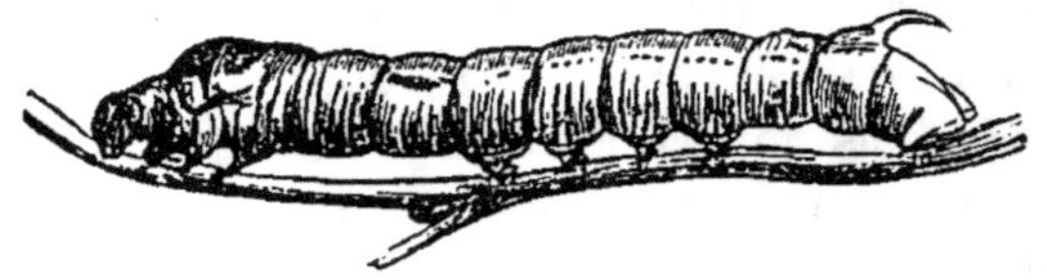

Fig. 6. — Le Ver à soie.

petit doigt, est élevée en grand pour son cocon, avec lequel se font les étoffes de soie. On l'appelle le Ver à soie. — Dans des chambres bien propres sont disposées des claies de roseaux, sur lesquelles on met de la feuille de mûrier et les jeunes chenilles provenant des œufs éclos en domesticité. Le mûrier est un grand arbre cultivé exprès pour nourrir les chenilles ; il n'a de valeur que par ses feuilles, seule nourriture des vers à soie. On consacre à sa culture de grandes étendues, tant le travail du ver est chose précieuse. Les chenilles mangent la ration de feuilles, renouvelée fréquemment sur les claies, et changent à diverses reprises de peau à mesure qu'elles se font grandes. Leur appétit est tel, que le cliquetis des mâchoires, broutant à petites bouchées, ressemble au bruit d'une fine averse tombant, par un temps calme, sur le feuillage des arbres. Il est vrai que la chambrée contient des milliers et des milliers de vers.

En quatre à cinq semaines, la chenille acquiert tout son développement. On dispose alors sur les claies de la ramée de bruyère, où montent les vers à mesure que leur moment est venu de filer le cocon. Ils s'établissent un à un entre quelques menus rameaux, et fixent çà et là une multitude de fils très-fins, de façon à former une espèce de réseau qui les maintient suspendus et doit leur servir d'échafaudage pour le grand travail du cocon.

Le fil de soie leur sort de la lèvre inférieure par un trou appelé filière. Dans le corps de la chenille, la matière à soie est un liquide très-épais, visqueux, semblable à de la gomme ; elle est contenue dans deux petits sacs très-longs et très-étroits, entortillés sur eux-mêmes. En s'écoulant par l'orifice de la lèvre, ce liquide s'étire en fil, qui se colle aux fils précédents et durcit aussitôt. La matière à soie n'est pas contenue toute faite dans la feuille de mûrier que mange le ver, pas plus que le lait n'est contenu tel quel dans l'herbe que broute la vache. La chenille la produit avec les matériaux fournis par l'alimentation, comme la vache produit le lait avec la substance du fourrage. Sans l'aide de la chenille, l'homme ne pourrait jamais retirer des feuilles du mûrier la matière de ses tissus les plus précieux. Nos admirables étoffes de soie prennent réellement naissance dans le ver, qui les bave en un fil.

Revenons à la chenille suspendue au milieu de son lacis. Maintenant elle travaille au cocon. Sa tête est dans un mouvement continuel. Elle avance, elle recule, elle monte, elle descend, elle va de droite et de gauche tout en laissant échapper de sa lèvre un menu fil, qui se fixe à distance autour de l'animal, se colle aux brins déjà placés, et finit par former une enveloppe continue de la grosseur d'un œuf de pigeon. L'édifice de soie est d'abord assez transparent pour permettre de voir travailler la chenille ; mais en augmentant d'épaisseur, il dérobe bientôt aux regards ce qui se passe dedans. Ce qui suit se devine sans peine. La chenille, pendant trois à quatre jours, épaissit la paroi du cocon jusqu'à ce qu'elle ait épuisé ses provisions de liquide à soie. La voilà enfin retirée du monde, isolée, tranquille, recueillie pour la transfiguration qui va bientôt se faire.

Une fois enclose dans son cocon, la chenille se flétrit et se ride comme pour mourir. D'abord la peau se fend sur le dos; puis, par des trémoussements répétés qui tiraillent d'ici, qui tiraillent de là, le ver s'écorche douloureusement. Avec la peau tout vient : dure calotte du crâne, mâchoires, yeux, pattes, estomac et le reste. C'est un arrachement général. La guenille du vieux corps est enfin repoussée dans un coin du cocon.

Que trouve-t-on alors dans la cellule de soie? une autre chenille, un papillon?— Ni l'un ni l'autre. On trouve un corps en forme d'amande, arrondi par un bout, pointu par l'autre, de l'aspect du cuir et nommé chrysalide. C'est un état intermédiaire entre la chenille et le papillon. On y voit certains reliefs qui déjà trahissent les formes de l'insecte futur. Au gros bout, on distingue les antennes et les ailes étroitement appliquées en écharpe. La chrysalide est l'insecte en voie de formation, le papillon étroitement emmaillotté dans des langes sous lesquels s'achève l'incompréhensible travail qui doit changer de fond en comble la structure première.

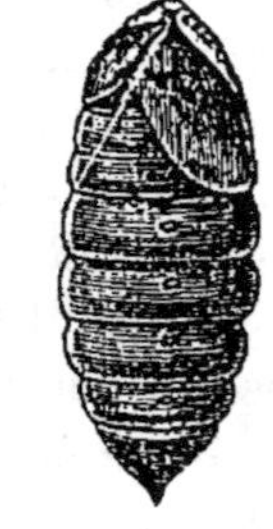

Fig. 7. — Chrysalide du ver à soie.

En une vingtaine de jours, si la température est propice, la chrysalide du ver à soie s'ouvre ainsi qu'un fruit mûr, et de sa coque fendue se dégage le papillon, tout chiffonné, tout humide, pouvant à peine se soutenir sur ses jambes tremblantes. Il lui faut le grand air pour prendre des forces, pour étaler et sécher ses ailes. Il lui faut sortir du cocon, mais comment s'y prendre? La chenille a fait le cocon très-solide, et le faible papillon ne possède ni griffes ni dents qui puissent forcer la prison. Il en sortira cependant, car toute créature a ses ressources dans les moments difficiles de la vie. Pour briser la coque de l'œuf qui le retient prisonnier, le tout petit poulet a sur le bout du bec un durillon fait exprès;

pour user la paroi de sa cellule, le papillon a ses yeux façonnés en râpe. Les yeux des insectes sont recouverts d'une calotte de corne transparente, dure et taillée à facettes. Il faut un verre grossissant pour distinguer ces facettes, tant elles sont fines ; mais, si fines qu'elles soient,

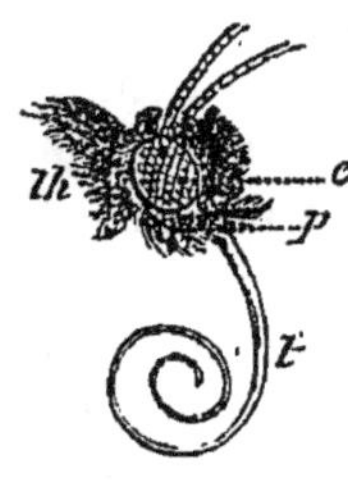

Fig. 8. — Tête de papillon. Un œil à facettes, se voit en *e*, et la trompe en *t*.

elles n'ont pas moins de vives arêtes, dont l'ensemble constitue au besoin une râpe. Le papillon commence donc par humecter avec une goutte de salive le point qu'il veut attaquer ; et puis, appliquant un œil à l'endroit ramolli, il tourne sur lui-même, il gratte, il lime. Un à un les fils sont rompus par la râpe ; le trou est fait et le papillon sort du cocon.

Le papillon du ver à soie n'a rien de gracieux. Il est blanchâtre, ventru, lourd ; il ne vole pas, comme les autres, de fleurs en fleurs, car il ne prend aucune nourriture. Aussitôt sorti du cocon, il se met à pondre ses œufs ; puis il meurt. Les œufs des vers à soie s'appellent vulgairement *graines*, expression populaire fort juste, car l'œuf est la graine de l'animal, comme la graine est l'œuf de la plante. Œuf et graine se correspondent.

III

LA SOIE

Le cocon du ver à soie se compose de deux enveloppes, l'une extérieure, consistant en une sorte de gaze très-lâche, l'autre intérieure, formée d'un tissu très-serré.

Cette dernière est le cocon proprement dit et fournit seule un fil de grande valeur ; l'autre, à cause de son irrégularité, ne peut être dévidée et ne donne qu'une soie propre à être cardée. L'enveloppe extérieure enchevêtre ses fils aux menus rameaux entre lesquels le ver s'est établi ; elle n'est qu'une sorte d'échafaudage, de hamac a jour, où la chenille s'isole et prend appui pour le travail solide et soigné de l'enveloppe intérieure. Lorsque ce hamac est prêt, le ver se fixe aux fils avec ses pattes postérieures ; il se soulève, se recourbe et porte tour à tour la tête d'un côté et d'autre en laissant couler de sa lèvre un fil qui, par sa viscosité, adhère aussitôt aux points touchés. Sans changer de position, la chenille dépose ainsi une première couche sur la partie de l'enceinte qui lui fait face. Elle se retourne alors et tapisse un autre point de la même manière. Quand toute l'enceinte est tapissée, à la première assise en succèdent d'autres, cinq, six et davantage, jusqu'à ce que les réservoirs de la matière à soie se trouvent épuisés, et que l'épaisseur de la paroi soit suffisante pour la sécurité de la future chrysalide.

D'après la manière dont travaille la chenille, on voit que le fil ne s'enroule pas circulairement comme celui d'une pelote, mais se distribue en une série de zigzags d'avant en arrière et de droite à gauche. Malgré ses changements brusques de direction et sa longueur, qui mesure 300 à 350 mètres, non compris l'enveloppe externe, ce fil n'est jamais interrompu. Son poids est en moyenne de 1 décigramme et demi ; il suffirait donc de 15 à 20 kilogrammes de cette soie pour fournir une longueur de 10,000 lieues, ce qui est le tour de la terre.

L'examen, avec des verres grossissants, montre que le fil du cocon est un tube excessivement fin, aplati, irrégulier à la surface et composé de trois couches distinctes. La couche centrale est de la soie pure ; au-dessus est un vernis inattaquable par l'eau chaude, mais soluble dans une faible lessive ; enfin à la superficie est un enduit gommeux qui agglutine fortement entre eux les zigzags du fil et forme de leur ensemble une solide paroi.

Dès que le travail des chenilles est fini, on recueille les cocons sur la ramée de bruyère. Quelques-uns, les plus sains, sont mis à part et abandonnés à la métamorphose. Leurs papillons donnent des œufs ou graines, d'où proviendra, l'année suivante, la nouvelle chambrée de vers. Sans retard, les autres sont exposés dans une étuve à l'action de la vapeur brûlante. On tue ainsi la chrysalide, dont les tendres chairs lentement prenaient forme. Si l'on négligeait cette précaution, le papillon percerait le cocon, qui, ne pouvant plus se dévider à cause de ses fils rompus, perdrait toute sa valeur. Le dévidage se fait dans des ateliers nommés filatures. On met les cocons dans une bassine d'eau bouillante pour dissoudre la gomme qui agglutine les divers tours. Une ouvrière, armée d'un petit balai de bruyère, les agite dans l'eau pour trouver et saisir le bout du fil, qu'elle met sur un dévidoir en mouvement. Entraîné par la machine, le filament de soie se développe, tandis que le cocon sautille dans l'eau chaude comme un peloton de laine dont on tirerait le fil. Au centre du cocon épuisé, il reste la chrysalide infecte, tuée par le feu. Comme un seul fil ne serait pas assez fort pour la fabrication des tissus, on dévide à la fois plusieurs cocons, de 3 à 15 et même au delà, suivant la solidité des étoffes auxquelles la soie est destinée. C'est ce faisceau de plusieurs brins que les machines de tissage emploient plus tard comme un fil unique.

Telle qu'elle sort des bassines de dévidage, la soie brute du cocon a perdu sa couche gommeuse, dissoute par l'eau bouillante ; mais elle est encore revêtue de son vernis naturel, qui lui donne sa roideur, son élasticité, sa couleur. En cet état, on la nomme soie *écrue*. Elle est tantôt jaune, tantôt blanche, suivant la couleur des cocons d'où elle provient. Pour devenir apte à recevoir la teinture qui en rehaussera l'éclat et le prix, la soie doit d'abord être dépouillée de ce vernis au moyen d'un léger lessivage à chaud. Elle perd ainsi le quart environ de son poids et devient d'un beau blanc, quelle que soit sa couleur primitive. Après ce traitement d'épuration, elle prend le nom de soie *décreusée* ou de soie *cuite*.

Le ver à soie et le mûrier qui le nourrit sont originaires de la Chine, où l'on savait déjà tisser la soie vingt-sept siècles avant notre ère. De la Chine, la culture du mûrier et l'éducation des vers pénétrèrent dans les Indes et en Perse. C'est au commencement de l'Empire qu'on vit à Rome, pour la première fois, des étoffes de soie venues de l'Orient. Le prix en était tellement excessif, qu'un décret de Tibère défendait aux hommes les vêtements faits avec cette coûteuse matière. L'insensé Héliogabale fut le premier qui, par un luxe effréné, osa se vêtir de soie pure ; jusqu'à lui, on ne s'était permis de l'employer qu'en la mélangeant avec d'autres substances. Longtemps après, l'empereur Aurélien fermait l'oreille aux supplications de sa femme, qui désirait un habillement de soie : « Les dieux me préservent, répondait-il, d'employer de ces étoffes qui s'achètent au poids de l'or. »

L'industrie de la soie fut importée en Europe vers le milieu du sixième siècle. En 555, sous le règne de Justinien, deux moines apportèrent des Indes à Constantinople des plants de mûriers, ainsi que des œufs du précieux ver cachés dans une canne creuse. Ils enseignèrent la manière de faire éclore les œufs, de nourrir les chenilles, de filer la soie, et bientôt des manufactures s'élevèrent dans plusieurs villes de l'empire grec, notamment à Corinthe, à Thèbes, à Athènes. Cinq cents ans plus tard, la culture du mûrier devint si florissante dans la partie de la Grèce appelée le Péloponèse, que ce pays échangea son antique nom pour celui de l'arbre qui faisait sa richesse, et s'appela Morée, du latin *morus*, signifiant mûrier.

Au XII° siècle, Roger II, roi de Sicile, introduisit l'industrie de la soie à Palerme, d'où elle se propagea en Calabre et dans le reste de l'Italie. Lorsque Philippe le Hardi lui eut fait la cession du comtat Venaissin, qui devait, trente ans plus tard, devenir le siége de la papauté, Grégoire X fit planter des mûriers dans la nouvelle province et venir des ouvriers en soie de la Sicile et de Naples. Bientôt, favorisée par la présence et les encouragements des papes, cette industrie prit un développement qui permit aux soieries d'Avignon de rivaliser avec les plus belles de l'Italie. D'Avignon, la fabrication des soieries se propagea à Nîmes et à Lyon.

En 1554, Henri II rendit un édit pour ordonner la plantation des mûriers ; on dit que ce prince fut le premier qui porta des bas de soie. Henri IV prit beaucoup d'intérêt à la production de la soie dans son royaume ; il fit planter des mûriers à Orléans, à Fontainebleau, à Paris même, dans le jardin des Tuileries. Mais c'est principalement sous le ministère de Colbert que cette culture reçut une grande impulsion. Ce grand ministre, qui voyait dans le commerce, l'agriculture et l'industrie les principales sources de la prospérité d'une nation, établit des pépinières royales en diverses provinces, et fit planter, aux frais de l'État, sur les terres des particuliers, les mûriers qui en provenaient. Ce procédé généreux, mais violent et portant atteinte à la propriété, déplut aux cultivateurs, qui laissèrent dépérir les arbres. Colbert eut alors recours à un moyen plus efficace et moins arbitraire : il promit et paya vingt-quatre sous par pied de mûrier qui subsisterait trois ans après la plantation. L'appât de ce gain surmonta toutes les difficultés, et la Provence, le Languedoc, le Vivarais, le Dauphiné, le Lyonnais, la Touraine, la Gascogne, se couvrirent de mûriers pour les chambrées de vers à soie.

IV

CÉRÈS

Jetez les yeux sur la carte d'Europe : tout au milieu de
la Méditerranée, vous verrez une grande île triangulaire
séparée de l'Italie par un détroit. C'est la Sicile, que les
anciens nommaient Trinacrie à cause de ses trois pointes
ou promontoires. Là, disait-on, était enfoui vivant, au
sein des profondeurs de la terre, un géant énorme, puni
des dieux pour avoir tenté d'escalader le ciel. Son nom
est Typhée. Sa droite est sous l'un des trois promontoires
de l'île, sa gauche est sous le second, et ses pieds sont
retenus sous le troisième. Des chaînes de montagnes ont
leurs racines dans les intervalles de ses doigts. Sur sa tête
pèse l'Etna, l'immense volcan qui toujours fume ou rejette
des fleuves de feu. La colonne de fumée, c'est l'haleine
du géant qui respire par le soupirail de la montagne ; le
courant de laves ardentes, c'est l'écume qui s'épanche de
ses lèvres courroucées. Pour peu qu'il remue dans sa
couche et cherche à s'étirer les membres, le sol se met à
trembler ; s'il tente de se retourner d'un flanc sur un autre, l'île se gerce d'effrayants abîmes, les montagnes chan-
cellent, les cités s'écroulent.

Or, un jour que la Sicile venait d'être violemment
ébranlée, Pluton, le dieu des enfers, quitta son noir palais, dont les voûtes menaçaient de s'ouvrir, et vint au
dehors reconnaître ce qui se passait, craignant que d'un
moment à l'autre, par quelque large crevasse, la lumière
du jour ne descendît dans son royaume ténébreux. Mais
le danger était passé : après avoir fait sauter quelques
quartiers de montagnes qui lui gênaient les épaules, le
géant était rentré dans le repos, pour des siècles peut-

être. Pluton rassuré se mit à parcourir l'île, afin de se récréer un peu le regard avant de regagner ses tristes États.

La campagne était revêtue des magnificences du printemps; le long des ruisseaux, les lauriers-roses embaumaient l'air de leurs amères senteurs; les narcisses émaillaient les prairies, l'anémone et la primevère tapissaient la pelouse. Cette fête printanière, avec l'éclat de son ciel bleu, ses chants d'oiseaux dans la ramée, ses parfums des foins en fleur, remuait doucement l'âme du sombre monarque et lui faisait oublier les tristesses de son empire souterrain. La figure rembrunie et noblement soucieuse, le regard étincelant sous de sévères sourcils, la chevelure retenue par un diadème qui semblait tressé avec des languettes de flamme, le dieu parcourait lentement la campagne, assis sur son char d'ébène que traînaient quatre chevaux plus noirs que le charbon et maîtrisés par des freins d'argent. L'essieu du char était une barre d'or poli, les boutons des roues consistaient en deux gros rubis qui lançaient, en tournant, des lueurs rouges plus vives que l'éclair.

Voici qu'au milieu des hautes herbes d'un pré, de jeunes filles folâtrent entre elles et cueillent des fleurs pour des bouquets, chacune désireuse d'en amasser plus que les autres. Proserpine, c'est le nom de la plus grande, a déjà rempli sa corbeille et continue la récolte, qu'elle maintient dans un pan de sa robe. Sa mère, la déesse Cérès, occupée à donner aux champs leur verdure, l'avait laissée jouer loin d'elle avec ses compagnes. Tout à coup quelque chose comme un tourbillon d'ardente fumée traverse avec fracas la prairie, et Proserpine disparaît, appelant à son aide, avec des cris d'angoisse, ses amies et sa mère, sa mère surtout. C'était Pluton qui, charmé de sa bonne tournure, venait de l'enlever pour la conduire dans son noir royaume et en faire sa compagne.

D'une main, le ravisseur presse l'attelage fuyant dans

un flot de poussière; de l'autre, il retient la captive qui veut s'élancer pour reprendre ses fleurs, ses belles fleurs, échappées des plis de la robe. — Maman! maman! s'écrie Proserpine transie d'effroi. —Maman! maman! répète l'écho des rochers voisins. Puis on n'entend plus rien que le bruissement des roues. Au fond d'une vallée perdue dans les montagnes, Pluton frappe enfin la terre de son sceptre.

Un abîme s'ouvre, horrible de profondeur et d'obscurité, exhalant la pestilentielle odeur du soufre. Le char s'y précipite, éclairé par les clartés que lancent les boutons en rubis de l'essieu. Quelqu'un qui se fût trouvé à l'entrée du gouffre aurait entendu remonter des entrailles de la terre les cris, de moins en moins distincts, de la jeune fille : Maman! maman! Mais personne ne s'y trouvait, et bientôt l'abîme, se refermant, empêcha de rien entendre. Le rapt était consommé à l'insu de tous.

Sur le soir, Cérès arrive et ne trouve plus sa fille, dont les jeunes compagnes pleurent, assises sous un arbre, oublieuses de leurs corbeilles pleines de fleurs. — Où est Proserpine? demande la mère avec anxiété. — Nous ne le savons pas, répondent-elles; un tourbillon de fumée a soudainement traversé la prairie, et notre amie a disparu en jetant des cris d'effroi. — Cérès parcourt les environs à la hâte, interroge l'un, interroge l'autre : personne n'a rien vu, personne n'a rien entendu. La malheureuse mère soupçonne quelque affreux malheur : il faut qu'elle retrouve sa fille, devrait-elle la chercher nuit et jour, sans repos, sur toute la terre. Elle gravit la cime de l'Etna, allume au brasier du volcan une branche de sapin qui doit lui servir de torche pour guider ses pas dans l'obscurité, et part à l'instant pour ses recherches. Cette nuit-là et les nuits d'après, on vit, pendant des mois et des années entières, une lueur errer par les forêts obscures, par les crêtes des monts, par les vallées profondes, comme si quelque étoile détachée du firmament glissait à la surface de la terre. C'était la torche de Cérès cherchant sa fille;

c'était le tison de sapin toujours ardent lorsque venait la nuit, toujours flambant sans jamais se consumer.

Tous les recoins de la Sicile avaient été parcourus sans nouvelle aucune de Proserpine, lorsqu'un jour, par un soleil ardent, sur une route poudreuse, bordée d'oliviers où grinçaient des milliers de cigales, passait une pauvre femme, courbée par l'âge, appuyée sur un gros bâton à demi brûlé au bout. Exténuée de soif et de fatigue, la jambe traînante, la figure abattue, elle frappa à la porte d'une misérable cabane pour demander à boire et à se reposer. Une jeune femme vint ouvrir, couverte de haillons, mais avenante et pleine de bonté. Elle pria l'inconnue d'entrer, et gracieusement lui offrit un escabeau. — Vous paraissez bien fatiguée, ma bonne mère, dit-elle ; asseyez-vous. Je vais traire la chèvre pour vous donner une tasse de lait. — En ce moment, le bâton noirci, que la vieille avait appuyé contre le mur, jeta une lueur si vive, que l'intérieur de la cabane parut tapissé de soleil. L'éblouissante illumination ne dura qu'un instant ; et comme elle tournait le dos au bâton, la maîtresse du logis crut à un éclair d'orage, ce qui l'étonna fort, car il n'y avait pas un seul nuage au ciel. Le lait arriva tout écumeux. L'inconnue prit la tasse d'une main tremblotante. Pendant qu'elle buvait à petites gorgées, survient un mauvais drôle du voisinage qui, le doigt dans la narine, le vêtement en pièces et retenu à l'épaule par une ficelle, se met insolemment devant la pauvre vieille, fait mine de lui renverser la tasse et l'appelle goulue. Pour la seconde fois le bâton noirci lança des lueurs, mais cette fois si rouges et si effrayantes, que la cabane parut incendiée. En même temps la vieille jette à la face du vaurien les dernières gouttes de son écuelle. Prodige ! le méchant enfant devient un hideux lézard, couvert d'écailles vertes et de taches blanches produites par les gouttes de lait. Il veut crier : sa figure s'allonge en horrible gueule et la parole expire dans son gosier de reptile. Il s'enfuit, ram-

pant sur de courtes pattes ; il va se blottir dans les fentes
des rochers voisins, où de nos jours on peut le voir encore réchauffer sa froide croupe au soleil.

Et voici que la misérable vieille est devenue en même
temps une majestueuse personne qui rassure son hôtesse
et lui dit : — Ne craignez rien, bonne femme ; vous avez
devant vous Cérès cherchant sa fille, Cérès qui se souviendra de votre tasse de lait. — Puis tout disparut ;
mais longtemps encore le point du mur touché par le bâton noirci répandit une douce lueur, et l'intérieur de la
cabane resta imprégné d'un parfum suave, trace du passage de la déesse.

Enfin, avec les années, le pauvre coin de terre où la
chèvre trouvait à peine de quoi brouter devint si prospère et produisit de telles récoltes, que l'abondance
chassa pour toujours la misère de l'hospitalière cabane.
Cérès, la déesse des biens de la terre, se souvenait de la
tasse de lait.

V

TRIPTOLÈME

MARIE. — Cette histoire n'est pas finie, puisque Proserpine n'est pas encore retrouvée.

AURORE. — Et qui vous dit qu'elle se retrouvera ?

MARIE. — Je le sens.

AURORE. — Oui, vous avez raison : une mère doit toujours retrouver sa fille. Je continue donc.

Toute la Sicile visitée sans succès, Cérès passa les mers
pour continuer ses recherches dans les pays lointains.

Elle voyageait sous d'humbles apparences, sans aucun
de ses divins attributs, qui auraient pu troubler les personnes interrogées et les empêcher de parler. Vous
l'eussiez prise pour une villageoise en course. Le jour, sa
branche de sapin lui servait de bâton ; de nuit, le bout
brûlé se mettait à resplendir et jetait tout à la ronde la
lumière du jour.

— « Bonnes gens qui paissez vos moutons, disait Cérès
aux bergers qui, assis au penchant des collines, leurs
fidèles chiens à côté, modulaient un air rustique sur leur
flûte de buis, tout en surveillant du regard les troupeaux ;
bonnes gens qui paissez vos moutons, n'auriez-vous pas
vu ma petite Proserpine avec des bouquets de fleurs dans le
pan de la robe ? » Des années s'étaient écoulées, et la pauvre
mère se figurait toujours son enfant avec la brassée de
narcisses cueillis dans la fatale prairie. — Les bergers
faisaient signe que non de la tête et Cérès poursuivait sa
marche.

— « Bonnes gens qui fauchez vos prés, disait-elle plus
loin, n'auriez-vous pas vu ma petite Proserpine avec des
bouquets de fleurs dans le pan de la robe ? » — Les fau-
cheurs suspendaient un instant leur travail, s'appuyaient
sur le manche de la faux, s'interrogeaient l'un l'autre du
regard et répondaient que non. Cérès se remettait en
marche.

Dans un bois, des bûcherons coupaient de la ramée.
— « Bonnes gens qui liez vos fagots, n'auriez-vous pas vu
ma petite Proserpine avec des bouquets de fleurs dans
le pan de la robe ? » Les bûcherons restaient un instant
pensifs, le lien à demi enroulé immobile dans la main ;
ils recueillaient leurs souvenirs et répondaient que non.

Cérès marchait toujours, interrogeait toujours : nul
n'avait vu sa fille. A sa question, partout la même
et partout répétée, beaucoup la prenaient pour une
pauvre folle ; et, dans le pays, on commençait à se la
montrer du doigt. — « Voilà celle qui cherche sa fille, disait-

on ; ayons pitié d'elle : la mort de son enfant lui a fait perdre la raison. » — Et chacun cherchait à consoler de son mieux la mère inconsolable.

Un jour, à Éleusis, non loin d'Athènes, une femme dans la maturité de l'âge, la figure profondément triste, mais empreinte d'une rare noblesse, fut trouvée assise, épuisée de lassitude, sur une pierre, à la porte de la ville. Le roi passait. Touché de compassion, il fit conduire l'étrangère dans son palais pour lui donner l'hospitalité. Or le roi avait alors un petit enfant, Triptolème, encore au berceau, joie de sa mère, espoir de son père ; espoir et joie bien troublés d'amertume, car le pauvre petit, consumé de maladie, dépérissait à vue d'œil, maigre, pâle, mourant. La reine, la paupière gonflée de pleurs, conduisit au berceau l'étrangère. Celle-ci prit le moribond dans ses bras et lui fit un baiser sur la joue. Voici que sur-le-champ le visage du pauvre petit se colore ; les lèvres d'abord blêmes deviennent vermeilles ; les joues creuses et pâles s'animent de rose et s'emplissent. Ce brusque retour des signes de la santé n'échappe pas à la reine, qui hésite entre la joie et la crainte. L'étrangère fait plus. Elle donne à téter à l'enfant. Aux premières gouttes de lait qui lui mouillent les lèvres, le nourrisson tressaille, comme si quelque fortifiant divin lui courait dans les veines. Il s'abreuve avec délices, il se trémousse de satisfaction dans ses langes et entoure de ses petits bras le cou de sa vivifiante nourrice. Repu, il sourit et s'endort, plein de santé, frais comme le matin, beau comme le jour. Le moribond de tout à l'heure est maintenant un chérubin joufflu. La reine se jette dans les bras de l'étrangère et l'inonde de ces douces larmes que pleure une mère en voyant revenir son fils à la vie ; elle la supplie de rester dans son palais pour avoir soin de l'enfant : tout ce qu'elle possède, son royaume s'il le faut, sera le prix d'un tel service.

L'étrangère consent à rester pour rien, mais à une

condition : c'est qu'elle fera l'éducation de l'enfant à sa guise, en secret, sans que personne assiste à ses fonctions de nourrice. La noble figure de l'inconnue et le succès prodigieux du premier allaitement inspiraient trop de confiance pour que la condition ne fût pas acceptée. La reine et le roi consentirent donc à cette éducation secrète.

Le nourrisson prospérait avec une étonnante rapidité, de jour en jour plus vigoureux et plus beau. Bientôt se montrèrent ses deux premières petites dents; bientôt le poupon sut bégayer maman. La reine était folle de joie, le roi répandait en largesses sur ses sujets son excès de bonheur.—«Mais comment s'y prend la nourrice pour élever aussi bien notre enfant?» se demandaient-ils l'un à l'autre. La curiosité l'emporta sur la prudence, et un soir, épiant le moment favorable, ils vinrent bien doucement, sur la pointe des pieds, regarder par le trou de la serrure. Que virent-ils? Il est trop tard pour vous le raconter ce soir même; je vous le dirai demain.

Augustine, Claire et Marie volontiers auraient veillé une heure de plus pour savoir ce que la reine et le roi virent par le trou de la serrure; mais la tante resta inflexible, à cause de l'heure avancée, et forcément il faut ici clore le chapitre.

V

INVENTION DE L'AGRICULTURE

A peine assises autour de la table de travail : —Que virent-ils? demanda Claire le lendemain.

AURORE. — Voici. Un grand feu flambe dans la cheminée. Le poupon déshabillé frétille sur les genoux de sa nourrice, à la douce chaleur du foyer, et mord son hochet d'ivoire. Quand le bois est bien consumé, la femme étale la braise ardente sur l'âtre et en fait une épaisse couche sur laquelle elle dépose le nourrisson tout nu. Ce lit de braise paraît faire les délices du petit Triptolème, car il gazouille de plaisir au contact des charbons avec ses membres potelés. Bientôt son corps devient à demi transparent et comme lumineux, ainsi que le métal fondu dans la fournaise. La nourrice prend du bout des doigts un charbon plus ardent que les autres et le met, comme nous le ferions d'un bâton de sucre d'orge, entre les lèvres de l'enfant, qui suce avec avidité la redoutable nourriture.

A cette vue, la reine jette un cri d'effroi, et, poussant la porte, se précipite sur l'enfant pour le retirer du brasier. Son étonnement est au comble quand elle le retrouve aussi frais qu'un bouton de rose, sans aucune trace de brûlure.

— «Mère indiscrète, que venez-vous faire ici, dit la nourrice avec un air de divine majesté qu'on ne lui avait pas encore vu; que venez-vous faire ici? Je suis Cérès, la nourrice du monde. De votre fils, affranchi des misères humaines, je voulais faire un dieu immortel; votre curiosité vient de troubler les mystères et d'empêcher la transformation par le feu. Homme il est, homme il restera; mais ce n'est pas en vain qu'il aura été nourri de mon lait et que j'aurai touché ses lèvres de la braise sacrée. Il deviendra pour la race humaine un bienfaiteur dont les âges futurs conserveront un éternel souvenir. »

La reine et le roi s'étaient prosternés le front en terre, tremblants et suppliants. Quand il se relevèrent, Cérès avait disparu, bien qu'aucune porte ne se fût ouverte.

Sur le parquet de l'appartement, la reine trouva une couronne de coquelicots et de bleuets, d'une coloration si vive et si fraîche que jamais les champs n'ont rien produit de pareil. A l'écarlate des coquelicots d'un rouge plus ardent que celui de la flamme, à l'azur des bleuets plus gai que celui du ciel, au suave arome des fleurs, à leur éclat sans rival, à leur fraîcheur inaltérable, on reconnaissait bien vite que cette couronne n'avait pas été tressée par des mains ordinaires. C'était, en effet, la couronne de la déesse, laissée là par mégarde ou à dessein, la couronne de Cérès, qui se complaît à se parer avec les fleurs sauvages, le bleuet et le coquelicot, habituelles compagnes des moissons.

La reine la ramassa avec respect, soupçonnant son origine, et la mit sur la tête de son fils, qui pleurait à chaudes larmes en ne voyant plus sa bien-aimée nourrice. Aussitôt les cris de l'enfant s'apaisèrent et le sourire revint sur son visage. Et désormais, pour consoler le petit Triptolème en ses chagrins naissants, car depuis l'épreuve manquée du brasier il en avait sa part tout comme les autres, pour consoler le petit Triptolème, on ne manquait pas de lui mettre la couronne, qui, par un prodige inexplicable, ne se fanait jamais. L'effet était merveilleux : larmes, chagrin, douleur, tout cessait à l'instant. C'est ainsi que, sans gémir une seule fois, il put faire ses dents. Je vous souhaite, mes filles, une couronne semblable pour les grosses molaires du fond.

Bref, Cérès était partie, reprenant ses voyages et ses recherches, qui aboutirent enfin. Une fontaine, traversée par le char du ravisseur, lui apprit, avec des paroles semblables au murmure des eaux, que Proserpine était sous terre, avec Pluton. Cérès obtient des dieux la délivrance de sa fille, mais non entière : il fut décidé que Proserpine passerait six mois avec sa mère, et six mois avec Pluton, à tour de rôle. Il fallut se contenter de cet arrangement, qui faisait la part égale à tous. Cérès fut bien agréablement étonnée quand elle revit sa fille : ce n'était plus la petite Proserpine avec des bouquets de fleurs dans le pan de sa robe ; c'était une grande et belle personne dont les yeux noirs brillaient d'une divine sérénité.

Avant de remonter aux cieux avec elle, Cérès voulut revoir son nourrisson d'Éleusis. Bien des années s'étaient passées, et l'enfant était devenu un vigoureux jeune homme, incertain encore de ce qu'il avait à faire en ce monde. Cérès lui traça la carrière à suivre. Elle le fit asseoir à sa gauche sur un char attelé de deux dragons ailés, et, munie de sacs d'orge et de froment, la céleste institutrice s'élança avec son élève par delà les nuées. Pendant ce voyage entre ciel et terre, Cérès apprit à Triptolème à façonner le fer, l'horrible métal de la guerre, en paisible soc de charrue ; elle lui montra comment s'ouvre un sillon et comment s'y dépose le grain ; elle lui enseigna les travaux de la semaille et ceux de la moisson ; elle lui fit voir de quelle façon se dispose le joug sur la tête des bœufs, qui, le mufle humide et le regard pacifique, traînent à pas lents l'instrument de labour. Lorsque l'élève fut assez instruit, Cérès déposa Triptolème à terre avec les grains pour la semence, et les outils pour le labourage. L'agriculture était inventée. L'homme, qui jusqu'alors s'était alimenté du produit incertain de la chasse, allait rendre impossible le retour de la famine au moyen du travail des champs, et trouver une nourriture assurée dans les fruits de Cérès, dans les céréales, première richesse des nations.

Ces récits merveilleux, qui rivalisent avec nos plus charmants contes de fées, vous montrent, mes filles, le puissant intérêt que de tout temps les céréales, froment, orge, seigle, avoine, ont inspiré aux hommes, à cause de leur utilité sans égale. La plante qui nous donne le pain est devenue le sujet de récits, transmis d'âge en âge, où l'imagination s'est complue à jeter de gracieuses images, n'ayant plus à sa disposition la vérité, perdue dans la nuit des siècles.

Le maïs, le riz, la pomme de terre, le cerisier, l'abricotier, la vigne et les autres végétaux alimentaires nous sont connus à l'état sauvage, dans leur pays natal ; on sait de quelles contrées ils sont originaires, à quelle époque ils ont été introduits dans nos cultures et par les soins de qui s'est faite leur acquisition. Mais le froment échappe à toute recherche sur son origine. Nul ne sait de quel pays il provient, nul ne l'a vu à l'état sauvage, nul ne pourrait dire en quel temps et par qui s'est fait le premier semis de la précieuse céréale. Volontiers je vois dans le froment une plante bénie, don spécial fait à l'homme en ses débuts agricoles. De même les anciens, dans leur reconnaissance, attribuaient les céréales à la divinité qui leur donne son nom, à Cérès, déesse des biens de la terre et surtout des moissons.

Leur riante imagination avait encadré les principaux traits de l'histoire du blé dans la fable que je viens de vous raconter. Proserpine qui, tour à tour, passe six mois sous terre, dans l'obscur royaume de Pluton, et six mois avec sa mère, dans les sereines clartés du ciel, Proserpine, c'est la moisson elle-même, qui, pendant une partie de l'année, germe invisible sous les mottes, dans les ténèbres des sillons, et pendant l'autre partie s'élance sur de longs chaumes, et vient mûrir ses blonds épis aux rayons du soleil.

Qui nous empêche de voir dans le nourrisson chéri de Cérès, dans le petit Triptolème, le grain de blé lui-même, confié à la grande nourrice, la Terre. Lui aussi, en ses débuts de la vie, au moment de la germination, est bien chétif et d'apparence maladive. Il se ramollit comme s'il allait pourrir ; sa peau se gerce, tombe en lambeaux flétris, et la petite plante se montre, si molle encore, si frêle, qu'on ne sait quel miracle la soutient et l'empêche de périr. Mais le délicat brin d'herbe reçoit le vivifiant baiser de sa nourrice, la terre, qui l'allaite de ses sucs. A l'instant, il prend vigueur ; il monte, perce le sol et vient à l'air épanouir sa première feuille verte. Enfin, à lui aussi l'épreuve du feu est nécessaire pour devenir la joie du laboureur, car c'est aux rayons les plus ardents du soleil qu'il doit mûrir son épi.

CLAIRE. — Mais le petit Triptolème fut étendu sur la braise ardente, tandis que le blé reçoit seulement la chaleur du soleil?

AURORE. — Soit. Allons plus loin, et vous verrez que le grain passe à son tour par une aussi rude épreuve avant d'être l'incomparable nourriture, le pain. Devenu farine et converti en pâte, n'est-il pas enfin couché sur la pierre brûlante du four? N'est-ce pas là le lit de braise où se fait la dernière et la plus importante transformation? Mais laissons la fable, brodant à sa fantaisie sur un fond de vérité; laissons les féeriques récits des anciens âges, et occupons-nous de la réalité des faits.

VII

LA POULE

Le coq et la poule, les plus précieux oiseaux de nos basses-cours, nous sont venus de l'Asie, à une époque si reculée, que le souvenir s'en est perdu. Ils sont aujourd'hui à peu près répandus dans toutes les parties du monde.

Le coq a le regard vif, la contenance fière, la démarche lente et grave. Une lame de chair rouge écarlate lui forme sur le haut du front une crête dentelée, et sous la base du bec deux larges barbillons semblables à des pendeloques de corail. Sur chaque tempe, à côté de l'oreille, est une plaque de peau nue et d'un blanc mat. Une riche pèlerine d'un roux doré lui descend du col et lui retombe sur les épaules et la poitrine. Deux plumes

d'un vert sombre, à reflets métalliques, se recourbent gracieusement en panache au-dessus de la queue. Le pied
est armé d'un éperon de corne, dur et pointu, arme de
combat dont l'oiseau poignarde son rival dans une lutte
à mort. Son chant est un éclat de voix sonore, qu'il fait

Fig. 9. — Le Coq.

entendre à toute heure, de nuit aussi bien que de jour.
A peine le ciel commence-t-il à blanchir des douteuses
clartés de l'aube, que, debout sur son perchoir, il jette
aux échos de la nuit son perçant *coquerico*, réveille-matin
de la ferme.

Le coq est le roi de la basse-cour. Plein de souci pour
ses poules, il les conduit, les défend, les gourmande, les

châtie. Il surveille du regard celles qui s'écartent; il va chercher les vagabondes et les ramène avec des inflexions de voix qui ressemblent à des admonestations. Un coup de bec, au besoin, achève de persuader les plus récalcitrantes. Mais, s'il découvre des vivres, grains, insectes, vermisseaux, aussitôt il convie les poules au régal. Lui cependant, superbe, généreux, se tient au milieu d'elles, grattant le sol pour mettre à nu les vers et distribuer

Fig. 10. — La Poule.

de çà, de là, aux convives, la nourriture déterrée. Si quelque poule gloutonne se fait la part trop grosse, il la rappelle aux devoirs de la communauté et la réprimande d'un coup de bec sur la crête. Toutes ses compagnes repues, il se contente frugalement des restes.

Plus simple de costume, la poule, joie de la fermière, gratte et becquette en caquetant. En quelque coin

poudreux, visité du soleil, elle s'accroupit avec délices,
se trémousse des ailes et des pattes, et fait voler une
fine pluie de poussière entre ses plumes entr'ouvertes.
Quand l'œuf est pondu dans le panier bourré de paille
et appendu au mur, elle annonce ses joies avec un tel enthousiasme, que ses compagnes prennent intérêt à l'heureux événement et remplissent le poulailler d'un chœur
général d'allégresse. Comme le coq, elle avale de menus
graviers qui lui tiennent lieu de dents et servent à broyer
le grain dans le gésier ; elle boit en levant la tête au ciel
pour faire descendre la gorgée ; elle dort sur une patte,
l'autre retirée au chaud dans la plume, et la tête cachée
sous l'aile.

Un des plus intéressants spectacles de la ferme, c'est
celui de la poule conduisant sa famille de poussins. Grattant le sol, gloussant d'une voix enrouée par les fatigues
maternelles, elle déterre de menus grains que les petits
viennent prendre sous son bec. A la moindre apparence
de danger, elle rappelle la couvée dispersée, et tous accourent se blottir sous ses ailes gonflées. Les plus hardis
mettent la tête à l'air, leur jolie tête jaune encadrée dans
le sombre plumage de la mère. L'alerte passée, la poule
se remet à gratter en gloussant, et les petits à trottiner
autour d'elle.

Qu'est ceci ? — C'est l'ombre d'un autour qui, un instant, est venue faire tâche au milieu du soleil de la cour.
La menaçante apparition n'a pas eu la durée d'un clin-
d'œil ; la poule néanmoins l'a vue. Le danger presse, l'oiseau de rapine n'est pas loin. Au gloussement d'alarme, les
poussins se réfugient à la hâte sous la mère, qui leur fait
rempart de ses ailes. Et maintenant le ravisseur peut venir. Cette mère si faible, si timide, qu'un rien mettrait
en fuite dans toute autre occasion, devient d'une impo-
sante audace quand il s'agit de sa couvée. Que l'autour
paraisse, et la poule, ivre de tendresse et d'intrépidité,
se jettera au devant de la terrible serre. Par ses batte-

ments d'ailes, ses cris redoublés, ses furieux coups de bec, elle tiendra tête à l'oiseau de proie, qui finira par s'éloigner, rebuté par cette indomptable résistance.

L'attachement de la poule pour ses poussins se montre dans une autre circonstance fort remarquable. Comme elle est excellente couveuse, on lui donne parfois à couver les œufs de la cane. La poule élève sa famille d'adoption comme sa propre famille ; elle a pour les petits canards les mêmes soins qu'elle aurait pour ses poussins. Tout va bien tant que les canetons, veloutés d'un poil follet jaune, se conforment aux avis de leur nourrice et courent sous son aile au premier cri d'appel. Mais un jour vient où leur instinct aquatique s'éveille. Ils sentent la mare, les petits canards, la mare voisine, où coasse la grenouille, où frétillent les têtards. Ils y vont clopin-clopant, rangés sur une file. La poule les suit, ignorante de leurs projets. Ils atteignent la mare et se jettent à l'eau. C'est alors de la part de la poule, qui croit sa famille en danger, les gloussements les plus désespérés. Dans ses transes mortelles, la pauvre mère court, comme une folle, sur le rivage, la voix enrouée d'émotion, le plumage hérissé de frayeur ; elle rappelle, menace, supplie ; le rouge de la colère lui monte à la crête, le feu du désespoir lui allume la prunelle. Elle va même, miracle de l'amour maternel ! elle va jusqu'à risquer une patte dans l'eau, dans l'élément perfide dont la vue la fait pâmer d'effroi. Mais à toutes ses supplications, les petits canards font la sourde oreille, heureux de pourchasser, au milieu des cressons, le têtard au ventre argenté.

Diverses espèces de coqs, origine première de nos races domestiques, vivent encore aujourd'hui, à l'état sauvage, dans les forêts de l'Asie, notamment aux Indes, aux îles Philippines, à Java. Le plus remarquable est le *Coq Bankiva*, qui, par sa forme, son plumage, ses mœurs, rappelle le mieux le vulgaire coq de nos basses-cours. Sa taille n'arrive pas à celle d'une perdrix. Il a la crête

rouge et dentelée, la queue recourbée en panache et le
cou garni d'un camail de plumes tombantes d'un superbe
roux doré. Ce gracieux petit coq, tout pétulant, tout ba-
tailleur, a les mœurs du nôtre. Il marche fièrement en
tête de son troupeau de poules, à la sureté desquelles il
veille avec un soin extrême. Si des chasseurs parcourent
le bois, si quelque chien rôde dans le voisinage, le vigi-
lant oiseau a bientôt aperçu, soupçonné l'ennemi. Il vole
à l'instant sur une haute branche, d'où il jette le cri
d'alarme pour avertir les poules, qui, à la hâte, se dissi-
mulent sous les feuilles ou se blotissent dans les trous des
arbres, et attendent, immobiles, que le danger soit
passé.

VIII

LE DINDON

Des oiseaux de nos basses-cours, le dindon est le plus
remarquable ; j'en excepte le paon, uniquement élevé
pour l'incomparable richesse de son plumage. Il a la tête
et le cou recouverts d'une peau nue, qui se gonfle et retombe en grosses pendeloques, aussi rouges que la cire
d'Espagne. Sur le bec lui descend une mèche charnue
de la même couleur, sur la poitrine est appendue une
houppe de crins. Pour faire le beau, il se rengorge, rejette
la tête en arrière, étale en roue les plumes de la queue,
et laisse traîner à terre le bout des ailes à demi épanouies. Dans cette posture grotesquement superbe, il
tourne avec lenteur pour se faire admirer sous tous ses
aspects ; de temps à autre, un bruit sourd, *puf, puf,*
qu'accompagne une sorte de détente convulsive des ailes,
est le signe de sa haute satisfaction. Si quelque bruit, un

coup de sifflet surtout, vient à l'inquiéter, il replic ses
atours, et, allongeant le cou, jette à la hâte un *glou, glou,
glou,* qui semble expectoré du fond de l'estomac.

Cet oiseau est une récente acquisition de nos basses-
cours ; il nous est venu de l'Amérique du Nord dans le
XVIe siècle. Comme l'on donne à l'Amérique la dénomina-

Fig. 11. — Le Dindon.

tion d'Indes occidentales par opposition aux Indes de
l'Asie ou Indes orientales, l'oiseau originaire des forêts
du Nouveau-Monde fut appelé coq d'Inde ou poule
d'Inde, d'où l'on a fait en abrégeant dindon et dinde.
Longtemps ce fut un oiseau peu répandu, que l'on con-
servait comme une précieuse rareté ; le premier qui parut
sur la table fut servi, dit-on, au repas de noces de
Charles IX.

Le dindon vivait et vit encore aujourd'hui à l'état sauvage dans les forêts des États-Unis de l'Amérique du Nord. Ses mœurs nous sont racontées par un célèbre naturaliste, Audubon, qui, le fusil sur l'épaule, son registre de notes, son crayon, ses pinceaux dans le carnier, parcourait les solitudes les plus reculées pour observer, peindre et décrire les oiseaux.

La dinde, nous dit-il, fait son nid à terre, avec des feuilles sèches, dans un trou, parmi les ronces, ou bien au pied d'un vieux tronc d'arbre. Elle ne le quitte jamais sans avoir la précaution de le bien cacher sous des feuilles, afin de le rendre introuvable. Pour y revenir, elle dissimule la voie suivie en changeant chaque fois de route. Lorsque les œufs sont près d'éclore, aucun péril, si pressant qu'il soit, ne les lui fait abandonner. Plutôt que de fuir, elle souffrira qu'on l'entoure, qu'on la capture même. Un jour je fus témoin d'une éclosion ; j'avais guetté le nid dans l'intention de m'emparer de la mère et des jeunes. Je me couchai à terre à quelques pas seulement, et je la vis se lever à moitié sur les jambes, jeter sur les œufs un regard inquiet, glousser d'un ton alarmé, éloigner soigneusement chaque coquille vide, puis, avec sa poitrine, caresser et sécher les nouveau-nés qui, tout chancelants, cherchaient déjà à se tenir debout. Oui, j'ai vu tout cela et j'ai oublié mes projets de capture ; j'ai laissé la mère et ses petits aux soins de Celui qui leur avait donné la vie, qui m'a créé moi-même, et qui, bien mieux que moi, devait subvenir à leurs besoins ! Je les ai vus tous sortir de la coquille, et, une minute après, roulant, culbutant, se pousser l'un l'autre hors du nid, par un instinct admirable dont nul ne peut scruter le mystère.

Vers le commencement d'octobre, les dindons sauvages s'attroupent par sociétés d'une centaine et se mettent en marche vers les riches vallées de l'Ohio et du Mississipi. Si quelque rivière leur barre le passage, ils gagnent les éminences des environs et y demeurent tout un jour,

quelquefois deux, comme pour délibérer. Avec d'interminables *glou-glou*, ils s'agitent, se pavanent, font la
roue, pour élever leur courage au niveau d'une si périlleuse aventure. Les mères, entourées de leur jeune famille, se tiennent à part. Elles s'abandonnent à des élans
emphatiques, à des sauts extravagants ; ou bien, la queue
étalée, elles tournent avec un bruit sourd autour l'une de
l'autre. Enfin la décision est prise : la bande entière
monte au sommet des plus hauts arbres, le chef de file
donne le signal, *cluck*, et tous s'envolent vers la rive opposée. Les vieux, les forts l'atteignent aisément, la rivière
eût-elle mille ou deux mille mètres de largeur ; mais les
jeunes et les moins robustes tombent fréquemment à
l'eau. Ils ramènent alors les ailes près du corps, étalent
la queue pour se soutenir, et, détachant à droite et à gauche de vigoureux coups de pattes, nagent rapidement
vers le bord. Ayant pris terre, ils courent follement çà et
là en désordre pour se sécher.

De leurs nombreux ennemis, les plus formidables, après
l'homme, sont le hibou des neiges et le grand-duc de
Virginie. Pour passer la nuit, les dindons perchent habituellement en société, sur les branches nues ; aussi sont-
ils aisément découverts par leurs ennemis, les hiboux,
qui, sur leurs ailes silencieuses, s'approchent et voltigent
autour d'eux, choisissant leur proie du regard. Heureusement tous ne dorment pas, et à un simple *cluck* de
celui qui veille, toute la bande est avertie de la présence
du ravisseur. A l'instant ils sont debout, attentifs aux
évolutions du hibou, qui, son choix fait, fond comme un
trait sur l'oiseau et s'en emparerait infailliblement si le
dindon, baissant la tête, n'étalait aussitôt sur son dos sa
queue renversée. Alors l'assaillant, ne rencontrant sous
sa griffe qu'un plan incliné de robustes plumes, glisse
sans faire du mal au dindon ; et celui-ci, sautant à terre,
en est quitte pour un peu de désordre dans son plumage.

IX

LE FEU

AURORE. — On ignore comment l'homme, en ses débuts, s'est procuré le feu. A-t-il profité de quelque incendie allumé par la foudre, a-t-il embrasé son premier tison au foyer d'un volcan? Nul ne saurait le dire. Quel que soit ce point de départ, l'homme, dès les temps les plus reculés, est en possession du feu ; mais comme les moyens de le rallumer s'il vient à s'éteindre sont très-imparfaits, ou même manquent totalement, on veille d'abord à son entretien avec un soin extrême, on conserve d'un jour à l'autre un peu de braise.

L'extinction des foyers dans toutes les demeures serait une calamité si grande, que, pour prévenir pareil désastre, la religion prend le feu sous sa sauvegarde. Dans l'ancienne Rome, une corporation de prêtresses appelées Vestales était chargée de veiller nuit et jour sur la conservation du feu sacré. La malheureuse qui le laissait éteindre était punie d'un horrible supplice : on l'enterrait vivante !

AUGUSTINE. — On l'enterrait vivante pour avoir laissé mourir le feu?

AURORE. — Oui, mon enfant. Cette horrible punition des gardiennes du feu vous montre l'importance qu'on attachait à l'entretien d'un foyer, où l'on pût au besoin rallumer les autres.

CLAIRE. — Une de nos allumettes, dont nous avons quelques cents pour un misérable sou, aurait sauvé la vie de la Vestale en faute.

AURORE. — Pour abolir ces sauvages rigueurs, il aurait fallu l'allumette, qui, malheureusement, n'était pas connue. Bien des siècles se sont écoulés avant que l'on sût aisément se procurer du feu. En mon jeune temps, j'avais alors votre âge, l'entretien de quelques charbons qui devaient servir à rallumer le feu le lendemain était encore une préoccupation dans la campagne. Le soir, avant de se coucher, on couvrait soigneusement la braise de cendre chaude, pour l'empêcher de se consumer et la conserver ardente. Si, malgré cette précaution, l'âtre était froid le lendemain, on courait chez le voisin emprunter du feu, c'est-à-dire un peu de braise, que l'on emportait chez soi au fond d'un vieux sabot pour que le vent ne la dispersât point.

Augustine. — Mais le vieux sabot devait brûler?

Aurore. — Non, car on avait soin d'y mettre d'abord un lit de cendre. J'ai connu de petites filles qui, faute de sabot, s'y prenaient fort ingénieusement dans cette matinale visite au foyer du voisin. Elles mettaient un peu de cendre dans le creux de la main, et sur cette cendre les charbons allumés. Ainsi approvisionnées, elles revenaient chez elles, portant le feu sur la main, comme vous porteriez vous-mêmes une pincée de dragées.

— Sans se brûler? fit Augustine d'un air fort étonné.

— Sans se brûler, reprit Aurore. La couche de cendre arrêtait la chaleur de la braise et l'empêchait de pénétrer jusqu'à la main.

Claire. — Il est très-ingénieux, l'expédient de vos petites emprunteuses de feu. Qui donc le leur avait enseigné?

Aurore — Apparemment le grand maître en toutes choses : la nécessité. Prise au dépourvu de pelle et de sabot, quelqu'une d'entre elles, s'étant avisée de la propriété des cendres d'arrêter la chaleur, avait fait usage de l'adroit procédé que l'exemple avait propagé parmi les autres.

Les moyens pour obtenir du feu sont en général basés sur la production de chaleur par le frottement. Il est d'expérience familière qu'on se réchauffe les mains en les frictionnant l'une contre l'autre.

AUGUSTINE. — En hiver, je n'y manque pas quand je me suis gelé les mains à faire des boules de neige.

AURORE. — Voilà un premier exemple de la chaleur que le frottement peut donner. En voici un autre. Prenez par sa queue ce bouton de métal, à tête ronde, et frottez-le vivement sur la table ; il deviendra assez chaud pour produire sur la peau une vive impression.

Claire prit le bouton, le frotta sur le bois de la table et se l'appliqua aussitôt sur la main, en jetant un petit cri de surprise et même de douleur.

CLAIRE. — Comme le bouton est chaud, ma tante ! si j'avais frotté plus longtemps, je me serais brûlée au vif.

AURORE. — C'est par un moyen analogue que certaines peuplades sauvages se procuraient et se procurent encore du feu. On fait tourner rapidement entre les mains une tige de bois dur, dont la pointe s'engage au fond d'une cavité creusée dans du bois tendre et très-inflammable. Si la friction est vive et habilement conduite, le bois tendre prend feu. Ce moyen, je l'avoue, ne réussirait guère entre nos mains, faute d'adresse et d'un choix convenable de matériaux.

MARIE. — Pour ma part, si je n'avais qu'un bâton à frotter dans le creux d'une planche pour allumer du feu, je désespérerais d'y parvenir.

CLAIRE. — Et moi, je n'essaierais même pas, tant cela me paraît difficile, bien que le bouton frotté m'ait presque brûlée.

AURORE. — Ce qui serait impossible pour nous est un jeu pour les naturels de la Nouvelle-Hollande. L'opérateur s'assied à terre ; il maintient entre ses deux pieds le morceau de bois creusé d'un petit trou, et, roulant avec rapidité entre ses mains la tige pointue, il obtient en peu d'instants un point allumé qui enflamme des feuilles sèches. Chez nous-mêmes, dans l'atelier d'un tourneur

en bois, vous pourriez voir ce procédé par la friction
réussir très-bien. Pour obtenir des filets bruns sur certains objets façonnés au tour, on appuie fortement la
pointe d'un morceau de bois sur la pièce en rotation rapide. La ligne ainsi frictionnée en quelques instants
fume et se carbonise.

Je passe à d'autres moyens. Le fer et l'acier, celui-ci
surtout, frottés contre une pierre très-dure, donnent des
étincelles provenant de menues écailles de métal qui se
détachent et s'échauffent assez pour rougir et brûler dans
l'air. Ainsi la roue du rémouleur, quoique arrosée continuellement d'eau, lance une gerbe d'étincelles sous
l'acier qu'on aiguise ; ainsi le caillou heurté par le sabot
ferré d'un cheval jette de soudaines et vives lueurs.

Le vulgaire briquet agit d'une façon pareille. C'est un
morceau d'acier que l'on bat contre le tranchant d'un
silex ou pierre à fusil. Des parcelles d'acier se détachent
du briquet, rougissent par le frottement et mettent feu à
l'amadou. Celui-ci est une matière très-combustible, que
l'on obtient en coupant en minces tranches et en faisant
sécher un gros champignon, nommé Bolet amadouvier,
qui vient contre le tronc des arbres.

X

LES ALLUMETTES

Aurore. — Comme l'amadou brûle sans flamme, le
point ardent obtenu avec le briquet ne suffit pas pour
allumer du feu : il faut recourir au soufre, qui possède la
précieuse propriété de s'enflammer rien qu'en touchant
un corps embrasé.

Le soufre vous est assez connu pour qu'il soit inutile de vous le décrire. On le trouve surtout au voisinage des volcans, où il forme, dans le sol, tantôt des amas purs de tout mélange, tantôt des agglomérations avec la terre et les pierres. Le travail de l'homme se borne à épurer, par la fusion, le soufre tel qu'il est recueilli.

Les anciennes allumettes étaient des tiges de chanvre que l'on plongeait par un bout dans du soufre fondu. On les enflammait en approchant l'extrémité soufrée soit d'un charbon conservé rouge sous les cendres, soit de l'amadou embrasé par le briquet. Vous voyez que, pour allumer seulement une lampe, la manœuvre ne manquait pas d'être compliquée. Il fallait d'abord battre du briquet, au risque de se meurtrir les doigts par un choc mal dirigé si l'on opérait dans l'obscurité ; puis, lorsqu'après bien des essais, qui trop souvent épuisaient la patience, l'amadou avait enfin pris feu, il fallait en approcher l'allumette soufrée pour obtenir de la flamme.

CLAIRE. — Nos allumettes d'aujourd'hui sont bien préférables. Il suffit de les frotter sur le couvercle de la boîte, sur le mur, sur le bois, n'importe où, et c'est fait : le feu brille.

AURORE. — Cet inestimable avantage d'obtenir sans difficulté du feu à l'instant même, nous le devons au phosphore. En 1669, il y avait dans une ville d'Allemagne, à Hambourg, un vieux savant, appelé Brandt, dont la cervelle avait un peu tourné, et qui cherchait le moyen de convertir en or les métaux de peu de prix.

MARIE. — Il voulait faire de l'or avec la vieille ferraille ?

AURORE. — Avec de vieux clous rouillés et des marmites au rebut, il espérait faire de l'or. Mais il ne réussit pas dans ses recherches, et il devait ne pas réussir, vu que la chose est impossible. A bout de ressources dans ses folles idées, il alla s'imaginer, voyez quelle bizarrerie ! qu'il trouverait dans l'urine l'ingrédient capable de changer tous les métaux en or. Le voilà donc à faire bouillir de l'urine, à l'évaporer, et à faire cuire le dégoûtant résidu, puis avec ceci, puis avec cela, tant et tant qu'à la fin, un soir, il vit quelque chose reluire dans ses fioles

CLAIRE. — C'était de l'or?

AURORE. — Non, mais quelque chose de plus important que l'or : c'était le phosphore, qui nous donne aujourd'hui le feu. Ne vous moquez pas du vieux Brandt et de sa cuisine insensée; en cherchant l'impossible, il a fait une des plus belles découvertes dont la science puisse se glorifier; il nous a mis, d'une façon complète, en possession du feu. Nous lui devons l'allumette chimique, cette précieuse source de lumière et de feu, d'un emploi si facile et si prompt.

Si vous examinez une allumette chimique, vous verrez que l'extrémité inflammable contient deux substances : du soufre appliqué sur le bois et une autre matière appliquée sur le soufre. Cette dernière est du phosphore, coloré au moyen d'une poudre bleue, rouge ou brune, suivant le caprice du fabricant. Le phosphore seul est un peu jaune et transparent comme de la cire. Son nom veut dire porte-lumière. En effet, quand on le frotte légèrement entre les doigts dans l'obscurité, les doigts se couvrent de lueurs blanches. On sent en même temps une odeur d'ail; c'est l'odeur du phosphore. Cette matière est excessivement inflammable : pour peu qu'on la chauffe ou qu'on la frotte sur un corps dur, elle prend feu. De là son emploi dans la fabrication des allumettes.

Les allumettes ordinaires sont de petites baguettes de bois blanc, saule, peuplier ou sapin, que l'on obtient à l'aide de plaques d'acier percées de trous à bords tranchants, au travers desquels une pression énergique force le bois à passer. Les allumettes, rangées dans des cadres, sont d'abord trempées par une de leurs extrémités dans du soufre fondu. A cette première couche, dont le rôle est de nourrir la flamme et de lui donner une intensité suffisante pour mettre feu au bois, il faut superposer la couche inflammable par frottement et composée avant tout de phosphore. On répand donc sur une table de marbre une pâte demi-fluide où il entre du phosphore, de la colle, du sable très-fin et une matière colorante. Les allumettes, en place dans leur cadre, sont posées un instant, par leur extrémité soufrée, sur la pâte inflammable, et portées ensuite dans une étuve où la couche phosphorée se dessèche. La friction, favorisée par le sable fin incorporé dans la pâte, développe assez de chaleur pour mettre feu au phosphore ; celui-ci communique son inflammation au soufre, et le soufre met feu au bois.

Le phosphore est une substance horriblement vénéneuse. Il faut beaucoup se méfier des allumettes sous ce rapport, et même des boîtes qui en ont contenu. Leur contact avec nos aliments pourrait amener de graves accidents. Cette matière terrible se trouve pourtant dans le corps de tous les animaux. Il y en a dans l'urine, d'où Brandt l'a retirée le premier ; il y en a dans les os surtout, dans la viande, dans le lait. Il s'en trouve aussi dans les plantes, en particulier dans les céréales ; la farine et le pain en contiennent. Mais rassurez-vous : nous ne courons aucun risque d'être empoisonnées en buvant une tasse de lait, ou en mangeant de la viande et du pain. Le phosphore ne s'y trouve pas seul, mais associé, combiné avec d'autres substances qui lui enlèvent absolument toute propriété vénéneuse. Il n'est à redouter comme poison que dans l'état où les allumettes le contiennent. Je dois vous dire enfin que le procédé suivi par Brandt pour obtenir le phosphore est depuis longtemps abandonné ; on retire aujourd'hui cette substance des os des animaux.

XI

LES GAËLS PRIMITIFS

Aurore. — Aux plus lointaines époques dont l'histoire ait gardé un vague souvenir, ce qui doit être un jour le beau pays de France est une contrée sauvage, couverte d'immenses forêts, où errent, vivant de chasse, quelques rares peuplades de Gaëls ou Gaulois. Ce sont des hommes de haute stature, larges d'épaules, à peau blanche, à chevelure longue et blonde, aux yeux bleus ou verts. Ils ont pour armes des haches et des couteaux de pierre, des flèches dont la pointe est une arête de poisson, un éclat tranchant de caillou. A leur bras gauche est fixé, pour la défense, un bouclier de bois étroit et long ; de leur main droite ils balancent, pour l'attaque, tantôt un pieu durci au feu, tantôt un lourd assommoir ou massue. Pour franchir audacieusement les fleuves et les bras de mer, ils ont de fragiles batelets faits en osier tressé comme nos corbeilles, mais revêtus au dehors d'un cuir de bœuf qui empêche l'eau de pénétrer.

Marie. — Mais ce sont là des armes et des bateaux de sauvages !

Aurore. — Sans doute ; aussi les premiers Gaëls, nos ancêtres néanmoins, étaient-ils véritablement des sauvages, différant à peine de ceux de nos temps. Ils se paraient le corps de dessins bleus avec la couleur extraite d'une plante nommée pastel. Pour rendre la parure ineffaçable, ils faisaient même pénétrer la couleur dans la peau au moyen de piqûres saignantes.

Cette pratique, nommée tatouage, se retrouve de nos jours en bien des pays, chez les peuplades étrangères aux bienfaits de la civilisation. A l'autre bout de la terre, sous nos pieds, les naturels de la Nouvelle-Zélande sont des plus experts en ce genre de décorations. Avec un poinçon aigu, imprégné de diverses couleurs, ils se piquent à petits coups et tracent, point par point, de capricieux dessins, qui font de leur peau une véritable broderie vivante. Des spirales rouges et bleues tournent en sens inverse des deux côtés du front et se continuent en rosace sur les joues. Des palmettes se déploient sur les ailes du nez ; un soleil darde ses rayons tout autour du menton ; deux ou trois petites étoiles à cinq pointes bleuissent la lèvre inférieure. Le reste du corps est orné avec le même luxe : des animaux fantastiques occupent le milieu du dos ; une tortue sort la tête et les quatre pattes de sa carapace dans le creux de la poitrine ; les mains et les pieds, piqués d'un fin réseau, semblent recouverts de gants et de bas à jour. A peu près ainsi devaient se décorer les vieux Gaëls.

CLAIRE. — Ces pauvres gens de la Nouvelle-Zélande doivent se faire un mal horrible pour se défigurer de la sorte.

AURORE. — L'opération est des plus douloureuses, en effet, et cependant ils la supportent sans sourciller. Une seule piqûre d'aiguille nous fait tressaillir ; ces rudes corps restent impassibles quand l'artiste en tatouage les larde avec son poinçon.

CLAIRE. — Dans quel but se font-ils tant de mal ?

AURORE. — Dans le but surtout de se donner une tournure plus fière, un air plus menaçant en présence de l'ennemi. En certains archipels de la Polynésie, nous trouverions des coutumes plus étranges encore. Telle peuplade se balafre le visage en s'enlevant de fines lanières de peau, de manière que les plaies cicatrisées reproduisent divers dessins en hideuses petites crêtes rouges. D'autres se passent un bâtonnet pointu dans le cartilage des narines : d'autres s'ouvrent une large bouton-

nière dans la lèvre inférieure pour y enchâsser un co-
quillage.

Les antiques Gaëls avaient-ils des usages analogues ?
C'est possible ; du moins il est certain qu'ils se tatouaient
avec la couleur du pastel. Certains traits de mœurs sont
parfois si tenaces, qu'après une longue suite de siècles,
au milieu de la civilisation la plus florissante, le tatouage
n'a pas encore complétement disparu chez nous. Sur les
robustes bras de nos ouvriers, on voit tous les jours, tatoués en bleu, des emblèmes de métier, des devises. C'est
là, sans doute, un reste des primitifs usages.

Les Gaëls avaient les cheveux longs et soyeux comme
de la filasse de lin ; ils leur donnaient une teinte d'un
roux ardent par de fréquents lavages dans une lessive de
chaux. Tantôt ils les graissaient avec du beurre rance et
les laissaient s'étaler dans toute leur longueur sur les
épaules, tantôt ils les nouaient au-dessus du front en une
haute touffe ou crinière pour se grandir et se donner un
aspect plus terrible.

CLAIRE. — Dans un livre de voyages, j'ai vu des gra-
vures représentant les Indiens de l'Amérique du Nord
avec une pareille touffe de cheveux noués au sommet de
la tête. Les Gaëls avaient donc le même usage ?

AURORE. — Oui, mon enfant. A des milliers d'années
d'intervalle, dans les forêts de l'ancien monde et dans
celles du nouveau, le sauvage à peau blanche, le Gaël,
et le sauvage à peau rouge, l'Indien, adoptent la même
parure de guerre : la chevelure nouée sur le front.

AUGUSTINE. — Ces Indiens se colorent donc la peau,
pour l'avoir ainsi rouge ?

AURORE. — En aucune manière : leur couleur naturelle
est un brun rougeâtre qui rappelle la teinte de la brique.
Quand il se pare pour le combat, l'Indien fixe à sa houppe
de cheveux divers ornements, l'aile d'un épervier, la
griffe d'un léopard, le râtelier d'un ours. Ainsi, sans doute,
se décorait le Gaël, se faisant beau pour la bataille.

3.

La houppe de l'Indien est un audacieux défi, une horrible bravade. Quand l'ennemi est à terre, abattu d'un coup de massue, le vainqueur le saisit par sa touffe de cheveux, il lui incise la peau tout autour de la tête avec la pointe d'un couteau, puis tirant, il arrache tout d'une pièce la sanglante chevelure.

MARIE. — Ah ! quelle horreur !

AURORE. — Cette chevelure est un trophée qu'il fera sécher à la fumée de sa hutte et qu'il portera pendu à la ceinture comme témoin de ses exploits. Sa considération dans la tribu, sa prépondérance dans les conseils, sont proportionnées au nombre de chevelures enlevées à l'ennemi. Vous comprenez maintenant la farouche bravade de l'Indien avec sa touffe de cheveux toute nouée, toute prête pour l'horrible opération. Qu'on vienne y toucher, et l'on saura ce que pèse sa massue !

CLAIRE. — J'espère que les Gaëls n'avaient point cette abominable coutume ?

AURORE. — Ils faisaient pire : ils emportaient, non la chevelure, mais la tête entière, qu'ils mettaient dessécher au soleil, clouée par les oreilles à l'entrée de leur habitation, au milieu de trophées de chasse, hures de sangliers et têtes de loups.

MARIE. — Et nous descendons de ces affreux sauvages ?

AURORE. — Ces Gaëls tatoués, à crinière rousse, clouant sur leur porte le crâne de l'ennemi, sont, autant que l'histoire peut remonter le cours des âges, les premiers habitants de notre pays ; nous les comptons au nombre de nos ancêtres les plus reculés. Quelques-unes de leurs barbares coutumes se sont transmises jusqu'à nous, très-adoucies, il est vrai. Je viens de vous le montrer au sujet du tatouage ; pour la seconde fois, je le constate au sujet des trophées de chasse. A l'exemple des vieux Gaëls, ou cloue encore dans les campagnes, sur les grandes portes des fermes, des têtes de loups et de renards, des cadavres d'éperviers et de hiboux.

XII

L'AUROCHS

AURORE. — Les Gaëls vivaient surtout de chasse. Dans leurs sombres forêts, humides et froides, avec leurs faibles armes de pierre et leurs bâtons pointus, ils ne craignaient point d'attaquer un terrible bœuf sauvage, l'aurochs ou urus, dont la race aujourd'hui a presque entièrement disparu du monde. Ce bœuf, presque de la taille de l'éléphant, avait des cornes énormes, une crinière de laine crépue sur la tête et le cou, une barbe sous la gorge, la voix grognante, le regard farouche. Sa force démesurée, sa furie indomptable, en faisaient la terreur des forêts. C'était là le gibier d'honneur. Le vaillant qui abattait un urus avait pour coupe, dans les festins, une des monstrueuses cornes de l'animal.

MARIE. — Notre bœuf domestique proviendrait-il de cette intraitable bête ?

AURORE. — Nullement. Le bœuf domestique est une espèce toute différente, originaire de l'Asie, et non des antiques forêts de l'Europe. De nos jours, l'aurochs n'existe presque plus. Traqué de siècle en siècle par la civilisation croissante, le redoutable bœuf à crinière a depuis bien longtemps déserté nos pays pour se réfugier dans les solitudes du nord. Mais ces solitudes ont été à leur tour occupées par l'homme, et l'aurochs a trouvé son dernier asile dans les forêts marécageuses de la Lithuanie, en Pologne. Là quelques rares couples vivent encore, en pleine sécurité, car il est expressément défendu de les tuer.

AUGUSTINE. — Et pourquoi conserve-t-on ces vilains bœufs ?

AURORE. — Ils ne sont pas assez nombreux pour nuire, et ce serait vraiment dommage d'exterminer jusqu'au dernier ces animaux, qui faisaient la joie de nos aïeux dans leurs chasses.

Les Gaëls poursuivaient encore l'élan, sorte de grand cerf de la taille du cheval ou même davantage. L'élan a sous la gorge une espèce de goître ou de pendeloque charnue; son pelage est court, raide et de couleur cendrée; ses cornes, nommées bois, sont larges, aplaties et forment une vaste lame triangulaire profondément dentelée sur son contour; le poids de chacune peut atteindre une trentaine de kilogrammes. Ce devait être, vous le voyez, une belle pièce de gibier qu'un animal dont le front porte sans fatigue un ornement du poids d'un quintal et plus.

MARIE. — Un cerf grand comme un cheval devait être, en effet, une fière capture.

AURORE. — L'élan, commun à cette époque dans nos forêts, ne se trouve plus aujourd'hui que dans les marécages boisés de la Russie et de la Suède. Il habite aussi, et en troupes plus nombreuses, le nord de l'Amérique. Vous remarquerez que ces deux animaux, l'aurochs et l'élan, répandus autrefois dans nos régions, sont cantonnés maintenant en des climats beaucoup plus froids que le nôtre. Les quelques aurochs qui survivent à la destruction de leur race paissent dans les bois de la Lithuanie; l'élan habite l'extrême nord de l'Europe et de l'Amérique. Transportés sous notre ciel plus doux, ils dépériraient bientôt, ne pouvant se faire à une température trop élevée pour eux. Puisqu'ils prospéraient ici dans les anciens temps, il faut donc qu'à cette lointaine époque le climat de nos régions fût plus rude, plus froid qu'il ne l'est aujourd'hui. D'immenses forêts, toujours humides, pleines d'ombre, étaient sans doute l'une des causes de ce climat plus rigoureux. Quand ces bois, non pénétrables aux rayons du soleil, ont été abattus par la cognée de la civilisation, le sol s'est échauffé librement et la température s'est élevée. Mais alors l'aurochs et l'élan, harcelés d'ailleurs par l'homme qui fouillait dans toutes leurs retraites, ont fui un pays trop chaud pour eux et se sont réfugiés dans les froides brumes du Nord.

Malgré ce changement, le sanglier nous est resté, le même qu'au vieux temps des Gaëls. De nos jours encore, acculé par une meute dans quelque hallier buissonneux, il sort du fourré sa hure hérissée, il aiguise ses crocs et fait claquer ses mâchoires comme lorsqu'une bande de chasseurs tatoués lui lançait au front la hache de pierre.

Le castor, autre contemporain des Gaëls, nous est

Fig. 12. — Le Castor.

pareillement resté, mais misérable, isolé, sans aucun reste de son antique industrie, et sur le point de disparaître, s'il n'a déjà pour toujours disparu. Tout au plus, sur les rives du Rhône, s'en trouve-t-il quelqu'un de temps en temps. Autrefois il vivait en nombreuses sociétés aux bords de tous nos fleuves ; il bâtissait sur pilotis, avec du bois et de la terre glaise, de gracieuses petites cabanes qui figuraient, à la surface des eaux, un village de nains. Peut-être les Gaëls se sont-ils inspirés de l'exemple de ces constructeurs pour se bâtir plus tard des huttes aquatiques dont le modèle semble imité de la cabane du castor.

Vous n'écouterez pas sans intérêt l'histoire de ces curieux bâtisseurs, dont on peut encore aujourd'hui observer les mœurs et suivre les travaux autour des grands lacs de l'Amérique du Nord. Le castor est à peu près de la taille de nos chiens bassets. Son pelage roux est une fourrure soyeuse, très-recherchée à cause de sa finesse. La tête est peu allongée, l'oreille courte et ronde, le corps trapu et traînant presque à terre. Les pattes de devant ont les doigts séparés l'un de l'autre et sont conformées en petites mains d'une étonnante dextérité. Celles de derrière rappellent celles de l'oie et du canard : entre leurs doigts s'étale une membrane qui fait des extrémités postérieures des palettes, des rames éminemment aptes à la natation. La queue sert de gouvernail. Elle est aplatie, très-large et couverte, non de poils, mais de grandes écailles, qui lui donnent quelque ressemblance avec le dos d'une carpe. De ce robuste battoir, le castor fouette l'eau pour plonger ou remonter, tourner dans un sens ou dans l'autre et manœuvrer enfin dans le courant avec l'adresse du plus habile nageur.

XIII

LE CASTOR

Aurore. — Il faut aux castors, pour leurs constructions, des eaux calmes et dont le niveau ne soit pas sujet à varier. Si l'emplacement choisi est une rivière, leur premier travail est une digue, qui barre le courant et le transforme en une nappe tranquille, dont la hauteur se maintient la même en temps de sécheresse comme en temps de pluie.

Pour maîtresse pièce du barrage, un arbre est choisi

sur la rive, aussi gros que le corps d'un homme, assez long pour aller en travers d'un bord à l'autre de la rivière, dont la largeur est parfois de vingt à trente mètres. Nos grandes poutres de charpente n'ont pas de plus fortes dimensions.

AUGUSTINE. — Et les castors, eux si petits, manœuvrent de telles pièces?

AURORE. — Ils les mettent en place avec une habileté qui ferait honneur à un charpentier. Vous allez voir. Les plus experts, les vieux, riches d'expérience, jugent du regard si l'arbre remplit les conditions voulues de longueur et de grosseur ; ils reconnaissent le terrain pour s'informer si rien ne viendra mettre obstacle à la gigantesque entreprise. Leur avis est favorable : on peut se livrer au travail. Aussitôt, de leurs scies bien aiguisées, les castors entaillent l'arbre à la base. J'entends par scies les quatre dents de devant, tranchantes et dures comme du fin acier. Ils rongent miette par miette avec une telle ardeur, qu'en peu de temps l'arbre chancelle, non au hasard, mais toujours du côté de l'eau. Par une savante combinaison, en effet, au lieu de ronger le tronc tout autour, ils pratiquent l'entaille uniquement du côté de la rivière, de sorte que l'arbre, cédant sur le point entamé, tombe en travers du courant, le pied sur un bord et la cime sur l'autre. L'adresse aidant, ce que tous leurs efforts réunis n'auraient pu faire s'accomplit ainsi tout seul.

CLAIRE. — Voilà certes d'adroites bêtes. Je n'aurais pas trouvé mieux en y réfléchissant bien. Et puis ?

AURORE. — Quand l'arbre, à grand fracas, abat sa tête sur l'autre rive, les castors, par des frétillements de queue, se félicitent du succès de l'opération ; quelques instants sont donnés à la commune joie, et le travail reprend. Une escouade d'ouvriers traverse la rivière, qui à la nage, qui sur le pont de l'arbre, et accourt dépouiller la cime de ses branches, afin que la solive repose solidement à plat. En même temps, d'autres parcourent le voisinage de la rivière, mais toujours en remontant le courant; ils scient des arbres de la grosseur de la jambe ; ils les dépècent en tronçons d'une longueur calculée sur la profondeur de l'eau, les aiguisent par un bout et les traînent avec les dents jusqu'au bord de la rivière. Là, pour éviter un plus long trajet par terre, si pénible avec pareille charge, chacun se jette à la nage, met à flot son pieu et le laisse entraîner par le courant. Le castor suit et dirige la pièce flottante.

Parvenus au chantier de la digue, les uns dressent les pieux et les maintiennent d'aplomb, le gros bout appliqué contre la poutre transversale, tandis que d'autres plongent pour creuser au fond de l'eau, avec les pattes de devant, un trou dans lequel ils enfoncent l'extrémité pointue. Le plongeur remet la terre dans la cavité, la piétine, la tasse avec soin, et le pieu se trouve solidement fixé, la tête à fleur d'eau contre l'appui de l'arbre. Pendant que les charpentiers dressent la palissade, des vanniers renforcent l'ouvrage avec des branches flexibles de saule entrelacées parmi les pieux. Plusieurs barrières sont ainsi construites, l'une devant l'autre, dans toute la largeur du courant. A mesure que ce travail avance, l'intervalle entre les diverses rangées de pieux est comblé avec des matériaux de maçonnerie. Les castors vont chercher de la terre grasse, qu'ils pétrissent avec les pieds, qu'ils battent de leur large queue en guise de truelle pour lui donner consistance; ils en apportent des pelotes soit avec la gueule, soit avec les pattes de devant, et finissent par en remplir tous les vides de leur pilotis. Au moyen de cette chaussée, épaisse d'un mètre au sommet, beaucoup plus large à la base pour mieux résister à la pression de l'eau, les castors sont en possession d'un petit lac tranquille, dont le trop-plein se déverse par quelques rigoles ménagées au-dessus du barrage.

Après ce travail d'intérêt général auquel tous ont prêté leur concours, chacun songe à se bâtir en particulier sa demeure. Dans l'eau, mais au bord du lac, un pilotis est dressé avec des pieux et de la terre, pour servir de support à l'édifice. Sur cette base s'élève une élégante cabane ronde avec toit en coupole ; elle est maçonnée avec du sable, des pierres, du bois, de la glaise ; elle est crépie tant au dehors qu'au dedans d'une couche lisse d'argile. Sa hauteur et sa largeur dépassent un mètre ; ses murs, épais d'un à deux pans, sont d'une solidité qui défie la violence des vents et les efforts de tout ennemi qui voudrait forcer le refuge. L'intérieur est divisé en deux étages, communiquant entre eux par un trou percé dans la cloison qui les sépare. L'étage inférieur a sa porte d'entrée au milieu du plancher, sous l'eau ; et, comme la cabane n'a pas d'autre orifice communiquant au dehors, le castor est obligé de plonger, ce qui pour lui est un jeu, toutes les fois qu'il sort ou qu'il rentre.

Augustine. — A la place du castor, je ferais une fenêtre à la chambre d'en haut, pour prendre l'air et voir le lac.

Aurore. — Une fenêtre avec balcon donnant sur l'eau serait certes fort agréable, mais l'ennemi pourrait entrer par là. Le castor, qui veut avant tout vivre en paix chez lui, fait de sa demeure un château-fort impénétrable, sans autre ouverture que celle du fond, au sein même de l'eau, où lui seul, habile nageur, peut avoir accès. Les chambres de la cabane sont très-proprement tenues, avec tapis de verdure, de rameaux de buis et de feuilles de sapin. Sur cette couchette repose la famille, qui se compose d'une dizaine d'individus, les vieux et les jeunes pêle-mêle. Parfois plusieurs familles se réunissent et mènent une vie commune dans un logement plus spacieux. Enfin, près des habitations, est construit sous l'eau l'entrepôt général des vivres, où sont amassées en septembre les provisions d'hiver, écorces fraîches et rameaux tendres. Chaque famille y possède son magasin particulier, où elle puise sans toucher aux réserves des autres.

XIV

LES HABITATIONS LACUSTRES

AURORE. — Ces bourgades de castors, à la surface d'un paisible lac, ces huttes rondes si bien piotégées par les eaux, les Gaëls les avaient sous les yeux. Qui nous dira si l'ingénieuse construction de l'animal ne servit pas de modèle à l'homme ? En ces temps misérables, un abri sous des rochers, une excavation naturelle, une grotte, furent les premières demeures. Mais un jour vint où ces retraites sauvages furent trouvées insuffisantes, et l'industrie humaine fit ses premiers essais dans l'art de bâtir. Se créer un abri ne suffisait pas : il fallait encore, il fallait surtout se mettre dans un état de continuelle défense. Les forêts regorgaient d'animaux redoutables ; entre peuplades voisines la guerre était permanente. Pour se garantir des surprises, partout où se trouvaient des lacs, on fit comme le castor : on bâtit sur pilotis, au milieu des eaux.

Ce dut être une prodigieuse dépense de forces pour l'homme, encore si mal outillé, que cette construction des villages des lacs, ou villages lacustres, comme on les appelle. Avec la hache de pierre, on entaillait péniblement, tout autour de la base, l'arbre qu'il fallait abattre ; l'application du feu achevait de détacher le tronc. Des journées entières peut-être et les efforts de plusieurs travailleurs étaient nécessaires pour obtenir une solive qu'un seul bûcheron façonnerait en quelques coups de sa hache de fer. Mais, avec leurs outils de silex, mordant à peine sur le bois et mis en pièces au moindre choc mal donné, c'était pour eux ouvrage énorme. Le castor, de ses dents tranchantes, en fût venu plus facilement à bout. Ils étaient à peu près dans le cas où nos charpentiers se trouveraient s'il leur fallait abattre et façonner un chêne avec la seule lame d'un mauvais couteau rouillé. Je vous laisse à penser alors la fatigue et la patience dépensées pour obtenir les milliers de solives nécessaires au pilotis. Tout chef de famille apparemment fournissait la sienne, ce qui lui donnait le droit d'établir sa hutte sur l'emplacement commun. Plus tard peut-être, afin d'étendre la superficie de la bourgade à mesure que la population croissait, la fourniture d'un nouveau pieu était obligatoire pour chaque habitant parvenu à l'âge d'homme; c'était la contribution extraordinaire, la dette sacrée qu'il fallait payer une fois en sa vie.

Les solives, appointées et durcies au feu par un bout, étaient traînées jusqu'au bord du lac, où des canots d'osier les prenaient à la remorque pour les conduire à l'emplacement choisi. Là elles étaient dressées et enfoncées dans la vase molle jusqu'à ce que la tête se trouvât à fleur d'eau. Enfin les intervalles entre la multitude de pieux étaient comblés avec des pierres. Le tout formait un îlot artificiel d'une inébranlable solidité, ou plutôt un haut fond submergé et couvert de quelques pieds d'eau. Sur les têtes des pieux, dépassant le niveau général, des traverses étaient établies, puis des branchages, et par-dessus de la terre battue. Ce sol artificiel, au-dessous duquel circulaient les eaux, recevait enfin les habitations.

C'étaient des huttes rondes ou ovalaires, formées d'une charpente de branches courbées et d'une couche de terre grasse. Une seule ouverture, très-basse, que l'on franchissait en rampant, donnait accès dans l'intérieur, semblable à nos fours de boulangerie. L'ameublement répondait à la rusticité de la demeure. Des pots grossièrement pansus, en terre noire piétre avec des grains de sable blanc, contenaient les provisions, orge, seigle, faîne, noisettes. Ces ustensiles étaient simplement façonnés à la main, sans l'intervention du tour qui leur donne une régulière courbure. Épais, difformes, mal d'aplomb, ils avaient la surface inégale et portaient les marques des doigts qui les avaient pétris. Quelques essais d'ornementation apparaissaient sur les jarres de luxe. C'était un cordon d'empreintes faites avec le bout du pouce sur la pâte encore molle, ou bien une ligne de traits anguleux gravés avec une épine. Le reste du travail n'était pas moins simple. Pour donner à notre poterie, de si peu de valeur qu'elle soit, plus de consistance et plus de dureté, nous la faisons cuire dans des fours à une forte chaleur ; nous la couvrons aussi d'un vernis pour la rendre imperméable. Les habitants des villages lacustres se bornaient à exposer leurs pièces d'argile humide aux rayons du soleil jusqu'à dessiccation, sans les passer par le feu, sans les vernir. Aussi c'était une triste vaisselle, bonne pour contenir des grains, mais qui ne pouvait guère garder l'eau et aller sur le feu.

CLAIRE. — Comment s'y prenaient-ils donc pour avoir de l'eau chaude et faire bouillir leur nourriture ?

AURORE. — Quand on n'a pas la précieuse ressource d'un pot, quand on est dépourvu de ces modestes ustensiles auxquels nous accordons si peu d'attention, malgré les inestimables services qu'ils nous rendent, on s'y prend comme les Esquimaux du Groenland, qui font bouillir leurs viandes dans un petit sac de peau.

CLAIRE. — Mais cette singulière marmite doit se brûler sur le feu ?

AURORE. — Ils se gardent bien de la mettre sur le feu. Des cailloux sont mis rougir dans le foyer. A mesure qu'ils sont rouges, on les plonge dans le petit sac contenant de l'eau et les aliments qu'il faut faire cuire. Quand ils ont cédé leur chaleur, on les retire pour les faire rougir encore et les replonger dans l'eau, qui finit par entrer en ébullition. Le résultat d'une telle cuisine est un mélange de suie, de boue, de cendres et de chair demi-

cruc ; mais, avec leur robuste appétit, les Esquimaux n'y
regardent pas de si près. D'ailleurs, s'ils traitent un hôte
de distinction, ils commencent par lécher avec la langue
toute la crasse des morceaux qu'ils lui destinent. Qui-
conque n'accepterait pas l'offre après cette haute politesse
du nettoyage serait regardé comme un homme incivil,
mal élevé.

AUGUSTINE. — Pouah ! les sales ! Je ne me ferai
jamais inviter par eux.

CLAIRE. — Et les habitants des villages lacustres
avaient cette manière de faire la cuisine ?

AURORE. — Faute d'ustensiles convenables, ils em-
ployaient apparemment des moyens analogues.

MARIE. — Pauvres gens, qui, pour un peu d'eau
chaude, en étaient réduits à l'expédient des cailloux
rougis au feu !

AURORE. — Achevons de visiter l'intérieur de la hutte
aquatique. Au sommet de la voûte est percé un trou pour
le passage de la fumée du foyer, placé au centre, entre
deux pierres, sur un lit de terre battue, qui empêche le
plancher de branchages de prendre feu. Aux parois sont
appendus le casse-tête de bois dur, les haches de silex,
les dards en os, le filet en lanières d'écorce, humide
encore de la pêche dans le lac et garni au bord de
pierres rondes percées. Aux fourches des cornes d'un
cerf sont accrochés les vêtements, partie en tissu de
lin aussi grossier que nos toiles à sac, partie en peaux
de renard ou de loup couvertes de leur poil. Dans le
recoin le plus abrité, des nattes de jonc et des fourrures
matelassent le parquet pour le repos de la nuit. Enfin
devant la porte se balance le batelet d'osier. On saute
immédiatement de la demeure dans l'embarcation. La
bourgade, en effet, au lieu d'être assise sur un sol artificiel continu, est entrecoupée de nombreux passages où
le lac est à découvert ; les rues du village sont des canaux. Pour se rendre d'un quartier à autre, pour

visiter seulement son voisin, il faut se transporter par
eau. C'est donc tout le jour, d'un groupe de huttes à
l'autre, un continuel va-et-vient d'embarcations. Le mouvement n'est pas moindre entre la bourgade et les bords
du lac, où l'on se rend pour la pêche, pour la culture de
quelques coins de terre, d'où l'on revient avec les bateaux appesantis de vivres.

Ainsi étaient occupés, en des temps trop reculés pour
qu'il soit possible d'en fixer la date, les divers lacs de la
France, les lacs surtout de la Suisse, assez vastes pour
l'établissement de cités lacustres par centaines. Aujour-
d'hui le pêcheur qui sillonne leur nappe limpide voit,
dans les profondeurs bleues, au milieu d'un vaste amas
de pierres, des têtes de pieux carbonisés par les siècles
et de grands tessons ventrus qu'il casse de la rame sans
en soupçonner la vénérable origine. C'est ce qui nous
reste des antiques villages des lacs.

XV

LA VOUTE DU CIEL

AURORE. — Un petit garçon, de l'âge d'Augustine et
comme elle fort désireux d'apprendre, faisait un matin
ses préparatifs de voyage. Jamais navigateur se dispo-
sant à courir les mers éloignées n'avait déployé plus de
zèle. Les vivres, le grand souci des expéditions lointaines,
ne furent pas oubliés. Le déjeuner fut doublé. Il y avait
bien dans le panier six noix, une tartine de beurre et deux
pommes. Avec cela, où ne peut-on pas aller? La famille
ne fut pas informée : on aurait pu détourner l'audacieux
voyageur de son projet en lui faisant entrevoir les périls

de l'expédition. Crainte de mollir devant les larmes de sa mère, il garda le silence. Le panier à la main, sans dire adieu à personne, il part. Le voilà bientôt dans la campagne. Prendre à gauche ou à droite lui est fort indifférent : tout chemin conduit où il veut aller.

AUGUSTINE. — Où veut-il donc aller?

AURORE. — Au bout du monde. Il prend le chemin de droite, bordé d'une haie d'aubépines où bruissent et reluisent des scarabées d'un vert doré. Mais les beaux insectes ne l'arrêtent pas un instant, non plus que les petits poissons à gorge rouge qui jouent dans le ruisselet. La journée est si courte et le voyage est si long ! Il marche donc tout droit, il marche toujours, prenant quelquefois à travers champs pour raccourcir.

Au bout d'une heure, la tartine, la maîtresse pièce des provisions, était mangée, bien que la consommation se fît avec la sage économie d'un voyageur prudent. Un quart d'heure après, une pomme et trois noix y passaient. L'appétit vient vite à qui se fatigue. Il vient si bien qu'au détour du chemin, à l'ombre d'un grand saule, la seconde pomme et les trois noix restantes furent tirées du panier.

Les provisions étaient épuisées. Chose non moins grave : les jambes ne voulaient plus aller. Figurez-vous donc ! depuis deux grandes heures, le voyage durait, et le but que l'on se proposait d'atteindre ne se rapprochait pas du tout, mais pas du tout. Le petit garçon revint sur ses pas, persuadé qu'avec de meilleures jambes et de plus grandes provisions il réussirait une autre fois dans son projet.

CLAIRE. — Ce projet, en quoi consistait-il?

AURORE. — Je vous l'ai dit : l'audacieux enfant voulait atteindre le bout du monde.

En ses idées, le ciel était une voûte bleue, qui allait s'abaissant et reposait par ses bords sur la terre, de sorte que, si jamais il parvenait jusque-là, il lui faudrait, s'imaginait-il, marcher courbé pour ne pas se casser la tête contre le firmament et ne pas décrocher quelque étoile. Il partit donc avec l'espoir de toucher bientôt le ciel de la main ; mais la voûte bleue, reculant à mesure qu'il avançait, se trouvait toujours à la même distance. La fatigue et le manque de provisions le firent renoncer à poursuivre plus loin son voyage.

Augustine. — Si j'avais connu ce petit garçon, je l'aurais dissuadé de son expédition. Il est impossible, si loin qu'on se rende, de toucher le ciel de la main, même en s'élevant sur les plus hautes montagnes.

Aurore. — S'il m'en souvient, Augustine n'a pas toujours été de cet avis.

Augustine. — C'est vrai. Comme le petit garçon dont vous venez de nous dire l'histoire, je croyais que le ciel était un grand couvercle bleu posé sur la terre. En marchant bien, on devait atteindre le bord du couvercle et les limites du monde. Un jour mon frère m'a amenée sur les montagnes où semblent reposer les bords du couvercle bleu. Tout était absolument comme ici. Le bord du ciel paraissait encore reposer sur la terre, mais bien plus loin, bien plus loin. Et mon frère m'a dit qu'en allant jusqu'au bout de ce que l'on voyait, puis plus loin, et toujours plus loin, on retrouverait partout les mêmes apparences, sans jamais voir la fin d'une voûte qui n'existe pas en réalité.

Claire. — Nulle part, nous le savons toutes les trois, le ciel ne repose sur le sol ; nulle part on ne court le risque de heurter de la tête contre le firmament ; partout la voûte bleue apparaît comme ici. Mais quelle est la cause de ce semblant de voûte ?

Aurore. — Cette cause, c'est l'air, qui de partout enveloppe la Terre. L'air est invisible, parce qu'il est transparent et à peu près incolore ; mais s'il forme une couche très-épaisse à travers laquelle plonge le regard, sa faible coloration devient sensible. Vue en petite quantité, l'eau paraît également sans couleur ; vue en couche profonde, dans la mer, dans un lac, dans un fleuve, elle est bleue ou verte. Il en est de même de l'air : sous une faible épaisseur, il semble dépourvu de coloration; sous une épaisseur de quelques lieues, il est bleu. Un paysage éloigné nous paraît bleuâtre, parce que l'épaisse couche d'air qui nous en sépare lui communique sa propre teinte.

Eh bien, l'air forme tout autour de la Terre une enveloppe d'une quinzaine de lieues au moins d'épaisseur. C'est l'océan aérien ou l'atmosphère, où nagent les nuages. Son fond repose aussi bien sur les mers que sur les continents, et sa surface se perd dans de hautes régions que le sommet de la montagne la plus élevée est bien loin d'atteindre, et que l'aile de l'oiseau n'a jamais explorées. Sa douce teinte bleue est cause de la couleur du ciel et produit l'apparence d'une voûte céleste. Comme l'atmosphère est en tout lieu la même, en tout lieu pareillement le ciel semble s'arrondir en une coupole azurée.

Où est alors le ciel, me demanderez-vous, le véritable ciel, puisque celui que nous nous figurions avec sa voûte bleue qui retentit des roulements du tonnerre, puisque le ciel azuré est une simple illusion produite par l'atmophère? Où est le ciel que la foi nous enseigne et où nous attendent ceux qui nous ont précédés dans la vie? — Dieu s'en est réservé le secret, mes chères enfants; toutefois, aucun doute n'est possible : ce ciel, qui est le véritable, existe quelque part. Nous en avons une preuve dans l'ardeur même de nos désirs. Dieu n'a rien créé d'inutile et sans but : s'il a mis en nous la soif inextinguible de la vie future, c'est que cette vie future nous attend; s'il a éveillé en notre âme l'indomptable espoir d'un séjour de récompenses, c'est que ce séjour existe réellement. Tout proclame les immortelles destinées de l'âme : la science en ses études comme la foi en ses sublimes illuminations.

XVI

LA TERRE

AURORE. — Imaginez une grosse boule suspendue en
l'air par un fil; et sur cette boule un moucheron. S'il
prend fantaisie au moucheron d'en parcourir la surface,
n'est-il pas vrai qu'il pourra aller et venir sur la boule,
en dessus, en dessous, par côté, sans jamais rencontrer
d'obstacle, sans jamais voir se dresser une barrière qui
lui ferme le passage ? N'est-il pas également vrai que, s'il
chemine toujours dans la même direction, le moucheron
finira par faire le tour de la boule et par revenir à son
point de départ?

AUGUSTINE. — Rien n'est plus clair.

AURORE. — Ainsi faisons-nous nous-mêmes à la surface de la Terre, plus chétifs par rapport à l'immensité
du globe qui nous porte que le moindre moucheron
par rapport à la boule la plus considérable que votre
imagination puisse se figurer. Sans rencontrer nulle part
de barrières, nous allons et venons en mille sens différents,
nous accomplissons les voyages les plus lointains, nous
faisons même le tour de la Terre et revenons au point
de départ.

La Terre est donc ronde : c'est une boule immense qui
nage dans les espaces du ciel. Quant à la voûte bleue qui
s'arrondit au-dessus de nous, vous savez que c'est une
simple apparence produite par l'atmosphère, c'est-à-dire
par l'épaisse couche d'air qui de partout nous enveloppe.

AUGUSTINE. — La boule sur laquelle voyage le moucheron que vous supposez est suspendue à un fil. A
quelle chaîne est donc suspendue la grosse boule de la
Terre ?

Aurore. — La Terre n'est pas suspendue au firmament par quelque chaîne céleste ; elle n'est pas davantage appuyée sur un support, comme un globe géographique sur son pied. D'après un conte de l'Inde, la boule du monde est portée sur quatre colonnes de bronze.

Claire. — Et ces quatre colonnes, sur quoi reposent-elles à leur tour ?

Aurore. — Elles reposent sur quatre éléphants blancs.

Claire. — Et les éléphants blancs ?

Aurore. — Ils s'appuient sur quatre monstrueuses tortues.

Claire. — Et les tortues ?

Aurore. — Eh bien, elles nagent sur un océan de lait.

Claire. — Et l'océan de lait ?

Aurore. — Le conte n'en dit rien, et il a raison de garder le silence. Il aurait même mieux fait de ne pas imaginer, pour soutenir la Terre, ces divers supports se servant d'appui l'un à l'autre.

Marie. — Si l'on imagine un support pour cette mer de lait, il n'en faudra pas moins chercher après ce qui soutient ce support ; et toujours ainsi sans jamais finir.

Aurore. — Marie voit fort bien la difficulté. Supposer un piédestal à la Terre, puis un second pour soutenir le premier, ensuite un troisième, un quatrième, un millième, si l'on veut, c'est éloigner la question sans y répondre ; car enfin, après avoir mis l'un sur l'autre tous les supports imaginables, il faudra se demander sur quoi repose le dernier.

Augustine. — Je dirai qu'il repose sur la voûte du ciel.

Aurore. — Vous oubliez donc que cette voûte n'a aucune réalité, qu'elle est simplement une trompeuse apparence résultant de l'atmosphère.

AUGUSTINE. — Ah ! l'étourdie ! je n'y songeais plus.

AURORE. — Sachez enfin que des milliers de voyageurs ont parcouru la Terre en tous sens, et qu'ils n'ont vu nulle part ni chaîne de suspension, ni piédestal quelconque. On ne voit partout que ce que l'on voit ici. La Terre est, par conséquent, isolée dans l'espace ; elle nage dans l'étendue sans aucun appui, comme nagent la Lune et le Soleil.

CLAIRE. — Mais alors pourquoi ne tombe-t-elle pas ?

AURORE. — Et sur quoi voulez-vous qu'elle tombe ? Tomber, ma petite amie, c'est se précipiter à terre, comme le fait une pierre qui, soulevée dans la main, est ensuite abandonnée à elle-même. Comment voulez-vous que la grosse boule se précipite à terre, elle qui est toute la terre ? Est-il possible qu'une chose se précipite vers cette chose elle-même.

CLAIRE. — Certes, non.

AURORE. — Eh bien, alors ! D'ailleurs, figurez-vous ceci : tout étant pareil autour de la boule du monde, il n'y a réellement ni haut ni bas. Nous appellerons le haut, si vous voulez, le côté de l'espace qui est au-dessus de nos têtes, le côté du ciel ; mais songez qu'un ciel pareil se trouve aussi à l'extrémité opposée de la boule, exactement comme nous le voyons ici, et que cela se reproduit partout. Le haut, le ciel, est par conséquent dans toutes les directions à la fois. Vous ne vous êtes jamais demandé pourquoi la Terre ne se précipite pas dans l'étendue qui est au-dessus de nos têtes ; ne vous demandez pas davantage pourquoi elle ne se précipite pas dans l'étendue opposée, car, dans les deux cas, c'est exactement la même chose : c'est s'élever et non tomber.

CLAIRE. — Au fait, s'élancer vers le ciel, c'est bien s'élever. La Terre ne peut donc tomber. Après ?

AURORE. — J'ai dit que la Terre a la forme d'une im-

mense boule. Je le prouve. — Lorsque, pour arriver à la
ville où il se rend, un voyageur traverse une plaine régulière où rien n'entrave la portée de la vue, à une certaine distance les points les plus élevés de la ville, les
sommets des tours et des cloches, se montrent seuls à
ses regards. A une distance moindre, les flèches des clochers deviennent en entier visibles, puis les toits des habitations, et enfin les habitations elles-mêmes; de sorte
que la vue embrasse un plus grand nombre d'objets, en
commençant par les plus élevés et en finissant par les plus
bas, à mesure que l'éloignement diminue. La courbure
du terrain en est cause.

Aurore prit de la craie et traça au tableau noir la figure
que voici ; puis elle reprit :

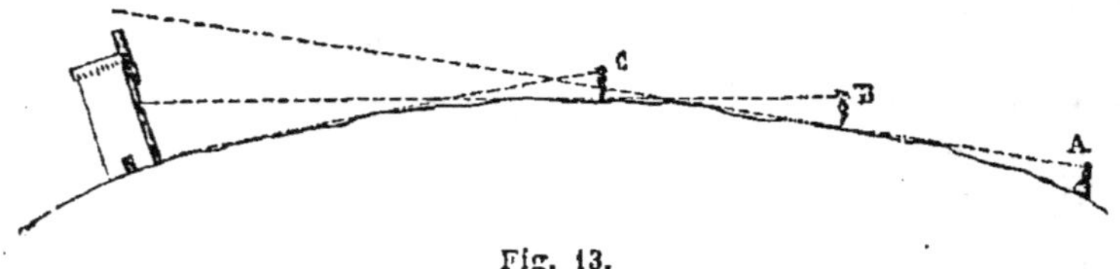

Fig. 13.

Pour un observateur placé en A, la tour est complète-
ment invisible, parce que la courbure du sol met obstacle
à la vue. Pour l'observateur en B, la moitié supérieure de
la tour est visible, mais la moitié inférieure est encore
cachée. Enfin, quand l'observateur est en C, il peut voir
la tour en entier.

Ce n'est pas ainsi que les choses se passeraient si la
terre était plate. A toute distance, une tour serait visible
en entier. De loin, sans doute, on la verrait avec moins de
netteté que de près, à cause de la distance, mais enfin
on la verrait tant bien que mal du sommet à la base.

Ici nouveau dessin d'Aurore, représentant deux spectateurs A et B (fig. 14), qui, placés à des distances fort différentes, voient cependant la tour du sommet à la base
sur un terrain plat. Aurore reprit :

4.

Sur la terre ferme, il est rare de trouver des terrains
qui, par leur étendue et leur régularité, se prêtent à
l'observation dont je viens de vous parler. Presque toujours des collines, des plis du sol, des rideaux de verdure arrêtent le regard et empêchent de voir apparaître

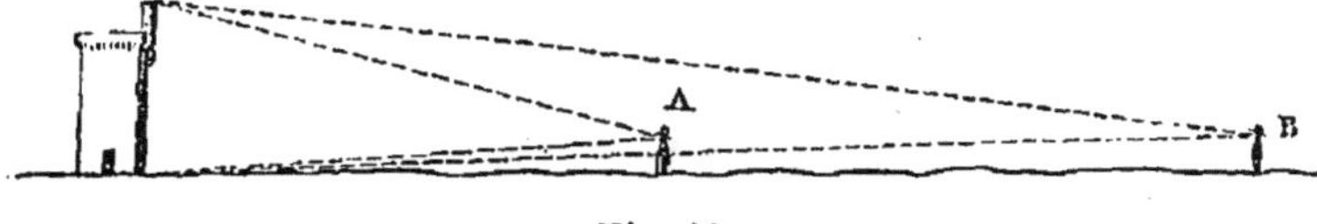

Fig. 14.

peu à peu, du sommet à la base, la tour ou le clocher
dont on se rapproche. Sur mer, aucun obstacle n'arrête
la vue, si ce n'est la courbure des eaux, qui possèdent
avec une régularité parfaite la configuration générale de
la Terre. C'est donc là surtout qu'il est facile de constater les apparences produites par la forme arrondie.

Lorsqu'une barque venant de la pleine mer se rapproche des côtes, les premiers points du rivage visibles pour
les gens qui la montent sont les points les plus élevés,
comme les cimes des montagnes. Plus tard apparaissent
les sommets des hautes tours ; plus tard encore, le bord
du rivage lui-même. Pareillement, un observateur qui,
du rivage, assiste à l'arrivée d'un navire, commence par
apercevoir la pointe des mâts, puis les voiles les plus

Fig. 15.

hautes, puis encore les voiles basses, et enfin la coque du
navire.

Si le navire s'éloignait du rivage, on le verrait graduellement disparaître et plonger en apparence sous les

eaux dans un ordre inverse, c'est-à-dire que la coque se
déroberait la première aux regards, puis les voiles basses,
les voiles hautes et enfin la cime du grand mât, qui dis-
paraîtrait la dernière.

XVII

LA TERRE (suite)

Aurore. — La Terre a quarante millions de mètres de
tour, ou bien dix milles lieues, car une lieue mesure quatre mille mètres.

Claire. — *Pour faire à pied ces dix mille lieues, quel
temps faudrait-il ?*

Aurore. — Un voyageur capable, par impossible, de reprendre chaque matin sa marche en avant, à raison de
dix lieues par jour, mettrait de trois à quatre ans pour
faire à pied le tour de la boule terrestre, en supposant
que la terre ferme ne fût pas interrompue par des mers.
Mais où sont les jarrets qui résisteraient quatre ans de
suite à de telles fatigues, lorsqu'un trajet de dix lieues
épuise le plus souvent nos forces, et nous met dans l'impossibilité de recommencer le lendemain !

Augustine. — Je vois bien que le petit garçon dont
vous nous avez raconté le projet d'aller au bout du monde
n'avait, pour un pareil voyage, ni d'assez bonnes
jambes, ni d'assez abondantes provisions, bien qu'il eût
mis dans son panier deux pommes, six noix et une tartine
de beurre. Le plus grand trajet à pied que j'aie fait est
celui des montagnes voisines, avec mon frère. Combien
cela fait-il de lieues ?

AURORE. — Quatre environ, deux pour aller et deux pour revenir.

AUGUSTINE. — Rien que quatre lieues ! j'étais pourtant bien fatiguée. A la fin, je ne pouvais plus mettre une jambe devant l'autre. Il me faudrait alors, pour faire le tour du monde, en marchant chaque jour autant que me le permettent mes forces ?...

AURORE. — Il vous faudrait de huit à dix ans.

AUGUSTINE. — Au retour du voyage, je serais une grande demoiselle. Elle est donc bien grosse, la boule du monde ?

AURORE. — Oui, ma fille, très-grosse. Un autre exemple va vous aider à le comprendre.

Représentons le globe terrestre par une boule plus grande que hauteur d'homme, puis, dans une juste proportion, représentons en relief, à sa surface, quelques-unes des principales montagnes. Le mont le plus élevé de la Terre est le Gaurisankar, qui fait partie de la chaîne de l'Himalaya, vers le centre de l'Asie. Il dresse ses pics à 8,840 mètres de hauteur. Rarement les nuages sont assez élevés pour en couronner la cime, et sa base recouvre l'étendue d'un empire. Eh bien, élevons le géant sur notre grosse boule figurant la Terre; savez-vous ce qu'il faudra pour le représenter ? Il faudra un tout petit grain de sable qui se perdrait entre vos doigts, un grain de sable d'un millimètre et un tiers de relief ! La gigantesque montagne qui nous accable de son immensité n'est plus rien quand on la compare à la Terre. La plus grande montagne de l'Europe, le mont Blanc, dont la hauteur est de 4,810 mètres, serait figurée par un grain de sable moitié moindre.

MARIE. — Quand vous parliez de la rondeur de la Terre, je songeais aux montagnes énormes, aux vallées profondes, et je me demandais comment, avec toutes ses grandes irrégularités, la Terre cependant peut être qualifiée de ronde. Je vois maintenant que ces irrégularités ne

·sont rien par rapport à l'immensité de la boule terrestre.

AURORE. — Une orange est ronde, malgré les rugosités de son écorce. Il en est ainsi de la Terre : elle est ronde, malgré les rugosités de son écorce, moindres, toutes proportions gardées, que celles de l'orange. C'est une énorme boule semée de grains de poussière et de sable proportionnés à sa grosseur, et qui sont les montagnes.

AUGUSTINE. — Quelle grosse boule !

AURORE. — Mesurer le tour de la Terre n'est pas chose facile, vous vous en doutez bien ; et cependant on a fait mieux : on a pesé la boule immense, comme s'il était possible de la mettre dans le bassin d'une balance avec des kilogrammes pour contre-poids. La science, mes chères enfants, a des ressources où se montre, dans toute sa grandeur, la puissance de l'esprit humain. On a pesé la colossale boule. On ne s'est pas servi de la balance, mais de la puissance de la pensée, que Dieu a mise en nous pour déchiffrer à sa gloire la sublime énigme de l'univers ; de la force de la raison, pour qui n'est pas trop lourd le fardeau de la Terre. Ce fardeau est exprimé par le chiffre 6, suivi de vingt et un zéros, ou bien par 6 sextillions de kilogrammes.

CLAIRE. — Ce nombre ne me dit rien : il est trop grand.

AURORE. — C'est l'inconvénient de tous les grands nombres. Prenons alors un détour. Supposons la Terre déposée sur un char et traînée sur une surface analogue à celle de nos routes. Pour un tel fardeau, quel doit être l'attelage ? — Mettons de front un million de vigoureux chevaux ; et, par devant cette rangée, une seconde encore d'un million ; puis une troisième, toujours d'un million ; et continuons ainsi jusqu'à mille rangées. Nous aurons de la sorte un attelage de mille millions de chevaux, plus que n'en pourraient nourrir tous les pâturages du monde. Et maintenant, allez, donnez du fouet ! — Rien ne bougerait, mes enfants ; la force serait insuffisante. Pour ébranler la

gigantesque masse, il faudrait les efforts réunis de cent millions d'attelages pareils !

CLAIRE. — Je ne comprends pas davantage.

AURORE. — Ni moi non plus, tant c'est énorme.

CLAIRE. — Oui, énorme, ma tante.

MARIE. — Tellement, que l'esprit s'y perd.

AURORE. — C'est ce que je désirais vous faire avouer.

***

XVIII

LE CAFÉ

Le café fut servi tout chaud dans de belles tasses en
porcelaine, si fines, si minces, qu'on eût presque vu le
jour à travers. Les trois amies le prirent par petites cuil-
lerées, avec des marques de satisfaction qui ne pouvaient
échapper à Aurore. C'était si doux, si parfumé ! Marie
surtout n'en laissa pas une goutte dans la tasse. Pour
compléter le petit régal, Aurore raconta l'histoire du
café.

— La plante qui produit le café, dit-elle, se nomme
caféier. C'est un arbuste qui, par sa tête arrondie et son
branchage touffu, rappelle un petit pommier. Ses feuilles
sont ovales et luisantes ; ses fleurs, semblables à celles
du jasmin, exhalent une douce odeur et sont groupées
par petits bouquets au point d'attache de chaque feuille.
A ces fleurs succèdent des fruits, d'abord rouges et puis
noirs, ayant l'aspect de nos cerises, mais portés sur des
queues très-courtes et serrés l'un contre l'autre. La chair
en est fade et douceâtre ; elle recouvre deux semences
dures, rondes sur une face, aplaties sur l'autre et accolées
entre elles par le côté plat. Ces semences sont les grains
de café, dont nous faisons usage après les avoir grillés

dans un moulin de tôle tournant sur le feu. Leur couleur est entre le blanc et le vert; elle devient marron par l'effet du grillage.

Le caféier ne peut prospérer que dans les pays très-chauds; il est originaire de l'Abyssinie, où il vient en abondance, surtout dans la province de Kaffa, qui paraît lui avoir donné son nom. Dans le quinzième siècle, le caféier fut introduit de l'Abyssinie en Arabie. C'est là que l'arbuste a trouvé le climat le plus favorable au développement de ses propriétés. Le café le plus en renom nous vient, en effet, des provinces méridionales de l'Arabie, de l'Yémen, et en première ligne des environs de Moka.

— Alors, fit Marie, quand on désigne un café de qualité supérieure par le nom de *moka*, on lui donne le nom de la ville qui fournit le meilleur?

— Précisément, répondit Aurore. Cherchez sur la carte, et vous trouverez Moka tout au fond de

Fig. 16.— Rameau de Caféier. *a*, fleur; *b*, fruit ouvert et montrant les deux semences.

l'Arabie, à l'entrée de la mer Rouge. C'est en ce coin de terre, sous un soleil ardent, que mûrit le plus estimé des cafés.

Les Hollandais furent les premiers des Européens à s'occuper du caféier; ils l'introduisirent dans leurs colonies de l'Inde, notamment à Batavia, d'où quelques pieds furent expédiés à Amsterdam pour être cultivés dans des serres, car le climat de la Hollande serait loin de permettre au frileux arbuste de venir en plein air. L'un de ces pieds fut donné au Jardin des Plantes de Paris, où l'on eut soin de le multiplier sous vitrage; et l'un des plants

ainsi obtenus fut confié à Déclieux, qui partit pour la Martinique avec son petit arbuste enraciné dans un pot et
une poignée de semences. Jamais peut-être la fortune
d'un pays n'avait dépendu de causes plus modestes : ce
frêle caféier, qu'un coup de soleil pouvait déssécher en
route, devait être pour les Antilles l'origine d'incalculables richesses. Pendant la traversée, rendue longue et
pénible par des vents contraires, l'eau douce vint à
manquer, et l'équipage fut parcimonieusement rationné.
Déclieux, comme tous les autres, n'eut par jour que son
verre d'eau, juste de quoi ne pas périr de soif. L'arbuste
cependant exigeait de fréquents arrosages, sous le ciel
embrasé de l'équateur. Comment l'arroser lorsque la soif
vous dévore et que les gouttes d'eau vous sont comptées ?
Déclieux n'hésita pas à l'arroser avec sa ration d'eau, un
jour lui cédant le plein verre, un autre jour partageant
avec lui ; il préféra s'imposer la plus pénible des privations
et arriver à la Martinique avec le caféier en bon état.
Il eut cette satisfaction. Aujourd'hui la Martinique, la
Guadeloupe, Saint-Domingue et la plupart des autres
Antilles sont couvertes d'admirables plantations dont le
point de départ est l'arbrisseau de Déclieux.

Rien dans nos pays n'est comparable à la riche élégance d'un champ de caféiers, chargés à la fois, presque sans interruption pendant l'année entière, de feuilles
d'un vert lustré, de fleurs blanches et de fruits rouges,
car, dans ces régions favorisées du soleil, la végétation
n'a presque pas de repos. Sur la cime parfumée des arbustes voltigent des papillons, dont les ailes, larges comme
les deux mains, étonnent le regard par la magnificence de
leur coloris ; dans l'enfourchure des derniers rameaux, au
sein de la feuillée, l'oiseau-mouche, un bijou vivant, construit son nid de coton, grand comme la moitié d'un
abricot ; sur l'écorce des vieux troncs reluisent de gros
scarabées rivalisant d'éclat avec les métaux précieux. Au
milieu d'une atmosphère embaumée, des nègres, un

panier au bras, parcourent les plantations d'un caféier à l'autre; ils détachent un à un les fruits mûrs avec précaution, pour ne pas ébranler ceux qui sont encore verts. A peine cette récolte est-elle faite que d'autres fruits rougissent, et puis d'autres encore, tandis que de nouveaux boutons se forment et que de nouvelles fleurs s'épanouissent.

Les *cerises*,— on appelle ainsi les fruits du caféier,— sont passées dans une sorte de moulin qui écrase et enlève la chair sans toucher aux semences. Celles-ci sont alors exposées au soleil. Tous les soirs, pour les garantir de la rosée, on les amoncelle en un tas que l'on recouvre de grandes feuilles; le lendemain, on les étale de nouveau. Lorsque la dessication est complète, on les vanne, on rejette les grains gâtés, et la récolte est prête pour l'expédition.

D'après les traditions ayant cours en Orient, l'usage du café remonterait à un pieux derviche qui, désireux de prolonger ses méditations pendant la nuit, invoqua Mahomet, le priant de l'affranchir du sommeil. Le prophète lui apparut en songe et l'avertit d'aller trouver un certain berger. Celui-ci raconta que ses chèvres restaient éveillées *toute* la nuit, sautant et cabriolant *comme* des folles, après avoir brouté les fruits d'un arbrisseau qu'il lui montra. C'était un caféier, couvert de ses cerises rouges.

Le derviche s'empressa d'éprouver sur lui-même la singulière vertu de ces fruits. Le soir même, il en prit une forte infusion, et de toute la nuit, en effet, le sommeil ne vint interrompre ses pieux exercices. Heureux de se procurer à volonté l'insomnie, il fit part de sa découverte à d'autres derviches, qui s'adonnèrent à leur tour au breuvage chassant le sommeil. L'exemple de ces saints personnages fut suivi par les docteurs de la loi. Mais bientôt on reconnut à l'infusion qui tenait éveillé des qualités fortifiantes; on prit du café sans intention de combattre le sommeil, et la fève découverte par les chèvres devint d'un usage général dans tous les pays orientaux.

N'allez pas donner à cette tradition populaire une croyance aveugle : on ignore réellement par qui et dans quelles circonstances les propriétés du café ont été d'abord reconnues. Un point seul est incontestable, et l'histoire du derviche le fait très-bien ressortir : c'est la vertu que possède le café de maintenir l'esprit en activité et de chasser le sommeil.

XIX

LA FLEUR

Voici la fleur de la Nielle des blés, commune dans les moissons avec le Bleuet et le Coquelicot. Au dehors sont cinq pièces de couleur verte et de consistance ferme, qui, soudées entre elles inférieurement, se terminent en lanières longues, pointues à la partie supérieure. Chacune de ces pièces se nomme *sépale*, et leur ensemble forme ce qu'on appelle le *calyce*. Au dedans se trouvent cinq autres pièces, minces, larges et de couleur rougeâtre. Chacune d'elles porte le nom de *pétale*, et leur ensemble celui de *corolle*.

La plupart des fleurs ont deux enveloppes analogues, contenues l'une dans l'autre. L'extérieure, ou le calyce, est presque toujours de couleur verte et de structure ferme; l'intérieure, ou la corolle, de consistance bien plus délicate, est embellie de ces magnifiques teintes qui nous plaisent tant dans les fleurs.

Les sépales du calyce et les pétales de la corolle sont

tantôt séparés l'un de l'autre et tantôt soudés entre eux. Dans la Nielle, les sépales se réunissent inférieurement en un fourreau commun, tout hérissé de cils, que l'on prendrait pour une pièce unique ; mais, dans leur partie supérieure, ils se séparent en cinq lanières pointues, montrant que le calyce est en réalité composé de cinq pièces. Quant à la corolle de la Nielle, on y reconnaît cinq pièces, cinq pétales distincts l'un de l'autre, sans aucune soudure.

Au contraire, dans la fleur de la Campanule, ci-après, les cinq pétales dont la corolle se compose sont unis par les bords et forment une belle cloche bleue, qui semble formée d'une seule pièce. Les cinq larges dents qui bordent l'ouverture de la cloche montrent néanmoins que la corolle est réellement composée de cinq pétales, dont ces dents sont la terminaison. Ainsi, lorsque les pièces du calyce ou de la corolle s'unissent par les bords et semblent former un tout indivisible, il suffit de reconnaître les échancrures, les dents, les festons que présente l'orifice soit du calyce, soit de la corolle, pour savoir le nombre réel de sépales ou de pétales soudés entre eux.

Fig. 17. — Fleur de Nielle.

Le calyce et la corolle sont le vêtement de la fleur, vêtement double où se trouvent à la fois la solide étoffe qui garantit des intempéries et le tissu fin qui charme les regards. Le calyce, vêtement extérieur, est de forme simple, de coloration modeste, de structure robuste, comme il convient pour résister au mauvais temps C'est à lui que revient de protéger la fleur non encore épanouie, de la défendre du soleil, du froid et de l'humidité. Examinez un bouton de rose, voyez avec quelle précision

Fig. 18. — Fleur de Campanule.

minutieuse les cinq sépales du calyce se rejoignent pour recouvrir le reste. La moindre goutte d'eau ne pourrait pénétrer à l'intérieur, tant leurs bords sont soigneusement assemblés. Il y a des fleurs qui, tous les soirs, ferment leur calyce et s'y replient pour se garantir de la fraîcheur.

La corolle, ou vêtement intérieur, à la finesse du tissu unit l'élégance de forme et la richesse de la teinte. Elle est pour la fleur ce qu'est pour nous une parure de noces. C'est elle surtout qui captive les regards, à tel point que d'habitude nous la considérons comme la chose principale de la fleur, tandis qu'elle est un simple accessoire ornemental.

Des deux enveloppes, la plus nécessaire est le calyce. Beaucoup de fleurs, de goûts sévères, savent se passer de l'agréable, de la corolle; mais elles se gardent bien de renoncer à l'utile, au calyce, qui, dans sa plus grande simplicité, se réduit à une toute petite feuille en forme d'écaille. Les fleurs sans corolle restent inaperçues, et les végétaux qui les portent nous paraissent ne pas fleurir. C'est une erreur : tous les arbres, toutes les plantes, fleurissent.

CLAIRE. — Même le saule, le chêne, le peuplier, le pin, le hêtre, le blé, et tant d'autres dont je n'ai jamais vu les fleurs ?

AURORE. — Même le saule, le chêne, et tous tant qu'ils sont. Leurs fleurs sont extrêmement nombreuses ; mais, comme elles sont fort petites et dépourvues de corolle, elles échappent au regard inattentif. Il n'y a pas d'exception : toute plante a ses fleurs.

XX

ORIGINE DU FRUIT

Ce serait bien peu connaître une personne que de savoir tout court qu'elle porte une robe de telle indienne ; on ne connaît pas davantage la fleur quand on sait qu'elle est revêtue d'un calyce et d'une corolle. Qu'y-a-t-il sous ces vêtements ?

Examinons ensemble une fleur de Lis. Elle n'a pas de calyce, mais elle possède une superbe corolle formée de six pétales gracieusement courbés en dehors et plus blancs que l'ivoire. J'enlève ces six pétales. Ce qui reste maintenant est l'essentiel, c'est-à-dire la chose sans laquelle la fleur ne remplirait pas son rôle de fleur, enfin ne donnerait pas de fruits. Passons avec soin la revue de ce reste. Cela en vaut la peine, vous allez voir.

Il y a d'abord six petites baguettes blanches, surmontées chacune d'un petit sachet plein d'une poudre jaune. Ces six pièces se nomment *étamines*. On en trouve dans toutes les fleurs, tantôt plus, tantôt moins ; pour sa part, le Lis en a six.

Le sachet qui surmonte l'étamine se nomme *anthère*. La poussière contenue dans l'anthère se nomme *pollen*.

C'est elle qui nous barbouille le nez de jaune quand nous flairons un Lis.

J'enlève les six étamines. Il reste un corps central, renflé en bas, rétréci dans le haut en un long filament et surmonté d'une espèce de tête humectée d'une humeur visqueuse. En son ensemble, ce corps central prend le nom de *pistil;* son renflement d'en bas s'appelle *ovaire*, le filament qui le surmonte prend le nom de *style*, et la tête visqueuse qui termine ce filament se nomme *stigmate*.

CLAIRE. — Voilà bien des noms pour de petites choses!

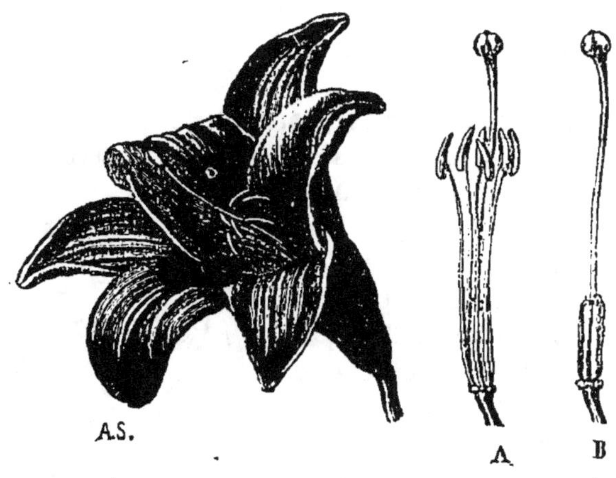

Fig. 10. — Fleur du Lis. — A, étamines et pistil; B, pistil seul.

AURORE. — Petites, oui; mais d'une importance qui n'a pas sa pareille. Ces petites choses, ma chère fille, nous font la nourriture de chaque jour; sans le miraculeux travail de ces petites choses, le monde périrait.

Avec le canif, je coupe l'ovaire en travers. Dans trois compartiments rangés en rond se voient de petits grains disposés sur deux files : ce sont les futures graines de la plante. L'ovaire est donc la partie de la fleur où se forment les semences. A un certain moment, la fleur se flétrit ; les pétales se fanent et tombent ; le calyce en fait autant, ou quelquefois reste pour continuer son rôle protecteur ; les étamines desséchées se détachent ; seul l'ovaire reste, grossissant, mûrissant et devenant enfin le fruit.

Tout fruit, poire, pomme, abricot, pêche, noix, cerise, melon, raisin, amande, châtaigne, a débuté par être un petit renflement du pistil ; toutes ces excellentes choses que la plante nous fournit pour nourriture ont été d'abord des ovaires.

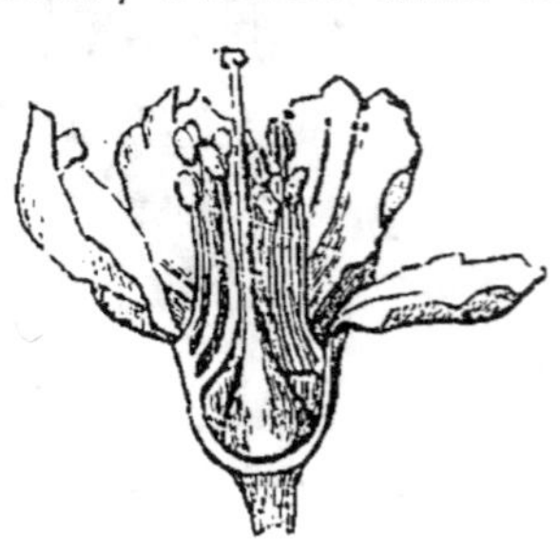

Fig. 20. — Ovaire du Lis coupé en travers.

Augustine. — La poire a commencé par être l'ovaire de la fleur du poirier ?

Aurore. — Oui, mon enfant : la poire, la pomme, la cerise, l'abricot, sont en débutant le tout petit ovaire de leurs fleurs respectives. Je vais vous montrer l'abricot dans sa fleur.

Aurore prit une fleur d'abricotier, l'ouvrit avec le canif et montra à son auditoire ce que reproduit la figure.

— Au centre de la fleur, vous voyez le pistil, qu'entourent de nombreuses étamines. La tête qui le termine en haut est le stigmate ; le renflement qui le termine en bas est l'ovaire, c'est-à-dire l'abricot futur.

Fig. 21. — Fleur ouverte de l'Abricotier.

Augustine. — Cette petite chose verte aurait fait un abricot, plein de jus sucré, comme je les aime tant ?

Aurore. — Cette petite chose verte aurait fait un abricot, comme les aime tant Augustine. Une pareille petite chose verte aurait fait la grosse poire fondante, la pomme parfumée, l'énorme citrouille. Voulez-vous voir maintenant l'ovaire qui nous fait le pain ?

Marie. — Oh ! oui. Toutes ces choses sont très-curieuses.

AURORE. — Mieux que cela, très-importantes.

Aurore prit une aiguille, puis, avec la délicate patience

Fig. 22. — La pomme.

que réclame cette opération, elle isola une des nombreu-

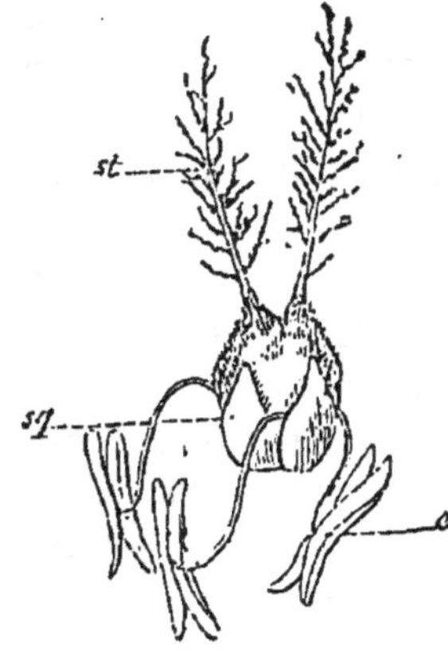

Fig. 23. — Fleur du Blé: *e,*
étamines ; *st*, stigmate en
forme de double plumet; *sq*,
écailles tenant lieu de calyce
et de corolle.

ses fleurs dont l'ensemble forme l'épi du froment. La délicate fleurette étalait nettement, sur la pointe de l'aiguille, les diverses parties qui la composent.

La plante bénie qui nous donne le pain a des fleurs modestes. Deux pauvres écailles lui servent de calyce et de corolle. Aisément vous reconnaissez trois étamines pendantes, avec leur anthère à double sachet plein de pollen. Le corps principal de la fleur est l'ovaire ventru qui, devenu mûr, serait un grain de blé. Il est surmonté du stigmate, façonné en double plumet d'une exquise

élégance. Telle est la petite et modeste fleur qui nous fait vivre tous.

XXI

ASCENSIONS EN BALLON

Aurore. — Deux fabricants de papier de la petite ville d'Annonay, dans l'Ardèche, les frères Montgolfier, conçurent les premiers l'idée de s'élever dans l'atmosphère à l'aide d'un immense globe de toile, doublé de papier et rempli d'air chaud.

L'ascension d'un ballon est devenue aujourd'hui chose si commune, qu'il n'est guère de localité où cette belle expérience ne soit connue. Au milieu d'un cercle de spectateurs gît à terre un amas informe de toile enchevêtré de cordages. On allume quelques brassées de paille, et, au-dessus de la flamme, on présente l'orifice d'une espèce d'immense bourse que forme cette toile. Voilà que la bourse se déploie, s'emplit d'air chaud, se gonfle et finit par étaler ses flancs rebondis. C'est maintenant une vaste machine, qui se balance mollement dans l'air, retenue prisonnière par des mains vigoureuses. Sa forme est celle d'une poire dont la pointe, largement ouverte, est en bas, au-dessus de la paille qui flambe. Un réseau de cordelettes l'enveloppe dans sa partie supérieure. De ce réseau, vers le milieu du ballon, partent d'autres cordes qui pendent au-dessous de l'orifice et se rattachent à une grande corbeille d'osier appelée nacelle. Tout est prêt : l'aéronaute se met dans la nacelle avec tous les engins dont il peut avoir besoin dans son voyage ; et, à un signal donné, les gens qui retiennent le ballon le lâchent à la fois. Le voilà parti..... Un frisson court parmi les spectateurs. Le ballon s'élève majestueusement ; le voilà par-dessus les toits, le voilà par-dessus le clocher de l'église. Encore quelques instants, et il aura atteint la région des nuages. L'audacieux voyageur salue cependant du haut des airs.

CLAIRE. — L'an dernier, on fit partir un ballon, le jour de la fête du village. Il était simplement en papier et non en toile.

AURORE. — Quand le ballon ne doit pas emporter des gens dans sa nacelle, on se borne à le faire en papier, ce qui est moins coûteux ; mais si quelqu'un doit faire le périlleux voyage, le ballon est en toile pour plus de solidité.

CLAIRE. — Il y avait sous le ballon de papier que j'ai vu partir une petite corbeille de fil de fer pleine d'étoupes enflammées.

AURORE. — C'était pour continuer à chauffer, pendant l'ascension, l'air du ballon et maintenir celui-ci plus longtemps en l'air.

MARIE. — Je ne comprends pas encore pourquoi le ballon. monte.

AURORE. — Vous allez le comprendre. Si l'on descendait une boule de bois profondément dans l'eau, et qu'après on l'abandonnât à elle-même, que ferait la boule ?

MARIE. — Le bois étant plus léger que l'eau, la boule remonterait tout aussitôt.

AURORE. — Ainsi fait l'air chaud du ballon : il monte parce qu'il est plus léger que l'air froid environnant.

MARIE. — Mais le ballon lui-même, sa toile, sa nacelle, l'aéronaute, tout cela est bien plus lourd que l'air?

AURORE. — Certainement. Une balle de plomb est aussi plus lourde que l'eau ; jamais d'elle-même elle ne remonterait du fond à la surface. Cependant, si elle est attachée à une boule de bois assez grosse, elle remonte très-bien, entraînée par le bois. De la même manière monte la nacelle avec sa charge : elle est entraînée par l'air chaud, pourvu que celui-ci soit en quantité suffisante.

MARIE. — C'est moins difficile que je ne le croyais. Chauffé par la flamme de la paille, l'air du ballon devient plus léger et s'élève, emportant avec lui la nacelle et son contenu.

Aurore. — Les premières expériences des frères Montgolfier, faites dans le midi de la France, à Annonay et à Avignon, eurent bientôt un grand retentissement. Chacun prenait un vif intérêt à leur tentative de se frayer une route dans les airs. Un essai mémorable eut lieu à Versailles, le 19 septembre 1783, en présence du roi Louis XVI. Personne n'osant encore se confier à la nouvelle machine, qu'on appelait *montgolfière*, du nom des inventeurs, on suspendit au ballon une cage contenant un mouton, un coq et un canard. Ces premiers voyageurs aériens revinrent sains et saufs; l'ascension et la descente se firent sans accident.

Augustine. — J'ai assez bien compris pourquoi le ballon monte; mais comment se fait la descente ?

Aurore. — Elle se fait toute seule. L'air du ballon ne se conserve pas toujours chaud ; il se refroidit peu à peu et par conséquent redevient plus lourd. A mesure que le refroidissement le gagne, le ballon augmente de poids et descend. Voilà pourquoi, si l'on veut qu'il reste plus longtemps en l'air, on allume du feu à son entrée.

Le mouton, le coq et le canard, vous disais-je, revinrent sains et saufs de leur voyage. Bientôt après, deux hardis jeunes gens, Pilâtre des Rosiers et le marquis d'Arlandes, s'aventurèrent dans la nacelle. Le ballon, retenu à l'aide d'une longue corde, s'éleva, à plusieurs reprises, à une centaine de mètres de hauteur. La réussite de cette entreprise les encouragea, et, le 20 novembre 1783, les deux aventureux jeunes gens s'élevèrent dans une montgolfière libre de toute attache. Le ballon traversa Paris dans toute sa largeur, aux acclamations enthousiastes de la foule, et, sans accident, descendit au bout d'un quart d'heure à deux lieues du point de départ. Pilâtre des Rosiers devait bientôt payer de sa vie son effrayante témérité. Il résolut de traverser en ballon le bras de mer qui sépare la France de l'Angleterre; mais, quelques instants après le départ, le ballon se déchira, et l'aéronaute, précipité du haut des airs, périt fracassé sur la plage.

CLAIRE. — Pauvre jeune homme ! Quelle imprudence de vouloir ainsi traverser la mer !

AURORE. — Ce voyage, qui fut si fatal à Pilâtre des Rosiers, d'autres l'ont fait après lui, mais avec des ballons mieux construits. Les ballons à air chaud ne sont plus maintenant employés par les aéronautes, car, à moins d'avoir un volume énorme, ils ne peuvent emporter qu'une charge assez faible, le poids de l'air chaud ne différant pas assez de celui de l'air froid. Ils présentent, en outre, le danger d'être incendiés d'un moment à l'autre par le feu qu'il faut entretenir au-dessous pour maintenir l'air chaud, quand le voyage aérien doit durer quelque temps. A la toile doublée de papier des montgolfières on a substitué du taffetas vernissé; et l'air chaud a été remplacé par un gaz nommé hydrogène, qui est quatorze fois plus léger que l'air. Les ballons ainsi construits se nomment *aérostats*. L'aéronaute emporte avec lui dans la nacelle des sacs de sable appelés lest. Enfin la partie supérieure du ballon est munie d'une soupape que l'aéronaute ouvre ou ferme à volonté, au moyen d'un cordon qui pend à sa portée. Lorsqu'il veut descendre, il ouvre la soupape : une partie de l'hydrogène s'échappe pour faire place à de l'air, et le ballon, devenu ainsi plus lourd, descend lentement. C'est alors que le lest peut être d'une grande utilité. Si le ballon, en arrivant dans le voisinage de la terre, se trouve au-dessus d'un lieu dangereux, d'un fleuve, d'une forêt, d'un précipice, l'aéronaute doit remonter un peu pour aller plus loin opérer sa descente en un endroit propice. Il remonte en rejetant une partie de sa provision de sable hors de la nacelle. Le ballon allégé remonte aussitôt. C'est de la sorte que l'aéronaute, tant qu'il a du lest à sa disposition, peut choisir le lieu de sa descente.

CLAIRE. — On ne peut donc pas conduire le ballon là où l'on veut ?

Fig. 24. — L'aérostat.

AURORE. — Nullement. Le ballon va où le vent le pousse, sans qu'il soit possible à l'aéronaute de choisir la direction.

XXII

LES HAUTES RÉGIONS DE L'AIR

Ce doit être pour l'aéronaute un moment d'émotion
que celui où le dernier frein du ballon est enfin dénoué.
La machine aérienne aux flancs rebondis oscille, s'é-
branle ; elle est partie. Un plomb descend moins vite
dans les abîmes des mers qu'elle ne monte dans les hauteur de l'air. En quelques secondes, la foule des curieux
n'est plus qu'une mesquine fourmilière en émoi ; les maisons prennent des proportions tellement amoindries, que
la ville ressemble à un amas de petits cubes blancs. Ah!
voici un nuage. L'aérostat y plonge et tout disparaît. Un
élan de plus, et le ballon a les nuages au-dessous de lui,
étalés en amas cotonneux d'une éblouissante blancheur ;
il s'élance dans les solitudes supérieures, toujours sereines, toujours inondées de soleil. Par moments, à
travers les trouées du rideau nuageux, l'aéronaute entre-
voit la terre, mais indécise à cause de la distance, mais
effrayante à cause de la profondeur. Quelques cor-
dons, une corbeille d'osier, le tiennent suspendu sur
l'abîme. Si la frêle nacelle chavirait, que deviendrait-
il, grand Dieu ! précipité de cette élévation? Le froid
vous prend aux os rien qu'en songeant à pareille chute.
Et cependant, pour pénétrer un peu avant dans l'épaisseur de l'atmosphère et nous apprendre ce qui s'y passe,
de vaillants explorateurs se sont trouvés, qui n'ont pas
hésité à s'élever aussi haut qu'il est possible de le faire.
En 1804, un savant illustre, Gay-Lussac, parvint à la
hauteur de 7,000 mètres ; en 1850, Barral et Bixio atteignirent à peu près la même élévation; en 1862,
Glaisher et Coxwell s'élevèrent jusqu'à 10,000 mètres, la

plus grande élévation que l'homme ait jamais atteinte. Sur une épaisseur d'une quinzaine de lieues au moins que possède l'atmosphère, on a donc exploré deux à trois lieues de la couche inférieure.

MARIE. — Deux à trois lieues sur quinze, c'est bien peu. Pourquoi n'allaient-ils pas plus haut?

AURORE. — Ce n'est pas le désir d'atteindre une plus grande élévation qui leur manqua, ni le courage nécessaire qui leur fit défaut; mais il arrive un moment où, dans ces hautes régions, la vie est impossible. Là règne un éternel et morne silence, qui porte l'épouvante dans l'âme. La terre cesse d'être visible, ou plutôt les accidents du sol, plaines, vallées, montagnes, se confondent en une nappe brumeuse où le regard ne saisit aucun détail. Un froid pénétrant, comme on n'en éprouve pas au milieu des plus grandes rigueurs de l'hiver, vous transit et vous paralyse. Le découragement, le malaise, le vertige, vous saisissent; la respiration devient haletante, parce que l'air, de plus en plus raréfié à mesure qu'il est situé plus haut, commence à manquer aux poumons; les yeux s'injectent de sang, les oreilles bourdonnent; le pouls bat précipitamment; tout enfin annonce que la vie est en péril et qu'il est prudent de ne pas aller plus loin. Écoutez, à ce sujet, le récit de la plus mémorable ascension aérostatique, celle de Glaisher et Coxwell, en Angleterre.

« Nous avons quitté la terre, raconte M. Glaisher, le 5 septembre 1862 à une heure de l'après-midi, par une température de 15 degrés. Dix minutes après, nous nagions dans un épais nuage qui nous enveloppait de ténèbres impénétrables. La couche nuageuse franchie, le ballon s'éleva dans une région inondée de lumière, où le soleil, d'une extraordinaire vigueur, donnait le plus vif éclat à la teinte bleue du ciel. Au-dessus de nos têtes, nous n'avions que l'azur du firmament; sous nos pieds, à perte de vue, s'étalait la surface des nuages,

imitant des collines, des chaînes de montagnes, des
pics isolés, resplendissants de blancheur. On eût dit un
paysage montueux couvert de neige d'une incomparable pureté. A mesure que nous montions, la terre ap-
paraissait, par moments, à travers les percées qui s'ouvraient dans les nuages.

« En 25 minutes, l'aérostat nous avait élevés à 4,800 mètres, ce qui est à peu près l'altitude du mont Blanc. Pour
pareille ascension sur terre, il nous eût fallu plusieurs
journées de très-rudes fatigues. La température était déjà
à zéro, et l'air excessivement sec. Un bond de plus nous
fait atteindre l'altitude du Chimborazo, (6,530 mètres).
La température est de 14 degrés au-desous de zéro.
Nous jetons du lest, et en quelques minutes l'aérostat s'é-
lance à l'altitude de 8,180 mètres, où nous trouvons la
température de 19 degrés au-dessous de zéro. Nous mon-
tons toujours.

« Nous étions parvenus à la hauteur de 11,000 mètres
environ, représentée par le plus haut pic de la terre surmonté du plus haut pic des Pyrénées, lorsque Coxwell
s'aperçoit que la corde de la soupape s'est entortillée
parmi les cordages et grimpe pour la remettre en ordre.
A ce moment, une paralysie soudaine me gagne le bras
droit. Je cherche à me servir du bras gauche : il est également paralysé. Ni l'un ni l'autre n'obéit à ma volonté.
J'essaie de remuer le corps : j'y parviens à peine et d'une
manière si vague, qu'il me semble que je n'ai plus de
membres. Je veux au moins lire les indications de mes
instruments : ma tête retombe inerte sur mon épaule.

« J'avais le dos appuyé sur le bord de la nacelle, et, dans
cette position, je regardais Coxwell occupé à débrouiller
la corde de la soupape. J'essayai de lui parler sans parvenir à proférer un son. Enfin des ténèbres épaisses m'en-
vahirent : la vue à son tour était paralysée. Cependant
j'avais encore toute ma connaissance, et mon esprit possédait sa pleine activité. Je pensais que l'air me man-

quait, que j'allais être asphyxié si nous ne parvenions à descendre à l'instant. Enfin je perdis connaissance, comme si je m'étais brusquement endormi. »

Marie. — Et Coxwell? que n'ouvre-t-il aussitôt la soupape, sinon ils sont perdus!

Aurore. — Coxwell grimpa dans les cordages au milieu de longues chandelles de glace qui pendaient au-dessous du ballon. A peine eut-il le temps de débrouiller la corde de la soupape : un froid extrême l'avait saisi; ses mains engourdies et devenues toutes noires refusaient leurs services. Il lui fallut redescendre dans la nacelle en se laissant glisser le long des cordages et se maintenant avec les coudes. Voyant Glaisher étendu sans mouvement sur le dos, il crut d'abord que son compagnon se reposait et lui parla sans obtenir de réponse. Ce silence l'avertit que Glaisher était évanoui. Il voulut alors lui venir en aide; mais la paralysie, l'insensibilité, le gagnaient rapidement lui-même et il ne put parvenir à se rapprocher du mourant. Il comprit enfin que, sans retard aucun, il fallait descendre, pour ne pas périr l'un et l'autre dans quelques instants. Heureusement la corde de la soupape se trouvait à sa portée. Ne pouvant la prendre avec les mains, immobilisées par le froid, il la saisit avec les dents et en quelques secousses parvint à ouvrir la soupape. Le ballon aussitôt descendit. Peu après, dans un air moins froid et moins raréfié, Glaisher reprenait connaissance et donnait ses soins aux mains gelées de son compagnon.

XXIII

COTON, LIN ET CHANVRE

Le coton, la plus importante des matières employées
pour nos tissus, est fourni par une plante des pays chauds
appelée Cotonnier. C'est une herbe d'un à deux mètres
d'élévation, ou même un arbrisseau, dont les grandes
fleurs jaunes ont la forme de celles de nos mauves. A
ces fleurs succèdent de nombreux fruits ou coques de la
grosseur d'un œuf, que remplit une bourre soyeuse, tantôt d'un blanc éclatant, tantôt d'une faible nuance jaune,
suivant l'espèce de cotonnier. Au milieu de cette bourre
se trouvent les graines.

A la maturité, les coques s'entr'ouvrent, bâillent, et
leur bourre s'épanche en un moelleux flocon que l'on
recueille à la main coque par coque. La bourre, bien desséchée au soleil sur des claies, est battue avec des fléaux,
ou mieux soumise à l'action de certaines machines. On la
débarrasse de la sorte des graines et des débris du fruit.
Sans autre préparation, le coton nous arrive en grands
ballots pour être converti en tissus dans nos usines. Les
pays qui en fournissent le plus sont l'Inde, l'Égypte, le
Brésil, et surtout les États-Unis de l'Amérique du Nord.

En une seule année, les manufactures de l'Europe
mettent en œuvre près de huit cent millions de kilogrammes de coton. Ce poids énorme n'est pas de trop, car le
monde entier s'habille avec la précieuse bourre, devenue
indienne, percale, calicot. Aussi l'activité humaine n'a-
t-elle pas de plus vaste champ que le commerce du coton
manufacturé. Que de mains à l'œuvre, que d'opérations
délicates, que de longs voyages pour un simple pan
d'indienne du prix de quelques centimes! Une poignée

de coton est récoltée, je suppose, à deux ou trois mille
lieues d'ici. Ce coton traverse l'Océan, il fait le quart
du tour du globe et vient en France ou en Angleterre

Fig. 25. — Le Cotonnier.

pour y être manufacturé. Alors on le file, on le tisse, on
l'embellit de dessins coloriés, et, devenu indienne, il repart à travers les mers pour aller peut-être, à l'autre bout
du monde, servir de coiffure à quelque négresse crépue.

Quelle multiplicité d'intérêts en jeu! Il a fallu semer la plante; puis pendant une bonne moitié de l'année, en soigner la culture. Dans la poignée de bourre, il y a donc à prélever la part, la grosse part de ceux qui ont cultivé et récolté. Arrivent alors le commerçant qui achète et la marin qui transporte. A l'un et à l'autre, il faut une part de la poignée de bourre. Puis viennent le filateur, le tisseur, le teinturier, que le coton doit dédommager tous de leur travail. C'est loin encore d'être fini. Voici maintenant d'autres commerçants qui achètent les tissus, d'autres marins qui les transportent dans toutes les parties du monde, et enfin des marchands qui vendent au détail. Comment fera la poignée de bourre pour payer tous ces intéressés, sans devenir elle-même d'un prix exorbitant?

Pour accomplir cette merveille interviennent ici les deux puissances de l'industrie : l'auxiliaire de la machine et le travail en grand. Vous savez comme on file la laine au rouet. La laine cardée est d'abord divisée en longues mèches. Une de ces mèches est approchée d'un crochet qui tourne avec rapidité. Le crochet saisit la laine, et, dans sa rotation, tord les brins en un fil, qui peu à peu s'allonge aux dépens de la mèche, maintenue et réglée avec les doigts. Quand le fil a atteint une certaine longueur, on l'enroule sur le fuseau par un mouvement convenable du rouet, puis on se remet à tordre la laine.

A la rigueur, le coton pourrait se filer de la même manière, mais, si habiles que fussent les fileuses, les tissus qu'on ferait avec ce fil obtenu au rouet seraient d'un prix énorme à cause du temps dépensé. Que fait-on alors? On charge une machine de filer le coton. Dans d'immenses salles sont disposés, par centaines de mille, les délicats engins propres à filer, crochets, fuseaux et bobines. Et tout cela tourne à la fois avec une exquise précision et une rapidité qui défie le regard, et tout cela travaille et bruit à vous rendre sourd. La bourre de coton est saisie par des milliers et des milliers de crochets; les fils, d'une longueur sans fin, vont et viennent d'une bobine à l'autre, et s'enroulent sur les fuseaux. En quelques heures, une montagne de coton est convertie en fil dont la longueur ferait plusieurs fois le tour de la terre. Qu'a-t-on dépensé pour un travail qui aurait épuisé les forces d'une armée de fileuses? Quelques pelletées de charbon pour chauffer l'eau dont la vapeur fait mouvoir la machine qui met le tout en branle.

Le tissage, l'impression des dessins coloriés, enfin les diverses opérations que la bourre subit pour devenir tissu, se font par des moyens tout aussi expéditifs, tout aussi économiques. Et c'est ainsi que le planteur, le négociant, le marin, le filateur, le tisserand, le teinturier, le marchand, peuvent chacun avoir leur part dans la poignée de bourre de coton, devenue pan d'indienne et vendue quatre sous.

L'écorce intérieure du chanvre et du lin est composée de longs filaments, très-fins, souples et tenaces, que l'on emploie, comme le coton, à la fabrication des tissus. Le lin nous donne les tissus de luxe, batiste, tulle, gaze, dentelle, malines; le chanvre nous fournit les tissus plus forts, jusqu'à la grossière toile à sacs.

Le lin est une plante fluette, à petites fleurs d'un bleu tendre,

Fig. 26.
Fruit du Lin.

Fig. 27.
Fleur du Lin.

qui se sème et se récolte tous les ans. Sa culture est très-développée dans le nord de la France, en Belgique, en Hollande. C'est la première plante que l'homme ait utilisée pour faire des tissus.

Le chanvre est cultivé dans toute l'Europe depuis bien des siècles. C'est une plante annuelle, d'une odeur forte, nauséabonde, à petites fleurs vertes, sans éclat, et dont la tige, de la grosseur d'une plume, s'élève à deux mètres environ.

Lorsque le chanvre et le lin sont parvenus à la maturité, on en fait la récolte, et par le battage on en sépare
les graines. On procède alors à une opération appelée
rouissage, qui a pour but de rendre les filaments de l'é-
corce ou les fibres, comme on les appelle, facilement sé-
parables du bois. Ces fibres, en effet, sont collées à la tige
et agglutinées entre elles par une matière gommeuse très-
résistante, qui les empêche de s'isoler tant qu'elle n'est
pas détruite par la pourriture. On pratique quelquefois
le rouissage en étendant les plantes sur le pré pendant
une quarantaine de jours et en les retournant de temps à
autre, jusqu'à ce que la filasse se détache de la partie
ligneuse ou chènevotte. Mais le moyen le plus expéditif
consiste à tenir plongés dans l'eau le lin et le chanvre liés
en bottes. Il s'établit bientôt une pourriture qui dégage
des puanteurs intolérables ; l'écorce se corrompt, et les
fibres, douées d'une résistance exceptionnelle, sont mises en

Fig. 28. — Le Lin.

liberté. On fait alors sécher les bottes ; puis on les écrase
entre les mâchoires d'un instrument appelé *broye*, pour
casser les tiges en menus morceaux et les séparer de la
filasse. Enfin, pour purger la filasse de tout débris li-
gneux, on la passe entre les pointes en fer d'une sorte
de grand peigne nommé *séran*.

En cet état, la fibre est filée soit à la main, soit à la
mécanique. Le fil obtenu est soumis au tissage. Sur un

métier, on dispose bien en ordre, côte à côte, de nom-

Fig. 29. — Le Chanvre.

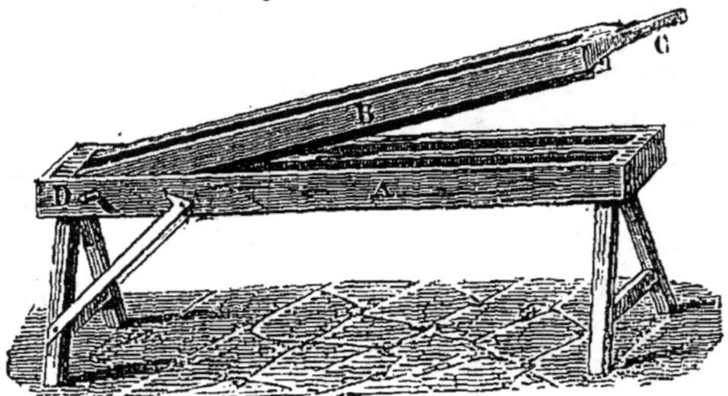

Fig. 30. — Broye.

breux fils composant ce qu'on nomme la chaîne. A tour

de rôle, entraînée par une pédale sur laquelle presse le pied de l'ouvrière, la moitié de ces fils descend, tandis que l'autre remonte. En même temps, l'ouvrière fait pas-

Fig. 31. — Métier à tisser.

ser de gauche à droite, puis de droite à gauche, entre les deux moitiés de la chaîne un fil transversal, nommé trame, contenu dans une navette. De cet entre-croise-ment résulte le tissu.

XXIV

LES BOURGEONS

Prenez un rameau de lilas ou de n'importe quel arbuste ; dans l'angle formé par chaque feuille et le rameau, angle qu'on nomme *aisselle de la feuille*, vous voyez un petit corps arrondi revêtu d'écailles brunes. C'est là un *bourgeon*, ou, comme disent les jardiniers, un *œil*. Il est destiné à devenir un rameau implanté sur le premier. Il constitue un membre de la famille composant l'arbre ; mais c'est un nouveau-né, faible encore, incapable de travail. Il ne prendra part à l'activité générale de l'arbre que le printemps prochain, lorsqu'il sera devenu rameau. Jusque-là, c'est un nourrisson alimenté par le rameau qui le porte ; il n'a rien à faire qu'à se fortifier et grandir, comme l'enfant dans ses langes et l'oiseau dans son nid.

Fig. 32. — Rameau avec ses bourgeons.

Tout le travail revient aux rameaux couverts de feuilles, aux rameaux de l'année. Ils sont les nourriciers de l'arbre. Vous les croyez inactifs, humant insouciants la fraîcheur du matin ; détrompez-vous. Par l'intermédiaire des racines, ils puisent dans le sol : par l'intermédiaire des feuilles, ils puisent dans l'air ; et mélangeant, associant, combinant les matières premières arrivées par ces deux voies, ils préparent la purée gommeuse dont se nourrissent les bourgeons. L'année prochaine, ils se reposeront ; et les bourgeons d'aujourd'hui, devenus forts et développés en rameaux, travailleront à leur tour à l'œuvre commune jusqu'à ce que d'autres bourgeons les remplacent également.

L'arbre se compose ainsi d'une série de générations échelonnées l'une sur l'autre. La génération actuelle est représentée par les rameaux feuillés ; c'est là que réside l'activité de l'arbre. Les bourgeons forment la génération immédiatement future ; c'est pour eux surtout que l'arbre est en travail. Enfin la tige, les branches et leurs subdivisions, jusqu'aux rameaux feuillés, représentent les diverses générations passées.

Pendant toute la belle saison, les bourgeons grossissent à l'aisselle des feuilles ; ils prennent des forces pour passer l'hiver. Les froids arrivent et les feuilles tombent ; mais les bourgeons restent en place, solidement assis sur un rebord de l'écorce ou *coussinet* situé au-dessus de la cicatrice qu'a laissée la chute de la feuille voisine. Un bourgeon, ne l'oubliez pas, est le premier âge d'un rameau, âge tendre auquel les injures du froid et de l'humidité seraient certainement fatales. Un trousseau d'hiver lui est donc indispensable. Il consiste, au dedans, en chaudes fourrures, en flanelles de bourre et de duvet ; au dehors, en un surtout robuste d'écailles vernissées. Le voyageur exposé à rester longtemps au froid et à la pluie s'habille de drap moelleux, et, par-dessus ce vêtement, il met le manteau imperméable de caoutchouc ou de toile cirée. Ainsi font les bourgeons pour affronter l'hiver.

Fig. 33. — Fragment de rameau dépouillé de ses feuilles pour montrer les bourgeons.

Voyez ce gros bourgeon de marronnier : il redoute la bise et la neige, celui-ci ; mais il a pris ses précautions en conséquence. Au centre, l'ouate emmaillotte ses délicates petites feuilles ; au dehors, une solide cuirasse d'écailles, disposées avec la régularité des tuiles d'un toit, l'enserre étroitement. En outre, pour empêcher l'humidité de pénétrer, les pièces de l'armure écailleuse sont goudronnées d'un mastic résineux qui, maintenant pareil à du vernis desséché, se ramollit au printemps pour laisser le bourgeon s'épanouir. Alors les écailles, cessant d'être agglutinées l'une à l'autre, s'écartent toutes visqueuses ; et les premières feuilles, enveloppées d'un délicat duvet roux, se déploient au centre de leur berceau entr'ouvert.

Presque tous les bourgeons, au moment du travail printannier, présentent, à des degrés divers, cette viscosité résultant de la fusion de leur enduit résineux. Je vous signalerai d'une manière spéciale ceux du peuplier, qui, pressés entre les doigts, laissent suinter une abondante glu jaune et amère. Cette glu est diligemment récoltée par les abeilles, qui en font leur *propolis*, c'est-à-dire le ciment avec lequel elles mastiquent les fissures et crépissent les parois de la ruche avant de construire leurs rayons. Vous partagerez mon avis, j'en suis sûre : avec sa modeste apparence, l'enveloppe d'un bourgeon est un chef-d'œuvre. L'étui d'écailles coriaces brave

Fig. 34. — Bourgeon de Marronnier.

les intempéries, le vernis repousse l'humidité, la doublure de bourre empêche l'accès du froid.

Sous les écailles sont les feuilles du bourgeon, toutes petites, pâles, délicates, et disposées d'une façon merveilleusement savante pour occuper le moins de place possible et tenir toutes, malgré leur grand nombre, dans leur étroit berceau. On ne saurait se figurer ce que peut renfermer un bourgeon dans un espace quelquefois si petit, que nous serions embarrassées rien que pour y loger un grain de chènevis. Il y a là des feuilles par douzaines, il y a là des grappes entières de fleurs. La grappe enfermée dans un bourgeon de lilas compte cent fleurs et plus. Et tout cela trouve sa place dans l'étroite cavité ; rien n'est déchiré, rien n'est meurtri. Si les diverses pièces d'un bourgeon étaient désemboîtées une à une, si le trousseau était une fois défait, où trouverait-on des doigts assez délicats pour le refaire ?

Les feuilles principalement se prêtent à mille dispositions pour occuper le moins de place possible. Elles prennent la forme de cornets, elles s'enroulent en volutes tantôt sur un bord seul, tantôt sur les deux à la fois ; elles se ploient en deux, soit en long, soit en large ; elles se pelotonnent, se chiffonnent, ou se plissent en éventail.

XXV

LA POMME DE TERRE

Il y a des bourgeons qui abandonnent la plante-mère et se développent seuls. Pour suffire à leurs premiers besoins, alors que, dépourvus encore de racines, ils ne peuvent puiser leur nourriture dans le sol, ces bourgeons sont approvisionnés de vivres, amassés tantôt dans les écailles devenues épaisses et charnues, tantôt dans le rameau lui-même, qui prend alors le nom de tubercule.

Ce rameau se sacrifie, c'est le mot, pour ses bourgeons. Dans le but de leur faire un avenir , il renonce lui-même aux douceurs de la vie ; il se condamne à un labeur obscur, opiniâtre. Au lieu de venir à l'air, où il se couvrirait de feuilles et de fleurs, suprême joie de la plante, il reste sous terre, où rien ne le distrait de son travail. Là, sordidement vêtu de pauvres écailles brunes, derniers vestiges des feuilles auxquelles il a renoncé, il amasse, il thésaurise, tant et tant qu'il en devient difforme. Une fois les provisions faites, le tubercule se détache de la plante mère, et désormais

les bourgeons qu'il porte trouvent en lui les vivres
nécessaires à leurs premiers débuts. Un tubercule est
donc un rameau souterrain, gonflé de nourriture, ayant
de menues écailles en guise de feuilles, et couvert de
bourgeons qu'il doit alimenter.

La pomme de terre est un tubercule, et par conséquent
un rameau souterrain. Oui, un rameau et non une racine,
comme vous vous l'étiez figuré jusqu'ici. Je vous le disais
bien, que le rameau n'est plus reconnaissable quand il a pris

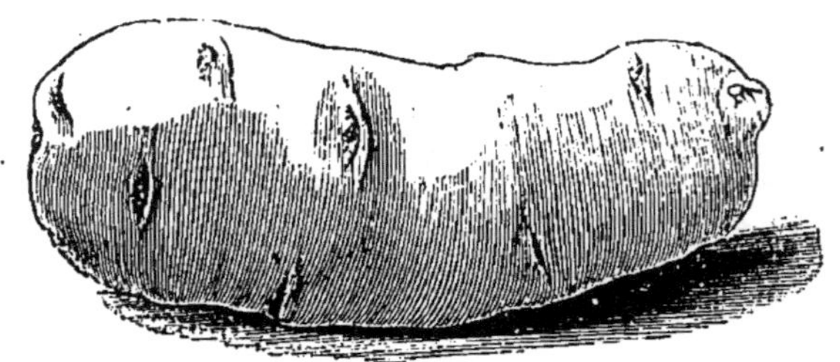

Fig. 35. — La Pomme de terre.

de l'embonpoint pour devenir tubercule. Voilà que vous
confondez avec une racine difforme ce qui véritablement
est rameau. J'arrive aux preuves.

Une racine ne porte jamais de feuilles ni d'écailles, qui
ne sont autre chose que des feuilles imparfaites ; elle ne
porte jamais de bourgeons non plus. Or, à la surface d'une
pomme de terre, que voyons-nous ? Certains enfonce-
ments ou des yeux, où sont logés de petits bourgeons, qui
se développent en autant de rameaux si la pomme de
terre est placée dans des conditions favorables. Sur les tubercules vieux, on les voit, dans l'arrière saison, s'allonger en rejetons ne demandant qu'un peu de lumière pour
devenir des tiges. Le cultivateur est au courant de
l'affaire. Il partage le tubercule en quartiers, et chaque
fragment mis en terre produit un pied nouveau, à la
condition expresse qu'il ait au moins un œil ; s'il n'en a

pas, il pourrit sans rien produire. De plus, avant l'arra·
·chage, les yeux sont abrités par de très-petites écailles,
·qui sont des feuilles modifiées pour la vie souterraine.
Puisqu'elle a feuilles et bourgeons, la pomme de terre
·est un rameau. Si des doutes vous restaient sur cette
·conclusion, j'ajouterais qu'en *buttant* la plante, c'est-à-
·dire en amoncelant de la terre autour de son pied, on
·convertit en tubercules les jeunes rameaux enterrés.

La pomme de terre est originaire de l'Amérique du
Sud; elle nous est venue des hauts plateaux de la Colombie, du Chili et du Pérou. Sa première apparition en
Europe date de 1565. A cette époque, on fit quelques essais de culture avec des tubercules apportés de Santa-Fé-
de-Bogota ; un siècle et demi plus tard, la pomme de
terre prospérait dans les îles Britanniques. Son introduc-
tion en France fut plus tardive. Le premier plat de
pommes de terre, alors rareté de haut prix, fut servi sur
la table du roi Louis XIII, en 1616.

Longtemps le tubercule américain resta dans notre
pays simple objet de curiosité, auquel on attribuait des
propriétés malfaisantes et dont l'agriculture ne voulait
pas, lorsque enfin, dans les dernières années du siècle
passé, l'infatigable zèle d'un homme de bien, Parmentier,
dissipa les préjugés et popularisa la culture de la précieuse plante alimentaire. Parmentier communiqua ses
idées à Louis XVI. La pomme de terre, disait-il, est du
pain tout fait, qui ne demande ni le meunier ni le bou-
langer; telle qu'on l'extrait du sol, elle devient, sous la
·cendre chaude ou dans l'eau bouillante, un aliment fari-
·neux qui rivalise avec celui du froment; les terrains mai-
·gres, impropres à d'autres cultures, lui suffisent; avec
·elle ne seront plus à craindre ces terribles disettes dont
la France souffrait alors précisément. Louis XVI partagea
·ces idées avec ardeur, mais le difficile était de les faire
partager aux autres. Pour intéresser la mode à la culture
·du tubercule dédaigné, Louis XVI parut un jour dans

une fête publique avec un gros bouquet de fleurs de pommes de terre à la main. La curiosité s'éveilla devant ces belles corolles blanches nuancées de violet et rehaussées par le vert sombre du feuillage. On en parla à la cour et à la ville ; les fleuristes en firent des imitations

Fig. 36. — La Pomme de terre.

pour leurs bouquets artificiels ; les jardins d'ornement les admirent dans leurs banquettes, et, pour faire la cour au roi, les seigneurs envoyèrent des tubercules à leurs fermiers avec ordre de les cultiver.

Mais l'ordre n'est pas la persuasion : les tubercules royalement patronnés furent jetés au fumier, ou végétèrent oubliés dans un coin. Il fallait convaincre, non le grand seigneur, mais le paysan lui-même, plus directement intéressé en cette affaire; il fallait vaincre ses répugnances, qui lui faisaient rejeter la pomme de terre, même pour la nourriture du bétail; il fallait lui apprendre, par sa propre expérience, que le tubercule mal famé, loin d'être un poison, est une nourriture excellente. C'est ce que Parmentier comprit, et, sans tarder, il se mit à l'œuvre.

Aux environs de Paris, il acheta ou prit à ferme de grandes étendues de terrain qu'il fit planter en pommes de terre. La première année, la récolte fut vendue à très-bas prix; quelques paysans en achetèrent. La seconde année, les pommes de terre furent données pour rien; personne n'en voulut.

L'attrait du fruit défendu fit enfin ce que n'avaient pu obtenir les écrits, les conseils, les exemples, les offres du philanthrope. Un vaste terrain est planté de pommes de terre, et quand le moment de la maturité est venu, Parmentier fait publier, à son de trompe, dans les villages voisins, défense de toucher à la récolte, avec menace de toutes les sévérités de la loi. Pendant le jour, des gardes exercent autour du champ une sévère surveillance; de nuit, comme il est convenu avec Parmentier, ils restent chez eux. — Qu'est-ce donc que cette plante que l'on surveille avec des soins si jaloux? se demandent les paysans alléchés par la défense; ce doit être bien précieux. Essayons d'en avoir à la nuit noire. — Et la maraude nocturne commence, bientôt véritable pillage. Le tubercule tant méprisé s'emportait furtivement à pleins sacs. En peu de jours, le champ n'avait plus une seule pomme de terre. Le volé, l'excellent Parmentier, pleurait de joie : il venait de doter son pays d'une ressource alimentaire inestimable.

XXVI

LE LEVER DU SOLEIL

En compagnie d'Aurore, les trois amies s'étaient rendues de grand matin sur la colline voisine pour assister au lever du soleil. On y voyait à peine. Les seules personnes rencontrées en traversant le village étaient la laitière, qui portait à la ville son beurre et son lait, et le forgeron, qui battait le fer rouge sur l'enclume.

Abritées par une touffe de genévriers, Aurore et les trois enfants attendent le grand spectacle qu'elles sont venues voir au sommet de la colline. A l'orient, le ciel blanchit, les étoiles pâlissent et s'éteignent une à une. Des flocons de nuages roses nagent au milieu d'une bande brillante, d'où monte graduellement une douce clarté. L'illumination gagne les hauteurs du ciel, et le bleu du jour renaît avec toute sa délicate transparence. Cette fraîche lueur matinale, ce demi-jour qui précède le lever du soleil, c'est l'aurore ou le crépuscule du matin.

Cependant l'alouette, la joie des sillons, s'élance au haut des nues comme une fusée, et salue la première le réveil du jour. Elle monte, elle monte encore, toujours en chantant, comme pour se porter au-devant du soleil, et de ses chants enthousiastes célèbre la gloire de l'astre jusqu'au plus des airs. Écoutez : un souffle court dans la feuillée qui s'agite et bruit; les oisillons s'éveillent et gazouillent; le bœuf, déjà conduit aux travaux des champs, s'arrête pensif, lève ses grands yeux pleins de douceur et mugit; tout s'anime, et, dans son langage, rend grâces au Maître de toutes choses, qui de sa main puissante nous ramène le soleil.

Mais le voici : au bord du ciel, les nuées s'embra-
sent ; un vif filet de lumière en jaillit soudain, et à
l'instant les sommets des montagnes semblent flamboyer.
La terre tressaille devant la radieuse apparition. C'est
le soleil qui franchit l'horizon. Le disque étincelant
monte toujours : le voilà à peine échancré ; le voilà
tout entier, pareil à une meule de fer rouge de feu. La
brume du matin en modère l'éclat et permet de le contempler en face ; mais dans peu de temps nul regard
n'en pourra supporter l'éblouissante splendeur. Il s'élève
dans sa pompe souveraine, de moment en moment plus
chaud, plus radieux. Cependant ses rayons inondent la
plaine ; une douce chaleur succède à la piquante fraîcheur
du matin ; les brouillards montent du fond des vallées et
se dissipent ; la rosée, amassée sur les feuilles, s'échauffe
et s'évapore ; tout reprend l'animation interrompue la
nuit. Et tout le jour, poursuivant sa carrière d'orient en
occident, le soleil va verser à torrents sur la terre la lumière et la chaleur, mûrissant la blonde moisson, donnant le parfum aux fleurs, la saveur aux fruits, la vie à
toute créature.

A l'ombre des genévriers, bientôt la conversation s'en-
gagea.

AUGUSTINE. — Est-il bien grand, le soleil, tante Aurore ?
Peut-être comme le rond d'un crible ?

AURORE. — Beaucoup plus grand.

AUGUSTINE. — Comme une roue de moulin, alors ?

AURORE. — Bien plus encore.

AUGUSTINE. Bien plus ! L'autre jour nous nous sommes
mises quatre pour entourer de nos bras la vieille roue que
l'on répare devant la porte du moulin ; et il me semble
qu'à moi seule aisément j'entourerais le soleil.

AURORE. — Je ne dis pas, mais il faut tenir compte de
la distance. La roue de moulin, vous la voyez de très-près ;
et le soleil, vous le voyez de très-loin. Une chose nous
paraît plus petite à mesure qu'elle est plus éloignée, et

finit même, si grande qu'elle soit, par devenir invisible lorsque l'éloignement est considérable. Que voyez-vous de blanc sur la cime de la montagne, en face de nous ?

AUGUSTINE. — Je vois la chapelle de Notre-Dame-des-Anges, où le village se rend en fête toutes les années. J'y suis allée une fois avec mon frère, c'est bien loin. De retour, j'étais morte de fatigue.

AURORE. — Vous savez alors que cette chapelle est une vaste construction presque aussi grande que notre église. D'ici pourtant, comment vous paraît-elle ?

AUGUSTINE. — Je la vois comme un tout petit carré blanc, ayant au bas un point noir, qui sans doute est la porte, cette grande porte où l'on peut entrer six de front.

CLAIRE. — Quand j'étais petite, je faisais à ma poupée des villages avec des maisonnettes de bois. La chapelle de Notre-Dame-des-Anges me semble d'ici une de ces maisonnettes, dont je mettais une douzaine ou deux dans la poche de mon tablier.

AURORE. — Votre comparaison est très-juste. La distance, qui peut bien être d'une paire de lieues, nous fait voir la grande chapelle comme un joujou de poupée. Avec une distance plus grande encore, le petit carré blanc s'amoindrirait toujours, finalement se réduirait à rien et l'énorme édifice serait invisible. Reste à savoir maintenant lequel des deux, du soleil ou de la chapelle, est le plus éloigné.

AUGUSTINE. — Il me semble que c'est le soleil.

CLAIRE. — J'en suis sûre, puisqu'il passe bien au-dessus de la chapelle, bien au-dessus des plus hautes montagnes.

AUGUSTINE. — Tiens, c'est vrai !

AURORE. — Concluons, pour le moment, que le soleil est plus éloigné de nous que la chapelle. Mais redescendons ; le déjeuner nous attend à la maison. Nous reviendrons après sur ce sujet.

XXVII

LES TROIS SACS DE BLÉ

Le déjeuner fut servi. On y fit honneur avec un appétit aiguisé par la course matinale; puis Aurore reprit :

AURORE. — Nous étions tombées d'accord que le Soleil est plus éloigné que la chapelle. Maintenant écoutez-moi bien et réfléchissez. — Si le Soleil, malgré sa distance plus considérable, se montre à nous comme un rond d'une paire de pans de largeur, tandis que la chapelle, bien plus rapprochée, est tout juste visible, il en résulte que... Je vous laisse l'honneur de la réponse.

AUGUSTINE. — Cela saute aux yeux. Il en résulte que le Soleil est plus grand que la chapelle.

CLAIRE. — J'arrive forcément à la même réponse : celui des deux qui nous apparaît plus grand, quoique plus éloigné, l'emporte en grosseur sur l'autre.

MARIE. — Ah ! que j'aime à vous écouter, tante Aurore ! Vous nous faites babiller sur ceci, sur cela, sur un rien, et, petit à petit, de fil en aiguille, vous nous amenez à comprendre de magnifiques choses. Le Soleil était d'abord pour nous, en grosseur, l'humble rond d'un crible, puis la roue d'un moulin, et maintenant nous voyons toutes, clair comme le jour, qu'il surpasse en étendue nos plus grands édifices. Le Soleil est énorme.

AURORE. — N'appelez pas cela énorme, ma fille, car nous sommes bien loin encore de l'exacte vérité. Le Soleil est si grand, que toute comparaison est impossible avec les objets qui nous sont habituellement connus. Jamais, avec des paroles, je ne pourrais vous donner une idée de son immensité; aussi j'aurai recours à un moyen qui parle aux yeux. Allez au grenier et descendez-moi un sac de blé.

Les trois amies montèrent à la hâte au grenier, chuchotant entre elles et se demandant quelle singulière idée traversait l'esprit de tante Aurore, qui, pour leur parler du Soleil, avait besoin d'un sac de blé. Le sac fut descendu, non sans peine, tant il était lourd. Marie, la plus forte, marchait en tête, la charge appuyée sur le dos; Augustine et Claire suivaient, soutenant chacune le sac par un coin.

— Il m'en faut un autre, fit Aurore quand le sac eut été déposé à terre.

Elles remontèrent, rieuses, et descendirent le sac demandé, non sans avoir fait quelques poses le long de l'escalier.

— Encore un autre, mes filles, dit Aurore.

Cette fois la descente fut plus difficultueuse : un rire fou avait pris les trois amies, qui s'imaginaient avoir à déménager sac par sac tout le grenier; d'ailleurs, les forces commençaient à manquer. Bref, portant un peu, tirant, poussant, se reposant, elles vinrent à bout de la troisième charge, qui fut déposée à côté des deux autres. Les joues étaient pourpres d'animation et les bonnets quelque peu de travers, tant on avait mis de l'entrain au travail. Heureusement, c'était fini. Aurore dénoua un sac et prit du bout des doigts un grain de blé, un seul.

AURORE. — Par ce grain de blé, que vous voyez là, je représente la Terre, la Terre entière, entendez-vous? avec ses continents et ses mers. Voici donc, mes enfants, la boule terrestre, l'énorme boule dont le tour mesure dix mille lieues. Je la dépose en ce point du parquet. N'allez pas y marcher dessus, n'écrasez pas la Terre par mégarde. Il s'agit maintenant, avec d'autres grains de blé, de représenter le Soleil, d'après les proportions exactes des grandeurs respectives. Un grain étant la Terre, combien en faudra-t-il pour faire le Soleil ?

Marie. — Une imperceptible parcelle de grain suffira, si les proportions sont bien gardées de part et d'autre, car la boule de la Terre est tout ce qu'il y a de plus grand.

Aurore. — Ah ! que dites-vous là ! vous allez voir.

Aurore prit sur une étagère une grande mesure en bois, nommée décalitre, qui lui sert pour mesurer son blé avant de l'envoyer au moulin, et dont la contenance est de dix litres. Puis, à quatorze reprises, la grande mesure fut remplie jusqu'au bord, et quatorze fois son contenu fut vidé en un seul tas. Les trois sacs y passèrent, moins un reste insignifiant. Ces préparatifs faits, Aurore reprit:

— Ce grain de blé qui est là-bas, tout seul, c'est la Terre; le tas des quatorze décalitres, le grand tas de mes trois sacs, c'est le Soleil. Telles sont, avec une rigoureuse exactitude, mes chères enfants, les grandeurs respectives du Soleil et de la Terre comparées l'une à l'autre. Je n'ajoute plus rien.

L'étonnement le plus profond était peint sur tous les visages, et les regards allaient tour à tour de l'humble grain, la Terre, au prodigieux tas, le Soleil.

Quand la première surprise fut calmée :

— Ce n'est pas tout, fit Aurore : il faut remettre le monde en ordre et remonter au grenier la Terre et le Soleil.

— Je me charge de la Terre, dit Augustine; cela ne sera pas lourd.

Le modeste grain, délicatement cueilli, s'engouffra dans les abîmes de la poche. Quant au Soleil, qui à lui seul remplissait les trois sacs, il fallut le secours d'Aurore pour le monter au grenier ; les jeunes filles qui l'avaient descendu se seraient exténuées à le remettre en place.

XXVIII

VOLUME ET DISTANCE DU SOLEIL

Le soir, en cherchant son dé, Augustine trouva sous ses doigts la Terre, qui s'était perdue dans un pli de la poche. Elle sortit le grain de froment et resta toute pensive. Le grain de blé et les quatorze décalitres, l'humble Terre et l'énorme Soleil, lui revenaient en mémoire.

Le lendemain, la conversation revint sur le Soleil. Dans l'intervalle, toutes avaient réfléchi sur la comparaison d'Aurore, et, à mesure que les idées devenaient plus nettes, leur imagination restait confondue et comme effrayée. Marie demanda quelques nouveaux détails; elle craignait quelque exagération involontaire.

Aurore. — Non, ma fille, ma comparaison n'a rien d'exagéré. Si l'on représente la grosseur de la Terre par un grain de blé, celle du Soleil doit être représentée par quatorze décalitres, ainsi que je l'ai fait hier. Un tout petit calcul le prouve. Les astronomes nous enseignent que le Soleil est 1,400,000 fois aussi gros que la Terre. Si je m'étais bornée à vous citer ce nombre, certainement vous n'en auriez pas compris l'énorme signification. Les chiffres parlent peu à vos jeunes intelligences, qui facilement s'égarent dans la queue de zéros des millions. Je traduis donc en grains de blé le résultat des astronomes.

Pour remplir la capacité appelée litre, il faut environ 10,000 grains de froment. Si vous avez jamais la patience de compter les grains nécessaires pour remplir un verre, et si vous cherchez après combien de fois le litre contient le plein verre, vous arriverez à ce résultat que d'autres, bien avant nous, ont constaté. Pour remplir ma grande mesure d'hier, le décalitre enfin, qui vaut 10 litres, il faut 10 fois plus de froment ou 100,000 grains. Et pour remplir 14 décalitres, il en faut 14 fois plus ou 1,400,000 grains. Prenez la craie et vérifiez ces nombres au tableau noir.

Le calcul fait et bien compris de toutes, Aurore continua :

— Le Soleil est 1,400,000 fois aussi grand que la Terre. Il est donc representé par 1,400,000 grains ou par 14 décalitres quand la Terre est représentée par un seul grain.

MARIE. — Rien de plus exact. Une chose cependant m'embarrasse encore : notre calcul est basé sur ce que les astronomes nous disent de la grandeur du Soleil. Cette grandeur, comment peuvent-ils la connaître?

AURORE. — Ils la déterminent par les procédés de la géométrie.

AUGUSTINE. — Mon frère l'étudie, la géométrie ; il fait sur le papier des ronds et des barres où il met des lettres; puis il réfléchit beaucoup, il efface, il recommence. J'ai ouvert son livre; je n'y ai rien compris du tout.

AURORE. — Cela ne m'étonne pas : l'austère science n'est pas de votre âge. Aussi me bornerai-je à vous dire que la géométrie soumet au calcul les volumes, les superficies, les distances, comme nous calculons nous-mêmes la réponse d'un modeste problème d'arithmétique. Elle fait connaître aux astronomes la grandeur du Soleil comme s'il leur était possible de mesurer directement avec le mètre le contour de l'astre. Le résultat de ces savantes recherches est donc aussi digne de foi que la réponse d'un problème bien résolu.

AUGUSTINE. — J'ouvrirai désormais avec plus de respect l'affreux livre de mon frère, puisqu'il nous enseigne toutes ces belles choses. Avec ses ronds et ses barres, la géométrie mesure-t-elle aussi la distance du Soleil ?

AURORE. — C'est pour elle un jeu, si incompréhensible que soit pour vous la possibilité d'un pareil travail. Elle nous dit que nous sommes éloignés du Soleil de 38 millions de lieues.

Augustine. — Ce doit être beaucoup, 38 millions de lieues.

Aurore. — Beaucoup, en effet. Si le Soleil, l'astre prodigieux par rapport auquel la Terre n'est qu'un misérable point sans valeur, se montre à nous comme un petit disque que vous compariez au rond d'un crible, il faut que son immensité d'ampleur soit réduite, par une immensité d'éloignement, aux faibles dimensions des apparences.

Les 38 millions de lieues qui nous séparent du Soleil représentent 3,800 fois le tour de la Terre, qui est de 10,000 lieues. Eh bien, un homme, bon marcheur, capable de parcourir tous les jours dix lieues, sans une journée de repos, mettrait environ trois ans pour faire le tour de la boule terrestre. Il lui faudrait alors près de douze mille ans pour se rendre de la Terre au Soleil, en supposant le parcours possible. La plus longue vie humaine est incomparablement trop courte pour qu'un voyage de cette longueur fût jamais accompli par un seul, et cent générations de cent années chacune, se succédant dans le trajet et réunissant leurs efforts, n'y suffiraient même pas.

Claire. — Et la locomotive des chemins de fer, quel temps mettrait-elle à parcourir pareille distance ?

Aurore. — Vous rappelez-vous comme elle marche vite ?

Claire. — Je l'ai bien vu, le jour de mon voyage avec vous. Si l'on regarde dehors, le chemin semble fuir en arrière avec tant de rapidité, que cela vous fait peur.

Aurore. — La locomotive de notre voyage cheminait à raison de dix lieues par heure environ. Eh bien, supposons une locomotive qui ne s'arrête jamais et possède une vitesse plus grande encore, celle de quinze lieues par heure. Ainsi lancée, la machine se transporterait, en moins d'une journée, d'un bout à l'autre de la France;

et cependant, pour franchir la distance de la Terre au Soleil, elle mettrait plus de trois siècles. Pour un pareil trajet, la machine la plus rapide qui soit sortie des mains de l'homme n'est donc guère qu'un lourd colimaçon à qui l'ambition viendrait de faire le tour du monde.

Augustine. — Oh ! mon Dieu !

Aurore. — Oui, mon enfant, dites : Oh ! mon Dieu ! car toute intelligence est éperdue en songeant à l'inconcevable grosseur et à la prodigieuse distance du Soleil ; dites : Oh ! mon Dieu ! que vous êtes grand, vous qui de rien avez créé le Soleil et la Terre !

<hr>

XXIX

LA TERRE TOURNE

Aurore. — J'ai lu, je ne sais où, l'histoire d'un original dont l'esprit de travers ne pouvait s'accommoder des choses faciles. Pour arriver au résultat le plus simple, il lui fallait des moyens dont l'extravagance excitait la risée de tous. Un jour, voulant faire rôtir une alouette, imaginez ce dont il s'avisa ? Je vous le donne en dix, je vous le donne en cent ! Mais bah ! vous ne le trouveriez pas. Figurez-vous donc qu'il construisit une machine compliquée avec force rouages, cordes, poulies, contre-poids ; et le tout, s'ébranlant, allait et revenait, montait et descendait. C'était à devenir sourd du fracas des ressorts et du grincement des roues mordant l'une dans l'autre. La maison tremblait de la chute des contre-poids.

Marie. — Mais à quoi bon cette machine ? Servait-elle au moins à faire tourner l'alouette devant le feu pour la rôtir ?

Aurore. — Allons donc ! c'eût été trop simple. Elle

servait à faire tourner le feu devant l'alouette. Les tisons allumés, le foyer, la cheminée, pesamment entraînés par l'énorme machine, tournaient tout d'une pièce autour du modeste gibier, immobile sur sa broche.

Augustine et Claire partirent ici d'un grand éclat de rire ; le feu tournant autour de l'alouette leur semblait le comble de la déraison.

AURORE. — Vous riez, mes filles, de cette idée extravagante ; mais prenez garde : vous aussi, sans vous en douter, vous faites tourner les tisons, le foyer, la maison tout entière autour de l'alouette.

CLAIRE. — Ah ! par exemple ! telle folie ne nous est jamais venue à l'esprit.

AURORE. — Écoutez d'abord, et puis vous jugerez.

Vous dites du Soleil qu'il se lève et qu'il se couche. Il se lève à l'orient, monte radieux au plus haut du ciel, où il arrive à midi ; puis il redescend des hauteurs de la voûte céleste, pour disparaître à l'occident et continuer, de l'autre côté de la Terre, son voyage circulaire de chaque jour. Ce que vous dites du Soleil, vous le dites aussi des étoiles. Vous croyez qu'elles marchent d'orient en occident ; ou plutôt vous vous figurez que la coupole du ciel tourne tout d'une pièce autour de la Terre, centre du monde, entraînant avec elle, dans son mouvement, la multitude des étoiles, qui s'y trouvent fixées comme des étincelles d'or.

MARIE. — Mais tout le monde voit fort clairement le Soleil se lever d'un côté du ciel, monter, puis redescendre du côté opposé. La Lune en fait autant, ainsi que les étoiles.

AURORE. — J'en conviens, les choses semblent se passer de la sorte. Cependant faut-il en croire ces apparences et dire que le Soleil et les étoiles tournent en effet autour de nous ? Si le Sol.il, qui est à trente-quatre millions de lieues de la Terre, devait chaque jour faire le tour de notre globe, savez-vous le chemin qu'il aurait à parcourir par minute ? Plus de cent mille lieues.

Cette incompréhensible vitesse n'est rien encore. Les étoiles sont autant de soleils, comparables au nôtre pour le volume et l'éclat ; seulement elles sont beaucoup plus éloignées, et c'est ce qui nous les fait paraître si petites. La plus voisine de nous est environ trente mille fois plus éloignée que le Soleil. Elle devrait donc, pour faire le tour de la Terre en un jour, parcourir par minute trente mille fois cent mille lieues. Et que serait-ce pour d'autres étoiles dix fois, cent fois, mille fois plus éloignées, et qui toutes cependant devraient accomplir leur voyage autour de la Terre exactement en vingt-quatre heures !

Augustine était comme hébétée en écoutant ces formidables nombres qui lui troublaient l'esprit ; Claire et Marie, plus familiarisées avec les chiffres, comprenaient mieux et laissaient lire sur leur visage le plus profond étonnement.

AURORE. — Oui, mes enfants, voilà les vitesses impossibles, inconcevables, que devraient avoir le Soleil et les étoiles pour tourner autour de nous comme les apparences nous le font croire. Ce n'est pas tout. Rappelez-vous la grosseur prodigieuse du Soleil. Vous voulez que lui, le géant du ciel, le colosse devant lequel la Terre n'est qu'une motte d'argile, roule dans l'espace, avec une vitesse épouvantable, pour distribuer à notre tout petit globe la lumière et la chaleur ! Songez donc aux trois sacs de blé et au grain tout seul. Si quelqu'une de nos machines devait faire mouvoir l'un autour de l'autre, serait-ce l'énorme tas qu'il conviendrait de faire voyager autour du grain ; ne serait-ce pas le grain autour du tas ? Supposez-vous au sublime Mécanicien de la création une maladresse que nous n'aurions pas nous-mêmes ? Voulez-vous que mille et mille autres soleils, tout aussi gigantesques et immensément plus éloignés, que les étoiles, en un mot, accomplissent aussi, avec des vitesses croissantes, suivant la distance, un voyage quotidien autour de l'humble boule terrestre ? Non ! non ! ce mécanisme est contraire à la raison ; l'admettre, c'est vouloir précisément faire tourner les tisons, le foyer, la maison tout entière autour d'un oisillon embroché.

MARIE. — Le simple bon sens veut que le grain de blé se meuve autour du grand tas des trois sacs ; que l'alouette tourne devant le foyer. De même, la Terre doit tourner, et non le Soleil. Mais comment alors le Soleil et les autres astres semblent-ils faire le tour de la Terre, en se levant d'un côté du ciel pour se coucher du côté opposé ?

AURORE. — C'est de la plus grande simplicité. La Terre tourne devant le Soleil de manière à présenter successivement ses différentes parties aux rayons de l'astre ; elle pirouette sur elle-même et fait un tour complet toutes les vingt-quatre heures. Le mouvement de sa rotation est dirigé d'occident en orient, en sens inverse du parcours apparent du Soleil, que nous voyons se lever à l'orient et se coucher à l'occident. Avec cela, tout s'explique sans difficulté.

———

XXX

LA TERRE TOURNE

(SUITE)

AURORE. — Laissez-moi d'abord vous rappeler une observation que ne manque pas de faire toute personne voyageant en chemin de fer. Les arbres du bord de la route, les poteaux, les haies, les maisons, semblent se mouvoir et courir en sens inverse du train.

AUGUSTINE. — Je sais ce que vous voulez dire. La première fois que j'ai été en chemin de fer, il me semblait fort bien que les arbres marchaient. Ceux du bord du chemin s'en allaient vite, vite ; plus loin, les grands

7.

peupliers, rangés en longues files, s'en allaient en balan-
çant leurs cimes, qui paraissaient me dire adieu. Les
champs tournaient en rond, les maisons s'enfuyaient.
Mais, en regardant mieux, je me suis bientôt aperçue que
nous marchions nous-mêmes et que le reste était immobile. Comme c'est étrange ! on voit courir ce qui réellement ne bouge pas.

Aurore. — Lorsque nous sommes commodément assises
sur la banquette de la voiture, sans aucun effort de notre
part pour avancer, comment pouvons-nous juger de
notre déplacement si ce n'est au moyen de la position
que nous occupons par rapport aux objets qui nous entourent? Nous avons connaissance du chemin que nous
faisons par le changement continuel des objets en vue et
non par le sentiment de fatigue, puisque nous ne re-
muons pas les jambes. Mais les objets et les personnes
qui nous entourent de plus près et sont toujours sous nos
regards, nos compagnons de voyage et l'ameublement
de la voiture, restent par rapport à nous dans la même
position. Le voisin de gauche est toujours à gauche, le
voisin d'en face est toujours en face. Cette immobilité
apparente de tout ce qui se trouve dans la voiture nous
fait perdre conscience de notre propre mouvement; alors
nous nous jugeons immobiles et nous croyons voir fuir
en sens inverse les objets extérieurs, sans cesse renouve-
lés pour le regard. Que le train s'arrête, et aussitôt arbres et maisons cessent de cheminer parce que nous
n'avons plus de point de vue changeant. Une simple
voiture traînée par des chevaux, un bateau que le courant du fleuve emporte, se prêtent également à la même
illusion. Toutes les fois enfin qu'un mouvement assez
doux nous emporte, nous perdons plus ou moins conscience de ce mouvement, et les objets d'alentour, en
réalité immobiles, nous paraissent se mouvoir dans une
direction contraire.

Augustine. — Sans pouvoir bien me l'expliquer encore,

je vois que c'est ainsi. Nous cheminons et nous croyons voir cheminer les autres. Plus nous allons vite, plus aussi ce qui nous entoure paraît aller vite.

Aurore. — Revenons à la Terre. Elle tourne sur elle-même, vous disais-je, d'occident en orient, et fait un tour entier juste en vingt-quatre heures. La boule terrestre, qui nous emporte dans sa rotation, est comparable au convoi du chemin de fer ; le Soleil, les étoiles et les divers astres du firmament sont comparables aux arbres, aux maisons, aux poteaux qui bordent la voie. Comme il n'y a dans le mouvement de la Terre ni cahot, ni heurt d'aucune sorte, et que les objets de notre voisinage sont toujours par rapport à nous dans la même situation, nous n'avons en rien conscience de ce mouvement, si rapide qu'il soit. Aussi, à moins qu'une laborieuse réflexion ne vienne nous avertir du contraire, nous croyons fermement être immobiles, tandis que les divers corps du firmament nous paraissent se mouvoir eux-mêmes et tourner en sens inverse de notre propre déplacement, c'est-à-dire de l'orient à l'occident. La rotation du ciel et de ses astres autour de la Terre n'est donc qu'une illusion, absolument pareille à celle qui nous montre les arbres de la campagne fuyant en sens inverse du train qui nous emporte sur la voie ferrée.

Claire. — Je comprends. La Terre tourne et nous tournons avec elle. Par suite de ce mouvement, le Soleil, les étoiles et tous les astres nous paraissent défiler en sens contraire, comme défilent les arbres, les maisons, les champs, quand nous sommes en chemin de fer. Puisque le Soleil semble faire le tour de la Terre en vingt-quatre heures d'orient en occident, c'est la preuve que la Terre tourne sur elle-même en vingt-quatre heures d'occident en orient.

Marie. — Je comprends très-bien aussi, mais une difficulté m'embarrasse. Si toutes les vingt-quatre heures la Terre fait un tour sur elle-même, dans la moitié de ce

temps nous devons faire un demi-tour avec la boule qui
nous porte, et nous trouver dans une position renversée.
En ce moment, nous avons la tête en haut, les pieds en
bas; douze heures plus tard, ce sera le contraire : nous
aurons la tête en bas et les pieds en haut. Nous sommes
droites, nous serons renversées. Dans cette position in-
commode, pourquoi le malaise ne nous saisit-il pas;
comment ne sommes-nous pas précipitées? Pour ne pas
tomber, ce me semble, il faudrait se cramponner au sol
en désespérées.

AURORE. — Votre observation est juste, mais dans une
certaine mesure. Oui, il est vrai que dans douze heures,
à partir de ce moment, nous serons dans une position
inverse de la présente ; nous tournerons la tête du côté
de l'espace où maintenant nous tournons les pieds. Mais,
malgré ce renversement, il n'y aura pour nous aucun
danger de chute, ni même le moindre inconvénient de
n'importe quelle nature, car nous aurons toujours la tête
vers le ciel, puisque le ciel entoure le globe terrestre de
partout; nous aurons enfin toujours les pieds posés sur le
sol. Eh bien, je vous l'ai déjà dit : tomber, c'est se précipiter à terre, et non s'élancer dans l'étendue environnante. S'il vous paraît tout simple que nous ne nous élan-
cions pas vers le ciel qui est au-dessus de nous, pourquoi
voulez-vous que nous nous précipitions vers le ciel opposé ? Tomber vers ce ciel opposé, ce serait s'élever,
comme s'élève ici l'alouette, qui d'un coup d'aile monte
et plane au-dessus des sillons. Dans l'étendue qui nous
environne, il n'y a ni haut ni bas, ni droite ni gauche,
à proprement parler ; en tous les pays du monde, le bas,
c'est la terre, et le haut, c'est le ciel. Or, comme, malgré
toutes les évolutions de notre globe, nous sommes toujours à terre, les pieds contre le sol, la tête vers le ciel,
nous nous trouvons toujours dans une position droite,
sans malaise aucun, sans danger d'être précipitées.

MARIE. — Ces raisons, je les comprends; avec tout cela,

j'ai de la peine à me figurer ce renversement dont nous ne nous apercevons même pas.

AURORE. — Le temps et la réflexion éclairciront ce qu'il peut y avoir encore d'obscur pour vous.

AUGUSTINE. — Tourne-t-elle bien vite, la boule terrestre ?

AURORE. — En vingt-quatre heures, elle fait un tour sur elle-même. Alors les points de la surface qui font le plus grand chemin, ceux du milieu, parcourent, dans le même temps, un cercle égal au circuit de la Terre, c'est-à-dire quarante millions de mètres ou dix mille lieues. Leur vitesse est ainsi de 416 lieues par heure, ou bien de 462 mètres par seconde. C'est à peu près la vitesse du boulet au sortir de la gueule du canon; c'est trente fois environ la vitesse de la locomotive la plus rapide. Montagnes, plaines, mers, tout court à la fois sur un cercle toujours recommencé, avec ce prodigieux élan.

AUGUSTINE. — Et pourtant tout nous semble en repos.

AURORE. — Sans les ébranlements de la voiture, ne se croirait-on pas en repos quand le train du chemin de fer nous emporte avec une effrayante rapidité? Eh bien, le mouvement si rapide de la Terre est en même temps si doux, qu'il est impossible d'en être averti, si ce n'est par le déplacement apparent des astres.

CLAIRE. — En s'élevant à une certaine hauteur avec un ballon, on doit voir la terre rouler en dessous. Les mers et les îles, les continents et leurs montagnes, doivent successivement venir se placer sous les yeux de l'observateur, qui, en vingt-quatre heures, parcourt du regard le tour entier de la Terre. Quel magnifique spectacle cela doit être ! Quel voyage si merveilleux et si peu fatigant ! Au moment où la rotation ramène le pays que l'on habite, on se laisse descendre. Et c'est fait : en vingt-quatre heures, sans changer de place, on a vu le monde entier.

AURORE. — Votre merveilleux voyage, ma chère en-

fant, n'a qu'un défaut, mais très-grave : il est absolument
impossible. En s'élevant dans les hauteurs de l'air avec
un ballon, il semble tout d'abord qu'on devrait voir rouler la boule du monde et passer sous ses pieds les terres
et les mers. Rien de pareil n'a lieu, car l'air tourne avec
la boule terrestre et entraîne le ballon dans la rotation
générale, au lieu de le laisser en place, comme il le faudrait, pour que l'observateur eût successivement sous les
yeux les diverses régions de la Terre.

CLAIRE. — C'est bien dommage.

AURORE. — Si c'était possible, on aurait là, j'en conviens, une admirable manière de voir du pays. En ce lieu
où nous sommes actuellement nous-mêmes, d'autres peuples vont venir, amenés par la rotation; des mers, des
régions lointaines, des montagnes neigeuses, vont prendre notre place; et demain, à la même heure, nous
serons de retour ici.

Assistons en imagination à ce spectacle, puisque nous
ne pouvous le faire en réalité. — Où nous causons maintenant, il passssera d'abord la mer, le sombre Atlantique,
qui remplacera notre conversation par la grande voix de
ses flots. Dans moins d'une heure, l'océan sera ici. Quelque grand vaisseau de guerre, avec sa triple rangée de
canons, viendra flotter peut-être, toutes voiles au vent,
au point que nous occupons.

La mer est passée. Ce sont maintenant l'Amérique du
Nord, les grands lacs du Canada, et les interminables
prairies où les Indiens à peau rouge chassent les bisons.

La mer recommence, bien plus large que l'Atlantique;
elle met près de sept heures à défiler. Qu'est-ce que cette
traînée d'îles où des pêcheurs empaquetés de fourrures
font sécher des harengs? — Ce sont les Kouriles, au sud
du Kamtchatka. Elles passent vite; à peine avons-nous le
temps de leur donner un coup d'œil.

C'est à présent le tour des faces jaunes, des Mongols
et des Chinois, aux yeux obliques. Oh ! que de choses cu-

rieuses il y aurait à voir ici ! Mais la boule tourne toujours, et la Chine est déjà loin.

Les plateaux sablonneux de l'Asie centrale, des montagnes plus hautes que les nuages, viennent après. Voici les pâturages des Tartares, où hennissent des troupeaux de cavales; voici les plaines herbues de la Caspienne, avec les Cosaques au nez camus; puis la Russie méridionale, l'Autriche, l'Allemagne, la Suisse, la France. La Terre a fait un tour.

AUGUSTINE.—Ah ! si c'était possible, comme j'aimerais à voir ce défilé du monde, avec le ballon dont parlait Claire !

X

LE POLLEN

En peu de jours, en quelques heures même, la fleur se flétrit. Les pétales, les étamines, le calyce se fanent et meurent. Une seule chose survit : l'ovaire, qui doit devenir le fruit. Or, pour survivre aux diverses parties de la fleur et persister sur le rameau quand tout le reste se dessèche et tombe, l'ovaire, au moment où la floraison est dans sa pleine vigueur, reçoit un supplément de force, je dirais presque une nouvelle vie. Les magnificences de la corolle, ses somptueuses colorations, ses parfums, servent à célébrer l'instant solennel où s'éveille dans l'ovaire la nouvelle vitalité. Ce grand acte accompli, la fleur a fait son temps.

Eh bien, c'est la poussière des étamines, c'est le pollen, qui donne ce surcroît d'énergie, sans lequel les graines naissantes périraient dans l'ovaire, lui-même flétri. Il tombe des étamines sur le stigmate, toujours enduit d'une viscosité apte à le retenir; et du stigmate il fait ressentir sa mystérieuse action dans les profondeurs de l'ovaire. Animées alors d'une nouvelle vie, les graines naissantes prennent un rapide développement, tandis que l'ovaire se gonfle pour leur fournir la place nécessaire. Le résultat final de cet incompréhensible travail, c'est le fruit avec son contenu de semences propres à germer et à produire de nouvelles plantes. Ne m'en demandez pas davantage sur ces admirables choses, où le plus habile cesse de voir clair. Dieu seul sait comment un grain de pollen peut faire naître ce qui n'est pas, et éveiller dans l'ovaire les tressaillements de la vie.

Je vais vous raconter maintenant ce que le microscope montre au sujet du pollen, et comment on s'est assuré que l'arrivée de cette poussière sur le stigmate est indispensable à la transformation de l'ovaire en fruit.

Le plus souvent, le pollen est jaune et semblable à une fine poussière de soufre. Il est blanc dans les liserons et les mauves, violacé dans le coquelicot. Examiné au microscope, il apparaît comme un amas d'innombrables petits grains, tous pareils de forme et de dimensions pour la même plante, mais très-variables d'une espèce végétale à l'autre. Parmi les grains de pollen les plus gros que l'on connaisse, je vous citerai ceux de certaines mauves. Cinq de ces grains mis bout à bout font la longueur d'un millimètre ; mais il y a des végétaux dont il faudrait de 130 à 140 grains pour représenter la même longueur. Vous voyez que la poussière des étamines est parfois d'une excessive finesse.

Par leur configuration très-variée, par les élégants dessins de leur surface, les grains de pollen sont un des sujets les plus intéressants des observations au microscope. Il y en a de ronds, d'ovalaires, d'allongés comme des grains de blé. D'autres ressemblent à de petits tonneaux, à des boules cerclées par un ruban spiral. Quelques-uns sont triangulaires avec les angles arrondis, d'autres affectent la forme de cubes à arêtes émoussées.

Ceux-ci sont lisses à la surface, ou hérissés régulièrement de fines aspérités ; ceux-là sont taillés à grandes facettes, elles-mêmes encadrées dans un rebord saillant, ou bien se plissent d'un bout à l'autre et imitent les côtes d'un melon. Tous présentent des espaces plus clairs, de forme ronde, distribués avec symétrie et dont le contour est délimité par une ligne d'une grande netteté. Ces espaces ronds se nomment *pores*.

Chaque grain est formé de deux enveloppes : l'extérieure, colorée, ferme, élastique, souvent ornée d'élégantes granulations ; l'intérieure, mince, lisse, incolore et extensible. Dans les points nommés pores, l'enveloppe extérieure manque et la paroi y est uniquement formée par la membrane intérieure. Quelquefois cependant, comme dans les grains de pollen de la courge, les pores sont fermés par un couvercle rond, qui se détache tout d'une pièce.

Le contenu des grains de pollen consiste en un liquide visqueux au milieu duquel nagent de nombreuses et excessivement fines granulations. Au microscope, les grains étant mis dans une goutte d'eau, on voit ces grains se gonfler, perdre leurs plis, leurs rides, s'ils en avaient au début, et enfin se distendre. Alors l'enveloppe intérieure, refoulée du dedans au dehors, se fait jour par les pores de l'enveloppe extérieure, s'allonge en espèce de sac délié et finit par crever à l'extrémité en lançant un nuage poudreux.

Mais en voilà assez sur cette curieuse structure ; j'arrive à la nécessité du pollen. — La plupart des fleurs ont à la fois des étamines et des pistils. Mais il y a des végétaux qui, dans des fleurs séparées, ont d'une part des étamines, et d'autre part des pistils. Tantôt ces fleurs à étamines seules et à pistils seuls se trouvent sur la même plante ; tantôt elles se trouvent sur des pieds différents. Les plantes qui possèdent des fleurs à étamines seules et des fleurs à pistils seuls sur le même pied s'appellent plantes *monoïques*. Cette expression signifie une seule maison. Les fleurs à étamines et les fleurs à pistils habitent, en effet, la même maison, puisqu'elles se trouvent sur le même pied. La citrouille, le concombre, le melon, le noisetier, sont des végétaux monoïques.

Les végétaux dont les fleurs à étamines et les fleurs à pistils se trouvent sur des pieds différents sont qualifiés de *dioïques*, c'est-à-dire à double maison. On veut entendre par là que le pistil et les étamines n'habitent pas le

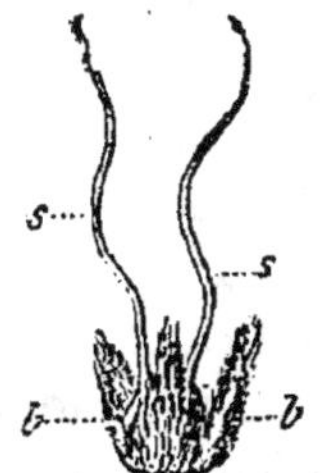

Fig. 37. — Fleur à pistil du Noisetier; *s*, stigmates; *b*, écailles tenant lieu de corolle.

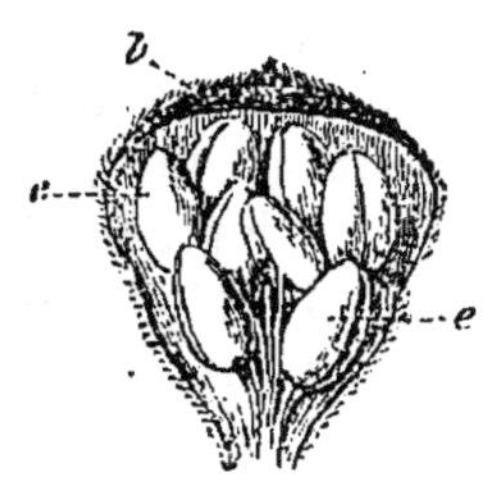

Fig. 38. — Fleur à étamines du Noisetier; *e*, étamines; *b*, écaille tenant lieu de corolle.

même pied. Le caroubier, le dattier, le chanvre, sont dioïques.

C'est surtout avec les végétaux monoïques ou dioïques que la nécessité du pollen est facile à observer, à cause de la séparation naturelle des étamines et des pistils. Prenons pour exemple le caroubier, arbuste de l'extrême midi de la France, produisant des fruits appelés caroubes, pareils de forme à ceux du pois, mais bruns, très-longs et très-larges. Ces fruits, outre leurs graines, contiennent une chair sucrée. Supposons qu'il nous prenne fantaisie, si le climat le permettait, d'avoir des caroubes dans notre jardin. Quel caroubier nous faudra-t-il planter? Évidemment l'arbre à pistils, car lui seul possède des ovaires qui deviennent les fruits. Mais cela ne suffira pas. Planté seul, le caroubier à pistils pourra, chaque année, fleurir abondamment sans jamais, au grand jamais, donner un fruit, car ses fleurs tomberont sans laisser un seul ovaire sur les rameaux. Que manque-t-il? L'action du pollen. A proximité du caroubier à pistils, plantons un caroubier à étamines! Maintenant la fructification marche à souhait. Le vent et les insectes portent le pollen des étamines sur les stigmates ; les ovaires engourdis s'éveillent à la vie, et les caroubes grossissent et mûrissent à point. Avec du pollen, des fruits ; sans pollen, pas de fruits.

Encore un exemple. Dans les coins de terre fertiles de l'Afrique septentrionale, coins de terre appelés oasis, les Arabes cultivent de nombreux dattiers, qui leur fournissent les dattes, leur principale nourriture. Les dattiers sont encore dioïques. Or, au milieu de plaines de sable brûlées par le soleil, les oasis sont rares ; il importe de les utiliser du mieux. Les Arabes plantent donc uniquement des dattiers à pistils, seuls aptes à produire des dattes ; mais lorsque la floraison est venue, ils vont au loin chercher de grands bouquets de fleurs à étamines sur les dattiers sauvages, pour en secouer le pollen sur leurs plantations. Si cette précaution n'est pas prise, la récolte est nulle.

Mais j'arrive à un exemple qui vous sera plus familier. La citrouille est monoïque ; les fleurs à étamines et les fleurs à pistils habitent la même maison, le même pied. Avant qu'elles soient épanouies, on peut très-bien distinguer les unes des autres. Les fleurs à pistils ont au-dessous de la corolle un renflement presque de la grosseur d'une noix. Ce renflement, c'est l'ovaire ou la future citrouille. Les fleurs à étamines n'ont pas ce renflement. Eh bien, sur un pied de citrouille isolé coupons les fleurs à étamines avant qu'elles s'ouvrent et laissons les fleurs à pistil. Pour plus de sûreté, enveloppons chacune de celles-ci d'une coiffe de gaze assez ample pour permettre à la fleur de se développer sans entraves. Cette opération doit être faite avant l'épanouissement, pour être certain que les stigmates n'ont pas déjà reçu du pollen. Dans ces conditions, ne pouvant recevoir la poussière vivifiante, puisque les fleurs à étamines sont supprimées et que d'ailleurs l'enveloppe de gaze arrête les insectes qui, en butinant, pourraient apporter du pollen du voisinage, les fleurs à pistils se fanent après avoir langui quelque temps, et leur

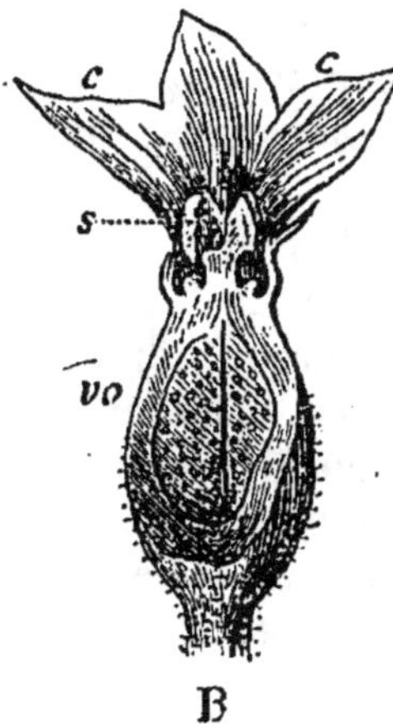

Fig. 39. — Fleur à pistils de la Citrouille; *vo*, ovaire, dont on a enlevé une partie pour montrer les graines; *s*, stigmate; *c*, corolle.

Fig. 40. — Fleur à étamines de la Citrouille; *e*, étamines.

ovaire se dessèche sans grossir en citrouille. Voulons-nous, au contraire, que telle ou telle autre fleur, à notre choix, fructifie malgré sa prison de gaze et la suppression des fleurs à étamines? Avec un pinceau, recueillons un peu de pollen et déposons-le sur le stigmate. Cela suffira pour que l'ovaire devienne citrouille.

<hr>

XXXII

LA VALLISNÉRIE — L'UTRICULAIRE

AURORE. — Le pollen arrive sur le stigmate de diverses manières. Tantôt, si la fleur est dressée, comme celle de la tulipe, les étamines, plus longues, le laissent tomber par son propre poids sur le pistil, plus court; ou bien, si la fleur est pendante, comme celle des fuschias, les étamines, maintenant plus courtes, l'envoient sur le stigmate placé au-dessous. Tantôt le vent, secouant la fleur, dépose la poussière des étamines sur le stigmate, ou même la transporte à de grandes distances au profit d'autres ovaires.

Il y a des fleurs dont les étamines s'animent, en quelque sorte, pour remplir leur mission. A tour de rôle, elles se recourbent et viennent appliquer leur anthère sur le stigmate pour y déposer le pollen; puis lentement elles se relèvent et font place à une autre. On dirait un cercle de courtisans déposant leurs offrandes au pied d'un grand roi. Ces salutations terminées, le rôle des étamines est fini. La fleur se fane, mais l'ovaire se met à mûrir ses graines.

L'eau exerce une action nuisible sur le pollen : elle l'empêche de se fixer sur le stigmate ; elle fait gonfler et éclater ses délicats petits grains. Tout pollen mouillé est désormais sans efficacité aucune. Nous trouvons là d'abord l'explication du fâcheux effet des pluies de longue durée au moment de la floraison. En partie balayé par les pluies, en partie endommagé par son contact avec l'eau, le pollen n'agit plus sur les ovaires, et les fleurs tombent sans parvenir à fructifier. Cette destruction des récoltes par les pluies est connue par les cultivateurs sous le nom de *coulure*. Vous voyez d'après cela que les plantes aquatiques ne doivent pas épanouir leurs fleurs dans l'eau, où la coulure serait inévitable ; il faut, de toute nécessité, que la floraison se fasse à l'air libre. Examinons quelques-uns des moyens employés pour amener à l'air les fleurs plongées dans l'eau.

La vallisnérie vit au fond des eaux ; elle est excessivement abondante dans le canal du Midi, où elle finirait par mettre obstacle à la navigation si de nombreux fau-

cheurs n'étaient annuellement occupés à la faire disparaître. Ses feuilles ressemblent à de minces rubans verts.
Elle est dioïque, c'est-à-dire qu'elle a des fleurs à étami-
mines et des fleurs à pistils sur des pieds différents. Les
fleurs à pistils sont portées sur de longues et fines tiges
étroitement roulées en tire-bouchon. Les fleurs à étamines n'ont qu'une tige très-courte. Pour éviter le contact
de l'eau, nuisible au pollen, il faut que la vallisnérie envoie ses fleurs à la surface des eaux pour les épanouir à
l'air libre. C'est facile pour les fleurs à pistils. Elles déroulent peu à peu le tire-bouchon qui les porte et montent à la surface où elles s'épanouissent. Mais comment
feront les fleurs à étamines, retenues au fond par leur
courte tige? Ici la difficulté paraît insurmontable : elle
est cependant levée et d'une admirable manière. Par
leurs propres forces, sans que rien leur vienne en aide,
ces fleurs s'arrachent de leur tige, rompent leur attache
et montent à la surface rejoindre les fleurs à pistils. Alors
elles ouvrent leur petite corolle blanche, jusque-là parfaitement close pour préserver les étamines des atteintes
de l'eau ; elles livrent leur pollen au vent et aux insectes,
qui le déposent sur les stigmates ; puis elles meurent et le
courant les emporte, tandis que les fleurs à pistils, vivifiées
par le pollen, resserrent la spirale de leur tige et redescen-
dent au fond des eaux pour y mûrir en repos leurs ovaires.

AUGUSTINE. — C'est merveilleux, tante Aurore ; on dirait que ces petites fleurs ont connaissance de ce qu'elles
font.

AURORE. — Elles n'ont pas connaissance de ce qu'elles
font ; elles obéissent machinalement aux lois de la Providence, qui se joue du difficile et sait accomplir des miracles dans le moindre brin d'herbe.

Le moyen employé pour élever les fleurs au-dessus de
l'eau n'est pas moins admirable dans les utriculaires,
plantes submergées de nos étangs. Leurs feuilles, découpées en très-fines lanières, portent de nombreux sachets

globuleux ou délicates petites outres, que l'on appelle *utricules* et qui ont valu son nom à la plante. Ces sachets, ces utricules, ont l'orifice muni d'une espèce de soupape ou de couvercle mobile. Leur contenu consiste d'abord en une épaisse mucosité plus pesante que l'eau. Retenue par ce poids, la plante se maintient au fond. Mais quand la floraison approche, une bulle d'air transpire au fond des utricules et chasse la mucosité, qui s'écoule par l'orifice en forçant la soupape. Ainsi allégée par une foule de vessies natatoires, la plante lentement se soulève et vient à l'air épanouir ses fleurs; puis, lorsque les fruits sont près de leur maturité, les utricules remplacent leur contenu aérien par une nouvelle charge de mucosité qui alourdit la plante et la fait redescendre au fond, où les graines doivent achever de mûrir, se disséminer et germer.

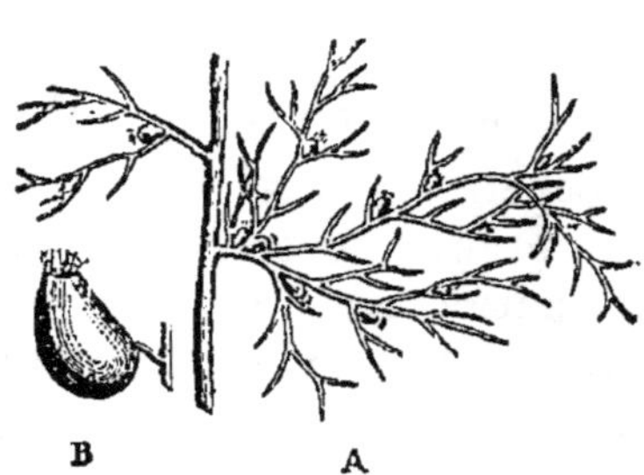

Fig. 41. — Utriculaire. — A, portion de la tige ; B, utricule isolée et grossie.

Pour préserver le pollen du pernicieux contact de l'air, chaque plante aquatique a ses ressources. La vallisnérie déroule la tige en spirale de ses fleurs à pistils et rompt l'attache de ses fleurs à étamines; l'utriculaire s'allége avec des vessies natatoires. En voici d'autres qui, privées de tout moyen d'émersion, savent entourer leurs fleurs d'une atmosphère artificielle qui permet la floraison au sein même de l'eau.

La zostère, dont le feuillage forme un faisceau d'étroits et longs rubans d'un vert sombre, vit fixée au fond des mers, à de grandes profondeurs. Ses fleurs sont renfermées dans un étui ou gaîne qui s'emplit d'air transpiré par la plante et empêche tout accès de l'eau. A la faveur de cette chambre aérienne, la floraison s'accomplit sous les flots

Qui ne connaît la renoncule aquatique, couvrant, au premier printemps, les eaux tranquilles des mares de ses innombrables petites fleurs blanches? Habituellement elle épanouit ses fleurs hors de l'eau; mais si quelque crue subite vient à submerger la plante, les fleurs cessent d'épanouir leurs enveloppes et se maintiennent à l'état de boutons clos et globuleux, dans lesquels s'amasse un peu d'air. C'est dans cette étroite atmosphère transpirée par la fleur que le pollen vivifie l'ovaire.

XXXIII

LE JOUR ET LES HEURES

Aurore. —La Terre tourne devant le Soleil; en vingt-quatre heures, elle lui présente ses flancs, qui en reçoivent, à tour de rôle, leur part quotidienne de lumière et de chaleur. Pour un regard qui, du fond de l'espace, verrait les choses dans leur réalité, le Soleil apparaîtrait comme un globe énorme emplissant le ciel de ses rayons, et la Terre comme une humble boule, à demi éclairée, à demi obscure, tournant devant la gloire de l'astre souverain. Un grain de sable pirouettant devant un gros boulet rouge de feu, telle est la Terre en face du Soleil.

Pour nous, les apparences renversent ces rapports. La Terre, dont le volume semble au-dessus de toute comparaison, parce que, dans la faible partie accessible au regard, elle se montre à nous avec ses dimensions réelles, la Terre est réputée immobile, tandis que le Soleil, amoindri par la distance, réduit à un disque étincelant, nous semble parcourir le ciel. Il monte à l'orient dans la brume matinale; il s'élève, toujours plus chaud, plus radieux, jusqu'au sommet du ciel, où il arrive à midi; puis, redescendant, il plonge à l'occident, au milieü des nuages empourprés du soir, pour continuer sa carrière dans l'autre moitié des cieux, réchauffer de nouvelles contrées et nous revenir le lendemain.

Ce voyage apparent est chose toute simple, si l'on considère que la Terre, en tournant sur elle-même de l'ouest à l'est, dans l'intervalle de vingt-quatre heures, présente tour à tour à l'astre ses diverses régions, de telle sorte que chacune d'elles voit successivement le Soleil se lever, atteindre le haut du ciel, puis se coucher, absolument comme si le Soleil lui-même tournait en sens contraire, de l'est à l'ouest, autour de la Terre immobile.

Claire. — Il n'y a rien dans tout cela de bien difficile à comprendre. La Terre tourne en réalité dans un sens, et le Soleil, par conséquent, nous semble tourner dans le sens contraire.

Aurore. — Considérez maintenant que le Soleil n'éclaire et ne peut éclairer à la fois que la moitié de la boule terrestre. C'est le jour pour la région qui voit le Soleil, c'est la nuit pour la région opposée. Telle est la cause bien simple du jour et de la nuit. En vingt-quatre heures, la Terre fait un tour sur elle-même. De ces vingt-quatre heures se compose la durée du jour et de la nuit correspondante.

Marie. — Je me rends très-bien compte de l'alternative des jours et des nuits. C'est le jour pour la moitié de la Terre qui regarde le Soleil ; c'est la nuit pour la moitié opposée. Mais comme la boule tourne, chaque pays vient successivement se mettre en face du Soleil, tandis que d'autres passent dans la moitié non éclairée.

Augustine. — La poularde qui tourne à la broche devant le foyer présente à tour de rôle, de la même façon, chacun de ses côtés aux ardeurs de la flamme. On pourrait presque dire que c'est le jour pour la moitié qui regarde le feu, et la nuit pour l'autre moitié.

Aurore. — Pour être familier, l'exemple d'Augustine

n'en est pas moins très-exact. C'est bien ainsi qu'alternent le jour et la nuit à mesure que la Terre tourne devant le Soleil.

J'arrive à quelque chose d'un peu plus difficile; écoutez bien. Puisque c'est l'une après l'autre que la Terre, en tournant, présente aux rayons solaires ses différentes régions, le Soleil ne se lève pas à la fois pour tous les pays du monde; il n'arrive pas au milieu du ciel; il ne se

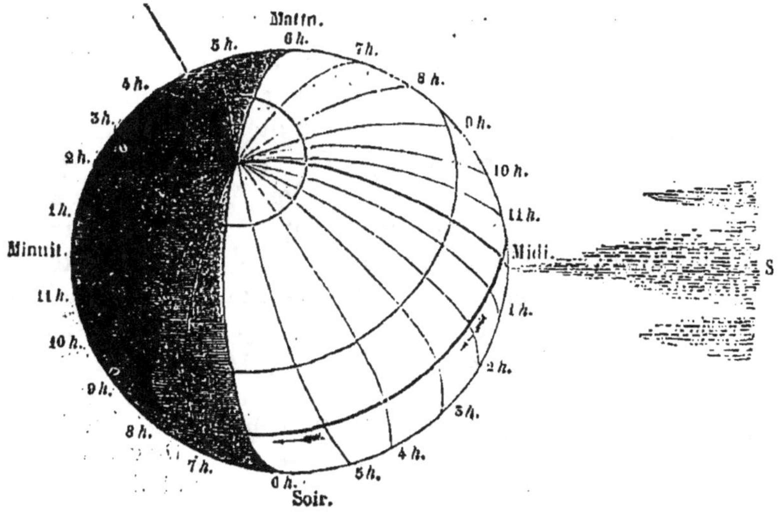

Fig. 42.

couche pas à la fois pour tous les points de la boule terrestre : par conséquent tous les pays n'ont pas à la fois la même heure.

MARIE. — J'entrevois qu'il en est ainsi sans bien m'en rendre compte.

AURORE. — Une figure nous viendra en aide. La boule que voici est traversée par une longue aiguille, appelée *axe*, autour de laquelle elle peut tourner. Les deux points où l'aiguille perce la boule se nomment les *pôles*. Vingt-quatre demi-cercles vont d'un pôle à l'autre et partagent la boule en vingt-quatre parties égales que l'on peut comparer aux côtes d'un melon. On donne à ces demi-cercles le nom de *méridiens*. Concevons maintenant que le globe terrestre soit divisé d'une façon pareille par des méridiens, lignes idéales que l'esprit conçoit, mais qui n'ont pas d'existence réelle. Le Soleil, qu'il faut supposer à une très-grande distance de la boule représentant ici la Terre, se trouve dans la direction S. Il éclaire la moitié du globe, et laisse dans l'obscurité l'autre moitié. Sa lumière arrive d'aplomb sur un certain méridien. Tous les points situés sur ce méridien ont maintenant midi : ils voient le Soleil au milieu de sa course, au plus haut du ciel ; tous les points situés sur le méridien op-posé, dans la moitié obscure, ont maintenant minuit.

La rotation du globe autour de l'axe, rotation qui s'effectue dans le sens indiqué par les flèches, va ame-ner, à tour de rôle, sous les rayons d'aplomb de l'astre, les méridiens suivants, marqués 11 h., 10 h., 9 h., etc. Mais, pour le moment, ces méridiens n'ont pas le Soleil en face, au haut du ciel ; et, par conséquent, la journée y est moins avancée. Le plus près, noté 11 h., n'arrivera en face du Soleil que dans une heure, c'est-à-dire qu'il n'aura midi que dans une heure. C'est donc onze heures du matin pour ce méridien. C'est dix heures du matin, neuf heures, etc., pour les suivants, qui viendront se mettre en face du Soleil dans deux heures, dans trois, etc. Quant aux méridiens marqués 1 h., 2 h., 3 h., etc., ils ont déjà passé, depuis plus ou moins longtemps, devant le Soleil, et la rotation les achemine vers l'obscurité de la nuit. Pour le premier, c'est une heure de l'après-midi ; pour le second, deux heures ; pour le troisième, trois, etc. En effet, depuis une heure, deux, trois, a eu lieu pour eux le passage en face du Soleil, c'est-à-dire l'heure de midi.

MARIE. — Je m'imagine la boule de la figure tournant autour de son axe, et je vois que chaque méridien vient à son tour se mettre en face du Soleil, tandis que d'autres se rapprochent, et que d'autres s'éloignent. Au même moment, pour le monde entier, toutes les heures possibles se présentent à la fois, depuis minuit jusqu'à midi, et depuis midi jusqu'à minuit.

CLAIRE. — Quand il est ici midi, il est minuit ailleurs ; les uns ont le matin, les autres ont le soir. Dans ce pays, on se lève ; dans cet autre, on se couche ; on dort ici, on travaille là.

AURORE. — Essayons d'assister en esprit au merveilleux spectacle de la Terre, ici en pleine lumière, là recevant les premiers rayons du matin, plus loin éclairée par les dernières rougeurs du soir, plus loin encore plongée dans l'obscurité de la nuit.

Aurore mit sous les yeux des enfants un globe géographique, et, leur indiquant à mesure les lieux mentionnés, elle donna des heures le tableau que voici :

XXXIV

VOYAGE AUTOUR DU MONDE

AURORE. — En ce moment, je suppose, il est midi pour le méridien de Paris ; c'est aussi midi dans la France entière, à 24 ou 25 minutes près pour les points extrêmes de l'est et de l'ouest. C'est midi, l'heure du plein soleil, l'heure du repas du milieu du jour.

Suivez-moi sur le globe géographique du côté de l'est, et arrêtons-nous en Crimée. La péninsule russe passe deux heures avant nous en face du soleil ; c'est donc maintenant pour la Crimée deux heures de l'après-midi. Puisque l'heure est la même, d'un pôle à l'autre, sur le même méridien, c'est aussi deux heures pour l'Égypte,

deux heures pour le paysan des bords du Nil, qui, en ce
moment, sous l'ombre avare de quelque palmier, puise
de l'eau dans le fleuve avec des seaux de cuir et arrose
son carré d'oignons ; deux heures encore pour le Cafre,
qui, frotté de beurre rance, brave, à l'affût du rhinocéros,
la piqûre venimeuse des moustiques.

C'est quatre heures pour le mineur des monts Ourals,
qui poursuit dans le granit le filon d'or et de platine :
triste métier que celui de ce pauvre chercheur d'or ! Je
vois plus bas les plaines herbues et salées des bords du lac
d'Aral. Le moment n'est pas loin où le pâtre tartare ira
traire ses cavales pour préparer la boisson de lait aigri.

Sur les bords du Gange, il est six heures : l'occident
s'empourpre et le soleil se couche. Le caïman, du milieu
des herbages du fleuve, lève au ciel son œil vert, dresse
sa tête hideuse, pour donner un dernier regard à l'astre
radieux, flambeau du monde, qui luit sur le reptile aussi
bien que sur l'homme ; l'éléphant le salue de sa trompe
et le tigre l'acclame de ses rugissements.

Voici une ville immense où les gens ont soupé quand
nous dînons nous-mêmes. C'est la capitale de la Chine,
c'est Pékin, dans l'obscurité de huit heures du soir. Sur
les places publiques, aux clartés des lanternes de couleur, la foule circule rieuse, avec sa longue mèche de
cheveux retombant du haut du crâne aux talons. Le tam-
tam et la flûte de bambou appellent les promeneurs au
spectacle des marionnettes en plein vent. De cette fenêtre,
derrière ce rideau de mousseline peinte d'un dragon,
nous pourrions voir un mandarin, attardé aux plaisirs de
la table, savourer son potage de nids d'hirondelles et
manœuvrer dextrement les deux bâtonnets d'ivoire qui
lui servent de fourchette et de cueiller. Peut-être même
le surprendrions-nous à déposer dans sa pipe un grain
d'opium et à s'enivrer de l'infernale drogue. Mais soyons
discrètes ; d'ailleurs, le temps presse. Passons. — Qu'a-
perçois-je là-bas, à la même heure, presque à l'autre

bout de la terre? Sur la lisière des bois, une demi-douzaine
d'abrutis, assis en rond autour d'un foyer mourant, fouil-
lent les cendres avant de s'endormir, pour en extraire
les derniers débris d'un nid de fourmis rouges qu'on a
mis griller pour la pitance du soir. Ce sont les naturels de
la Nouvelle-Hollande, pauvres déshérités de la famille humaine.

Au Kamtchatka, la nuit est depuis longtemps close;
c'est dix heures passées. Ici, on doit dormir. Attendez cependant : malgré l'obscurité, il me semble entrevoir une
hutte à demi enfoncée dans le sol. C'est cela. La cheminée
fume ; alors, on veille. L'ours a donné dans le piége ; le
poisson a rempli les filets : de là, régal prolongé dans la
nuit. Devant l'âtre flambant, alimenté d'os et de graisse,
on festoie de tranches de lard et d'eau-de-vie de genièvre.

Un peu plus loin, aux extrémités orientales de la Sibérie, vers le détroit de Behring, c'est minuit. C'est un peu
moins de minuit pour la Nouvelle-Zélande. Silence ! n'é-
veillons pas ici les gens qui dorment, gens couverts d'horribles tatouages et avides de chair humaine. Quittons au
plus vite ce coin de terre, où la civilisation traque dans
leurs repaires les derniers anthropophages.

Nous sommes maintenant sous le méridien opposé à
celui de Paris, au centre de la nuée d'archipels de l'Océa-
nie. Passons toutes ces îles qui dorment d'un profond
sommeil sous la feuillée des cocotiers ; franchissons la
grande mer où, dans l'obscurité, errent de çà de là quelques points lumineux, signaux des navires en marche, et
atteignons l'Amérique du Nord.

En Californie, il est quatre heures du matin ; San-Fran-
cisco, ville de dollars et de revolvers, dort encore. S'il faisait jour, je vous montrerais, dans les montagnes de l'intérieur des terres, un groupe d'énormes sapins, patriar-
ches du monde végétal qui, sur leurs fronts vénérables,
portent le poids de cinq mille ans d'existence. Par malheur,
la nuit est encore trop noire.

A l'embouchure du Mississipi, il est six heures du matin, et le soleil se lève. Le héron rose qui, dressé sur une patte au plus haut de la berge, voit le disque glorieux surgir du sein des mers, jette un cri d'allégresse, et d'un coup d'aile se porte à ses devants. Plus au nord, près des grands lacs du Canada, l'élan brame au soleil levant, dans la ramée blanchie de givre ; plus au sud, aux premiers rayons du jour, les marsouins roulent, pris d'un joyeux vertige, dans la houle des mers du Chili.

Sur les côtes occidentales du Groenland, il est huit heures pour l'Esquiman. Depuis l'aube, avec son traîneau attelé d'une douzaine de chiens, le vaillant chasseur court la pleine neigeuse à la poursuite de la zibeline et du renard bleu. Il est huit heures pour le centre du Brésil ; huit heures pour le colibri, qui trouve déjà trop forte la chaleur de son ciel de feu et se retire à l'ombre dans l'épaisseur des bois, après avoir butiné tout le matin sur les fleurs, en compagnie des papillons, moins beaux, moins légers que lui.

Il est dix heures au cœur de l'Atlantique ; il est enfin midi pour nous. Mais le globe tourne et les rôles changent. Qui dormait s'éveille, qui veillait s'endort ; qui travaillait se repose, qui se reposait travaille ; et de la sorte, au grand atelier de la Terre, l'activité ne chôme pas un seul instant.

XXXV

LES GAULOIS

Plusieurs semaines s'étaient écoulées depuis l'histoire des Gaëls qui, le corps peint de dessins bleus, poursuivaient le terrible bœuf sauvage avec des haches de pierre et des pieux durcis à la flamme. Les demeures dans des

grottes, les huttes sur pilotis au milieu des lacs, les batelets d'osier, les grossiers pots ventrus, bien des fois étaient
revenus dans la conversation. Claire surtout n'en finissait
plus avec ses questions sur les curieuses mœurs de ces
premiers habitants de la France. Comment faisaient-ils
ceci? comment faisaient-ils cela ? Aurore répondait à
tout avec une inépuisable bonté.

Aurore. — Ces sauvages des anciens temps, ces Gaëls
devinrent plus tard un peuple puissant que l'histoire désigne sous le nom de Gaulois. Leur pays, la France actuelle, s'appelait la Gaule. Dans ces noms de Gaule et de
Gaulois, vous reconnaissez sans peine le vieux mot Gaël,
d'où ils proviennent. Pour les antiques chasseurs tatoués
je réserve le nom de Gaëls, et j'emploie celui de Gaulois
pour désigner leurs descendants, tels que les avait faits
une civilisation naissante.

Les demeures des Gaulois sont réunies en grandes
bourgades dans les clairières des bois, au bord des
fleuves, sur les plateaux d'un difficile accès, dans les îlots
des marécages, sur les hautes falaises des bords de
l'Océan, partout enfin où la nature des lieux rend la
défense plus facile. Des abatis d'arbres, des branches entrelacées, des fossés, des murailles même, entourent la
bourgade et en font un camp retranché, où la population
voisine se réfugie avec ses troupeaux en temps de
guerre.

Les huttes ont conservé leur forme primitive; elles
sont toujours rondes et construites avec des poteaux et
des osiers tressés. Une couche de glaise battue les revêt
à l'intérieur et à l'extérieur. Des soliveaux de chêne forment la charpente du toit, qui est pointu et couvert soit de
chaume, soit de paille hachée pétrie avec de la terre. Le
foyer est au milieu de la salle, entre quelques pierres,
sans cheminée pour le dégagement de la fumée. L'habitation ne reçoit d'air et de jour que par l'ouverture de la
porte. Son ameublement consiste en tables et siéges gros-

siers, en peaux de bêtes servant de tapis et de lits, en poteries de terre noire façonnée au tour.

Les métaux sont maintenant connus : l'or et l'argent pour les objets de luxe, le cuivre et le fer pour les armes et les outils. Comme le pays est riche en minerais, il n'est pas rare de voir, dans les huttes des guerriers en renom, de grands plats d'argent appendus au mur d'argile. Des colliers, des bracelets, des anneaux d'or, ornent le cou, les bras, les doigts autant des hommes que des femmes. Le vêtement de guerre est la *saie*, espèce de blouse de laine pareille de forme à celle de nos ouvriers, mais bariolée de carreaux aux vives couleurs ou semée de paillettes et de fleurons éclatants. Richesse de coloration à part, la blouse populaire serait donc le représentant de l'antique costume.

La grande ambition du Gaulois est d'éblouir ses amis et de terrifier ses ennemis. Pour les amis étincellent au mur les larges plats d'argent, qui se remplissent de venaison les jours de festin ; pour les ennemis, des fiches en andouillers de cerf supportent des groupes d'armes dont le luxe rehausse les menaçantes formes. Paré pour le combat, le chef gaulois est terrible d'aspect. Sa haute taille est encore grandie par un casque d'airain, imitant la gueule ouverte d'un animal féroce, et surmonté de cornes d'urus, d'ailes d'aigle ou de crinières flottantes. Ses yeux bleus ou verts lancent des éclairs à l'ombre d'une épaisse et longue chevelure, dont l'eau de chaux a changé la nuance blonde en un roux ardent ; des moustaches fauves lui pendent de la lèvre sur la poitrine. Au centre de son grand bouclier, quadrangulaire et peint de couleurs éclatantes, est sculpté le signe distinctif du guerrier, consistant en quelque figure d'oiseau ou d'animal sauvage. Un énorme sabre, à poignée enrichie d'or et de corail, lui descend sur la cuisse droite ; il tient à la main une lance dont le fer, long d'une coudée, aussi large que celui d'une faux, est droit vers la pointe et se recourbe à la base en replis qui font d'horribles blessures. Les autres armes sont un javelot qu'on lance enflammé sur l'ennemi, et un dard à trois pointes. L'arc et la fronde, qui frappent de loin et sans péril, sont méprisés.

Quelques usages des vieux Gaëls persistent encore. L'étranger qui pénètre dans une bourgade voit, avec horreur, des têtes humaines clouées sur les portes des demeures, au milieu de hures de sanglier et de crânes de loup. S'il est admis dans l'intimité d'un chef, celui-ci lui ouvre solennellement un coffret où sont conservées, avec des aromates, les têtes des ennemis abattus de sa main. Ce sont là ses titres de noblesse, ses glorieux trophées, plus précieux pour lui qu'un égal pesant d'or. Il les a rapportées du milieu de la mêlée pendues au cou de son cheval.

Néanmoins ces embaumeurs de têtes coupées sont hospitaliers envers l'étranger, et le gagnent aisément par leurs manières franches et cordiales. Ils le convient à des festins interminables pour l'entendre parler et avoir des nouvelles du dehors. Autour du foyer où se rôtissent les viandes, les chefs sont assis en demi-cercle sur une brassée d'herbages ou sur un rouleau de peaux. Les morceaux sont distribués suivant le degré de vaillance ; la cuisse de la bête est au plus brave. L'infusion d'orge fermentée, la bière, et plus rarement le vin que Massalie [1] commence à produire, circulent à la ronde dans des cornes de buffle. Cependant les têtes s'échauffent ; de la discussion bruyante, des invectives, on en vient aux armes, et des rixes sanglantes, souvent des meurtres, terminent le festin.

1. Aujourd'hui Marseille.

XXXVI

LES ÉPINGLES

Les objets dont l'usage nous est le plus familier sont fréquemment ceux dont nous ignorons l'origine. Quoi de plus commode, de plus usité qu'une épingle ? Par quoi la remplacerions-nous si nous en étions privées ? Nous en serions réduites à l'expédient de Claire, le jour où, ayant fait en campagne un accroc à son tablier, elle fixa provisoirement les bords de la déchirure avec une épine de la haie. Nous pourrions encore, comme le font les peuplades dépourvues d'industrie, nous servir d'un petit os pointu, d'une arête de poisson.

CLAIRE. — Ce serait une singulière toilette que celle que l'on fixerait avec une arête de morue !

AURORE. — Les grandes dames de l'antiquité n'avaient guère mieux : elles se servaient de grossières broches de métal, ou de bâtonnets en os. Tout cela ne vaut pas notre modeste épingle, avec sa fine pointe, sa jolie tête ronde et son prix si modique, presque nul. Je veux vous apprendre aujourd'hui comment se font les épingles.

Les épingles sont en laiton, composé de cuivre et de zinc. Le cuivre est le métal rouge des chaudrons, le zinc est le métal blanc grisâtre des arrosoirs, des baignoires. Fondus ensemble, associés, ils donnent le laiton, qui est jaune.

On commence par réduire le laiton en fil de la grosseur des épingles. Ce travail se fait au moyen de la filière, plaque d'acier percée d'une série de trous de plus en plus étroits. Une baguette de laiton est engagée dans le trou le plus gros, puis tirée avec force. En passant par ce défilé, un peu étroit pour elle, la baguette métallique s'amincit et s'allonge d'autant. On l'engage alors dans untrou plus étroit, et l'on tire à soi. Le fil devient plus mince et plus long. On continue cette opération, en passant d'un trou de la filière à un autre plus petit, jusqu'à ce que le fil ait acquis la finesse voulue. Remarquez, puisque l'occasion s'en présente, que tous les fils métalliques, ceux de fer, de cuivre, de zinc, d'or, d'argent, n'importe, sont obtenus de la même manière; tous résultent du passage à la filière.

Les fils de laiton sont remis entre les mains du *coupeur*, qui en assemble plusieurs en un faisceau, puis, avec de fortes cisailles, découpe le tout en tronçons de deux fois la longueur d'une épingle.

Il faut maintenant aiguiser ces tronçons aux deux extrémités, au moyen d'une meule d'acier dont le contour est taillé à la façon d'une lime, et qui tourne avec la prodigieuse vitesse de vingt-sept lieues à l'heure. L'ouvrier chargé de ce travail, l'*appointeur*, est assis à terre, devant sa meule, les jambes croisées à la manière des tailleurs. Il prend entre les doigts de 20 à 40 tronçons, les étale régulièrement en éventail, et les présente tous à la fois par un bout à la meule, tandis qu'il les fait tourner entre les doigts afin que l'extrémité s'use également de partout et que la pointe soit régulière. L'autre bout est aiguisé de la même façon.

Les pointes ne sont que dégrossies par ce premier travail; le *repasseur* les retouche et les finit sur une meule plus fine. Enfin les tronçons aiguisés aux deux bouts sont assemblés plusieurs ensemble et partagés par le milieu d'un coup de cisailles. Chaque moitié s'appelle *hanse;* il lui manque encore la tête pour devenir une épingle.

C'est ici la partie la plus difficultueuse de l'opération. Sur une tige métallique très-lisse et légèrement plus grosse que les épingles, on roule un fil de laiton en spirale serrée; en retirant après la tige, on obtient un long tire-bouchon dont les tours se touchent. Un *coupeur*, d'une habileté consommée dans ce délicat travail, qui demande à la fois tant de précision et tant de célérité, divise ce tire-bouchon par menus morceaux comprenant chacun tout juste deux tours. Chacun de ces morceaux est une tête.

L'ouvrier qui doit les mettre en place et les fixer prend une hanse et la plonge au hasard, par le bout ap-pointé, dans une sébile pleine de têtes. Il la retire avec une tête enfilée, qu'il ramène du bout des doigts à l'extrémité non pointue. Immédiatement, il la place sur une petite enclume, creusée d'une cavité qui reçoit la tête. Par le jeu d'une pédale que meut le pied de l'ouvrier, un marteau s'abaisse, creusé lui-même d'une cavité corres-pondante, frappe cinq ou six petits coups, et voilà la tête solidement fixée.

Pour être finies, les épingles doivent encore être blan-chies à l'étain. A cet effet, on les met bouillir avec de l'étain dans un liquide propre à dissoudre ce métal et à le laisser déposer, en mince couche, sur le laiton. Après l'étamage, les épingles sont lavées, desséchées sur de grosses toiles, et finalement agitées avec du son dans un sac de peau pour acquérir du brillant.

Il reste à les mettre en place, régulièrement alignées sur un papier. Une sorte de peigne à longues dents d'a-cier perce les papiers de leurs trous. Des ouvrières, appelées *bouteuses*, sont chargées du minutieux travail qui consiste à engager une à une les épingles dans ces trous. Une bouteuse exercée peut mettre en place de quarante à cinquante mille épingles par jour.

En tenant compte de quelques détails que je supprime, la fabrication d'une épingle exige quatorze opérations différentes, et par conséquent le concours de quatorze ouvriers, tous d'une grande habileté dans la part de travail qui leur est dévolue. Telle est néanmoins la rapidité de la fabrication, que ces quatorze ouvriers peuvent faire douze mille épingles pour la modique somme de quatre francs.

XXXVII

LE CHAUME DES GRAMINÉES

On appelle *chaume* la tige des graminées, c'est-à-dire des céréales, des roseaux, des bambous, des brins d'herbe qui forment le tapis de la terre, prairies, pelouses et gazons. Cette tige est creuse et fortifiée de distance en distance par des nœuds. Je veux vous montrer aujourd'hui l'art admirable qui préside à la structure de cette tige, je veux vous faire entrevoir la merveilleuse science en jeu dans la composition d'un brin d'herbe. La connaissance d'une belle loi mécanique est d'abord indispensable. Voyons donc cette loi.

Nous avons, je suppose, dix kilogrammes de fer, ni plus ni moins, à notre disposition ; et il s'agit de façonner ce fer en une tige longue d'un mètre et douée de la plus grande résistance possible dans le sens transversal. Quelle forme donnerons-nous à la tige métallique ? La ferons-nous ronde, triangulaire, carrée ? De savants calculs établissent que, pour lui donner le plus de solidité, il faut la faire ronde. — Ce point établi, la ferons-nous pleine ou creuse ? Les mêmes calculs répondent qu'il faut la faire creuse, car alors, et seulement alors, elle résistera le plus possible à la rupture. — La loi mécanique annoncée est par conséquent celle-ci : c'est avec la forme ronde et creuse qu'une quantité déterminée de matière résiste le mieux à la rupture.

Voici l'une des plus grandioses applications, sinon de la forme ronde, quelquefois impraticable, du moins de la forme creuse. Les ponts tubulaires, savante création de l'industrie moderne, sont dus au génie de Stéphenson, l'immortel inventeur de la locomotive. Ce sont des tubes rectangulaires, d'énormes poutres en forte tôle rivée, à l'intérieur desquelles, sur certains chemins de fer, les convois circulent pour traverser les fleuves. L'un des plus célèbres, celui de Menay, sur les côtes occidentales de l'Angleterre, franchit un bras de mer de cinq cent soixante mètres. Deux poutres tubulaires, de cinq millions et demi de kilogrammes chacune, le composent et forment à elles seules la double voie ferrée. Trois piles, distantes l'une de l'autre de cent quarante mètres, suffisent pour le soutenir entre les deux rives à une hauteur de trente mètres au-dessus du niveau des plus hautes marées. Quelle est donc la puissance qui, sur le vide, équilibre ces monstrueuses poutres de fer, et, malgré des enjambées effrayantes de cent quarante mètres, les empêche de fléchir quand gronde, dans leur canal, le tonnerre des convois en marche ? C'est la puissance de la forme tubulaire, la puissance de la forme creuse.

La vie, encore plus ingénieuse que Stéphenson, fréquemment utilise la forme ronde et creuse pour obtenir, avec peu de matière, des organes très-résistants. — Les ailes de l'oiseau fouettent l'air dans le vol. Les plumes de ces rames aériennes doivent être d'une grande légèreté afin de ne pas entraver le vol par un excès de poids; elles doivent être très-fermes, à leur insertion dans les chairs surtout, afin de suppléer par la vigueur du coup d'aile à la faible résistance de l'air, et de ne pas fléchir sous les chocs réitérés. Le but est admirablement atteint avec la forme ronde et creuse de la base des plumes.

Tous les os longs de la machine animale, os des pattes, des ailes, des jambes, os pour saisir, marcher, grimper, voler, courir, nager, sont encore construits d'après le même principe. Pour être à la fois légers et résistants, de structure économique et cependant solide, ils affectent la forme ronde et creuse.

Le froment, cette plante bénie qui nous donne le pain, porte son lourd épi à l'extrémité d'une tige assez longue pour mettre la moisson à l'abri des souillures du sol, assez

menue pour croître en touffes serrées sans gêner les voisines, assez rigide pour soutenir le poids du grain, assez
élastique pour fléchir sous le vent sans crainte de rupture. Cette réunion de qualités précieuses résulte de la
forme ronde et creuse de la paille. De distance en distance, le chaume est en outre garni de nœuds qui le for-
tifient; de ces nœuds partent les feuilles, dont la base,
en forme de fourreau, enveloppe la tige et en augmente
encore la solidité. Toutes ces délicates précautions ne sont
pas encore suffisantes : le chaume est incrusté d'un bout
à l'autre de la substance minérale la plus dure, la plus
incorruptible; il est cimenté, pétri de silice, cette même
matière qui forme les cailloux.

Aussi voyez avec quelle gracieuse aisance l'épi, alourdi
par le grain, est porté par le chaume, si fluet cependant que, sans une structure toute particulière, il flé-
chirait sous son propre poids. Voyez avec quelle molle
souplesse, quelle élasticité, se courbent, quand souffle le
vent, les tiges d'un blé mûr. Alors la blonde moisson se
soulève et s'affaisse, ondule en imitant les vagues de la
mer. De ses flots d'or, émaillés de bleuets et de coquelicots, un doux murmure s'élève, et ce murmure nous
parle d'un invisible Stéphenson qui, devançant les calculs
de toute science, a donné le chaume rond et creux au
froment, l'os rond et creux à l'animal, la plume ronde et
creuse à l'oiseau.

XXXVIII

LES INSECTES ET LES FLEURS

AURORE. — Les insectes sont les auxiliaires de la fleur.
Mouches, guêpes, bourdons, scarabées, papillons, tous.

à qui mieux mieux, lui viennent en aide pour transporter le pollen des étamines sur les stigmates. Ils plongent dans la fleur, affriandés par une goutte mielleuse, expressément préparée au fond de la corolle. Dans leurs efforts pour l'atteindre, ils secouent les étamines et se barbouillent de pollen, qu'ils transportent d'une fleur à l'autre. Qui n'a vu les bourdons sortir enfarinés du sein des fleurs ? Leur ventre velu, poudré de pollen, n'a qu'à toucher en passant un stigmate pour lui communiquer la vie. Quand, au printemps, sur un poirier en fleurs, tout un essaim de mouches, d'abeilles et de papillons s'empresse, bourdonnant et voletant, c'est triple fête, mes amies : fête pour l'insecte, qui butine au fond des fleurs ; fête pour l'arbre, dont les ovaires sont vivifiés par tout ce petit peuple en liesse ; fête pour l'homme, à qui récolte abondante est promise.

L'insecte est le distributeur par excellence du pollen ; toutes les fleurs qu'il visite reçoivent leur part de poussière vivifiante. Pour l'attirer, la fleur possède, au fond de sa corolle, une goutte de liqueur sucrée, appelée *nectar*. Déchirez en deux une fleur de narcisse, de primevère, de chèvrefeuille, et passez le bout de la langue au fond de la corolle ouverte. Vous sentez quelque chose de suavement doux. Voilà le nectar, voilà la friandise qui attire les insectes. Avec cette liqueur, les abeilles font leur miel. Pour la puiser dans les corolles façonnées en profonds entonnoirs, les papillons ont une longue trompe, roulée en spirale pendant le repos, mais qu'ils déroulent et qu'ils plongent dans la fleur, à la manière d'une sonde, quand il faut atteindre le délicieux breuvage.

Cette goutte de nectar, l'insecte ne la voit pas ; cependant il sait qu'elle existe, et sans hésitation il la trouve. Dans quelques fleurs, néanmoins, une grave difficulté se présente : ces fleurs sont étroitement fermées de partout. Comment arriver au trésor, comment trouver la porte qui mène au nectar? Eh bien, ces fleurs fermées ont un écriteau, une enseigne qui dit clairement : C'est par ici que l'on entre.

CLAIRE. — Vous ne nous ferez pas croire celle-là !

AURORE. — Je ne veux rien vous faire croire, ma chère enfant; je veux vous faire voir, vous faire toucher du doigt. Regardez cette fleur de gueule-de-loup. Elle est exactement close; ses deux lèvres rapprochées ne laissent aucun passage libre. Sa couleur est d'un rouge violet uniforme; mais là, tout au beau milieu de la lèvre inférieure, se trouve une large tache d'un jaune très-vif. Cette tache, si propre à frapper la vue, est l'enseigne, l'écriteau dont je vous parle. Par son éclat elle dit : C'est ici qu'est la serrure.

Fig. 43. — Gueule-de-loup : fleurs et fruit.

Appuyez vous-même le petit doigt sur la tache. Vous voyez : immédiatement la fleur bâille, la serrure à secret joue. Et vous vous figurez que le bourdon n'est pas au courant de ces choses? Surveillez-le dans le jardin, vous verrez.comme il sait déchiffrer les enseignes des fleurs.

Quand il visite une gueule-de-loup, c'est toujours sur la tache jaune et jamais ailleurs qu'il s'abat. Sous le poids de l'insecte, la porte s'ouvre ; le bourdon entre, il se roule dans la corolle, il s'enfarine de pollen, il en barbouille le stigmate. La goutte bue, il part et va, sur d'autres fleurs, forcer la serrure, dont il connaît à fond les secrets. A son insu, il distribue ainsi la poussière de pollen dont sa toison est poudrée.

Eh bien, toutes les fleurs closes ont, comme la gueule-de-loup, un *point voyant*, c'est-à-dire une tache de coloration vive, fréquemment jaune ou orangée, ce qui est la teinte douée du plus grand pouvoir lumineux. Cette tache se trouve à l'entrée de la corolle, au voisinage immédiat des anthères ; elle frappe la vue par son éclat et guide les insectes dans leurs recherches. Elle est l'enseigne qui montre l'entrée de la fleur et dit : C'est ici. Enfin les insectes dont la fonction est de visiter les fleurs pour déposer, à leur insu, du pollen sur le stigmate, connaissent à merveille la signification de cette tache. C'est toujours sur elle qu'ils forcent pour faire ouvrir la fleur.

Fig. 44. — Fleur d'Iris.

La fleur de l'iris est encore plus remarquable que celle de la gueule-de-loup. Sa corolle comprend six pièces, trois étalées en dehors et courbées en arc, trois relevées et se rassemblant dans le haut en un dôme. Ces dernières sont d'un bleu violet uniforme ; les autres ont au milieu une large bande hérissée et semblable à un grossier velours jaune. Ces bandes, qui par leur teinte safranée tranchent vivement sur le fond violet du reste de la fleur, sont les

points voyants qui conduisent aux étamines, invisibles de
l'extérieur et fort difficiles à trouver pour un œil inexpérimenté.

Au centre de la fleur sont trois larges lames violettes
ayant toute l'apparence de pétales; mais l'apparence est
trompeuse, car ces lames sont en réalité les styles du pistil.
Chacune d'elles se courbe en une voûte et vient s'appliquer
contre un pétale à bande jaune, de manière que les deux
pièces forment, par leur assemblage, une chambre close.
Dans chaque chambre est placée une étamine, dont l'anthère s'applique étroitement contre la voûte. Enfin, à l'entrée même de la chambre, la mince et large lame du style
se double d'un étroit rebord membraneux. Ce rebord,
c'est le stigmate, c'est le point où le pollen doit parvenir.

Complétez par la vue même de la fleur ce que la parole
et le dessin sont impuissants à rendre, et vous comprendrez
très-bien que, sans le secours d'un aide, il est absolument
impossible au pollen d'arriver au stigmate. L'anthère est
placée dans l'intérieur d'une chambre exactement close,
à l'abri de toute agitation de l'air; le stigmate est placé
au dehors, à l'entrée.

Mais qu'un insecte survienne et la difficulté disparaît
pour faire place à d'admirables combinaisons. Le point
voyant, la bande de velours jaune, est la voie qui mène à
l'intérieur de la chambre. C'est là que se posent invaria-
blement abeilles, mouches et bourdons à la recherche du
nectar; aucun ne se méprend sur la route à suivre. L'insecte soulève la lame du style, entre et de son dos velu
brosse en passant la voûte où est appliquée l'anthère. Il
s'avance jusqu'au fond de l'étroite galerie, boit le nectar
et sort enfariné de pollen.

Suivons-le sur une autre fleur. Maintenant le repli de
l'entrée, repli qui est le stigmate, agit comme un rateau
sur le dos de l'insecte pénétrant dans la chambre, et
cueille du pollen sur sa toison. Il faudrait être moins clairvoyant que le grossier bourdon pour ne pas reconnaître,

dans ces merveilleuses harmonies entre la fleur et son auxiliaire l'insecte, des arrangements combinés par l'éternelle Raison.

XXXIX

L'ANNÉE

AURORE. — Je vous parlais un jour du poids de la Terre; j'essayais de vous faire comprendre, au moyen d'un attelage de chevaux, l'immensité de la masse terrestre.

AUGUSTINE. — Je me rappelle ce fameux attelage où les chevaux se compteraient par millions de millions sans parvenir à ébranler le fardeau.

AURORE. — Notre imagination, la mienne tout comme la vôtre, est restée confondue devant l'énormité du poids; d'un commun accord, nous avons reconnu que l'esprit s'y perdait. Cependant la lourde boule tourne pour produire l'alternative du jour et de la nuit; elle tourne sur elle-même, sans jamais se ralentir, avec une vitesse comparable à celle d'un boulet de canon. En outre, pendant qu'elle pirouette sur elle-même, elle tourne en rond autour du Soleil dans l'intervalle d'un an.

Dans le jeu de la toupie se trouve un bel exemple de deux mouvements analogues, exécutés ensemble. Lorsque la toupie tourne sur sa pointe, immobile à la même place, elle ne possède que le mouvement de rotation sur elle-même. Mais en la lançant d'une certaine façon, elle tourne sur le sol tout en tournant sur sa pointe. Dans ce cas, elle reproduit en petit le double mouvement de la Terre. Sa rotation sur la pointe représente le mouvement révolutif de la Terre sur elle-même; sa course sur le sol représente le mouvement de translation de la Terre autour du Soleil.

Vous pouvez encore vous familiariser avec le double mouvement de la boule terrestre, comme il suit : placez au milieu d'une salle une table ronde ; et sur cette table une bougie allumée qui figurera le Soleil. Puis tournez autour de la table, tout en pirouettant sur vous-mêmes. Chacune de vos pirouettes correspond à un tour de la Terre sur elle-même ; et votre parcours autour de la table correspond à un voyage autour du Soleil. Remarquez qu'en tournant sur vous-mêmes, vous présentez successivement aux rayons de la bougie le devant, un côté, l'arrière et l'autre côté de la tête, qui, dans notre expérience, peut représenter le globe terrestre ; de sorte que chacune de ses parties est tour à tour éclairée ou dans l'ombre. La Terre ne fait pas autrement : pendant qu'elle circule autour du Soleil, elle lui présente, l'une après l'autre, ses diverses régions. C'est le jour, je vous l'ai déjà dit, pour la région qui voit le Soleil ; c'est la nuit pour la région opposée.

CLAIRE. — Ainsi, en même temps qu'elle tourne sur elle-même, la Terre voyage autour du Soleil.

AURORE. — Oui. Elle met trois cent soixante-cinq jours à ce voyage ; elle fait trois cent soixante-cinq pirouettes sur elle-même pendant qu'elle accomplit un voyage autour du Soleil. Le temps employé à ce parcours forme la durée d'une année.

MARIE. — La Terre met un jour de vingt-quatre heures pour tourner sur elle-même ; elle met un an pour tourner autour du Soleil.

AURORE. — C'est cela même. Figurez-vous tournant autour de la table ronde dont je vous parlais tantôt, et dont le centre est occupé par une lampe représentant le Soleil, tandis que vous représentez la Terre. Chacune de vos promenades autour de la table est une année. Pour représenter exactement les choses, il faudrait tourner trois cent soixante-cinq fois sur les talons pendant que l'on circule une fois autour de la table.

Augustine. — C'est comme si la Terre valsait autour du Soleil.

Aurore. — La comparaison est exacte : c'est, en effet, le double mouvement de la valse.

Augustine. — Et va-t-elle bien vite, la boule du monde, en valsant ainsi?

Aurore. — Des deux mouvements, vous en connaissez un, celui de la pirouette. C'est le moins rapide, malgré sa vitesse de 10,000 lieues en vingt-quatre heures, ce qui correspond à peu près à l'élan du boulet lorsqu'il sort de la gueule du canon. L'autre, le mouvement de translation autour du Soleil, est incomparablement plus prompt. La Terre met un an pour accomplir son voyage autour du Soleil; mais comme elle circule à une distance énorme de cet astre, à une distance de trente-huit millions de lieues, elle doit parcourir l'étendue avec une vitesse dont rien ne saurait vous donner une idée. Cette vitesse est de vingt-sept mille lieues à l'heure. Dans le même temps, la locomotive la plus rapide parcourt quinze lieues environ. Comparez et jugez.

Marie. — Comment! l'immense boule dont nous n'avons jamais pu comprendre le poids effrayant chemine dans le ciel avec cette rapidité!

Aurore. — Oui, ma fille : avec une vitesse de vingt-sept mille lieues à l'heure, la boule terrestre s'en va roulant dans l'étendue, sans essieu, sans appui, toujours sur la ligne idéale qui lui a été donnée pour champ de course. Son mouvement est si rapide, que l'effroi vous saisit en y songeant; il est si doux, que les méditations de la science peuvent seules le constater. Qui meut le prodigieux fardeau, qui lui donne l'élan dont l'idée seule nous fait venir le vertige? Courbons-nous, mes enfants, c'est la force de Dieu!

XL

LE CALENDRIER

La Terre met 365 jours, 5 heures, 48 minutes et 50 secondes pour accomplir sa révolution autour du Soleil.
Cette durée forme l'année. Elle se divise en quatre saisons, chacune de trois mois : le printemps, l'été, l'automne et l'hiver. Le printemps comprend environ du
20 mars au 21 juin ; l'été, du 21 juin au 22 septembre;
l'automne, du 22 septembre au 21 décembre; l'hiver, du
21 décembre au 20 mars.

Le 20 mars et le 22 septembre, le Soleil est visible
pendant 12 heures et invisible pendant 12 heures d'un
bout à l'autre de la terre. Ces deux époques se nomment
équinoxe du printemps et équinoxe d'automne. Le mot
d'équinoxe fait allusion à l'égalité du jour et de la nuit.
Le 21 juin est pour nous l'époque des plus longs jours et
des plus courtes nuits ; le Soleil est visible pendant seize
heures et invisible pendant huit. Plus au nord, la durée
du jour augmente encore, et celle de la nuit diminue. Il
y a des pays où le Soleil, plus matinal qu'ici, se lève à
deux heures du matin pour se coucher à dix heures du
soir; d'autres encore où les heures de son lever et de
son coucher se confondent, de telle sorte que l'astre
plonge à peine un instant au-dessous de l'horizon et
reparaît aussitôt. Enfin, au pôle nord de la Terre, en ce
point qui reste immobile pendant que tous les autres
tournent, comme le fait le bout de l'essieu d'une roue, le
Soleil ne se couche plus, il tourne autour du spectateur
six mois entiers, également visible à minuit et à midi.
Dans ces contrées, il n'y a plus alors de nuit.

Le 21 décembre, c'est l'inverse de ce qui a lieu le
21 juin. A huit heures du matin, le Soleil se lève pour

nous; à quatre heures du soir, il est déjà couché. C'est huit heures de jour pour seize heures de nuit. Plus au nord, il y a maintenant des nuits de 18, de 20, de 22 heures, et des jours correspondants de 6, de 4, de 2 heures. Dans le voisinage du pôle, le Soleil ne se montre même plus, il n'y a plus de jour; pendant six mois, à midi comme à minuit, c'est la même obscurité.

Les deux époques du 21 juin et du 21 décembre se nomment solstice d'été et solstice d'hiver. Le mot solstice signifie que le Soleil cesse de remonter vers le nord ou de descendre vers le sud, et que par conséquent les jours cessent de croître ou de décroître.

Les 5 heures, 48 minutes et 50 secondes qui complètent l'année font à peu près 6 heures ou un quart de jour. Pour éviter cette fraction embarrassante et avoir un nombre rond de jours à l'année, on la néglige d'abord pendant trois ans, mais la quatrième année on en tient compte, et le jour que font ensemble les 6 heures répétées quatre fois est adjoint au mois de février, qui, au lieu de 28 jours, en compte 29. De la sorte, pendant trois ans de file, février a 28 jours, et la quatrième année il en a 29. Les années où février compte 29 jours se nomment années bissextiles. Il y en a une tous les quatre ans.

Toutes les années dont le millésime se termine par deux chiffres formant un nombre divisible par 4 comptent 366 jours ou sont bissextiles; celles où la division par 4 ne peut se faire comptent seulement 365 jours et sont des années communes. Ainsi les années 1876, 1880, 1884, 1888, etc., seront bissextiles, parce que les deux chiffres terminant le millésime forment les nombres 76, 80, 84, 88, etc., exactement divisibles par 4; mais les années 1877, 1878, 1879, etc., dont les deux derniers chiffres ne forment pas des nombres exactement divisibles par 4, seront des années communes.

En comptant pour 6 heures la fraction 5 heures, 48 minutes et 50 secondes réellement contenue dans l'année, on fait une erreur en plus et l'année du calendrier est trop longue. Pour réparer cette erreur, sur quatre années séculaires on en fait une bissextile et les trois autres restent années communes. La règle à suivre est celle-ci : on néglige les deux zéros de l'année séculaire, et si les chiffres restants forment un nombre divisible par 4, l'année compte 366 jours ; dans le cas contraire, elle en compte 365. Ainsi l'an 1600 a été bissextile ; 1700 et 1800 ne l'ont pas été ; 1900 ne le sera pas non plus, mais 2000 le sera.

L'année se partage en douze périodes ou mois, qui sont : janvier, février, mars, avril, mai, juin, juillet, août, septembre, octobre, novembre et décembre. L'inégale valeur des mois est parfois embarrassante. Les uns comptent 31 jours, les autres 30 ; février en compte 28 ou 29 suivant l'année.

CLAIRE. — Pour mon compte, je serais très-embarrassée de dire si mai, septembre et tels autres mois ont 30 ou 31 jours. Comment retenir les mois dont la durée est de 31 jours, et ceux dont la durée est de 30 ?

AURORE. — Un calendrier naturel, gravé sur notre main, nous l'apprend d'une manière très-simple. Fermez le poing de la main gauche. A leur origine, les quatre doigts autres que le pouce dessinent chacun une saillie ou bosse, séparée par un creux de la bosse suivante. Placez l'index de la main droite à tour de rôle sur ces bosses et ces creux, à partir du doigt voisin du pouce, et dénommez en même temps dans leur ordre les mois de l'année, janvier, février, mars, etc. Quand la série des quatre doigts sera épuisée, revenez au point de départ et poursuivez l'appel des douze mois sur les bosses et les creux. Eh bien, tous les mois qui, dans cette énumération, correspondent à des bosses, sont de 31 jours ; tous ceux qui correspondent à des creux sont de 30. Il faut en excepter février, dont la place est au premier creux ; il a, suivant l'année, 28 ou 29 jours.

AUGUSTINE. — Laissez-moi essayer. Voyons mai. Janvier, bosse; février, creux; mars, bosse; avril, creux; mai, bosse. Mai a 31 jours.

AURORE. — Ce n'est pas plus difficile que cela.

CLAIRE. — A mon tour. Voyons septembre. Janvier, bosse; février, creux; mars, bosse; avril, creux; mai, bosse; juin, creux; juillet, bosse... et maintenant? Me voilà au bout de la main.

AURORE. — On reprend au point même où l'on a commencé et l'on poursuit l'énumération des mois.

CLAIRE. — Bien. Août, bosse. Voilà deux bosses de file. Il y a donc deux mois de file, juillet et août, qui ont 31 jours?

AURORE. — Oui.

CLAIRE. — Je reprends. Août, bosse; septembre, creux. Septembre a 30 jours.

AURORE. — Les mois se subdivisent en semaines. L'année commune est composée de 52 semaines et un jour. A cause de son ancienneté, le calendrier nous garde encore aujourd'hui le souvenir des errements du paganisme, inscrits dans la plupart des noms des jours de la semaine. Le paganisme, en effet, avait consacré chaque jour de la semaine à l'une des divinités adorées sous le nom des divers astres. Nous avons hérité des dénominations usitées dans l'astrolâtrie. Ainsi lundi signifie jour de la Lune (*Lunæ dies*); mardi, jour de Mars; mercredi, jour de Mercure; jeudi, jour de Jupiter; vendredi, jour de Vénus; samedi, jour de Saturne. Dimanche seul est bien nommé pour nous; il signifie jour du Seigneur. Mais il est d'origine chrétienne; le paganisme le nommait jour du Soleil.

Nos fêtes religieuses ont leurs époques déterminées par le calendrier. Les unes sont *fixes*, les autres sont *mobiles*. Les premières sont célébrées à une date invariable. Telle est la Noël, qui arrive toutes les années le 25 décembre. Les secondes sont célébrées, d'une année à l'autre, à des époques différentes, suivant les mouvements combinés de la Lune et du Soleil. La plus remarquable est celle de Pâques, qui règle, d'ailleurs, la date des autres fêtes mobiles. La résurrection de Notre-Seigneur ayant suivi de près l'équinoxe du printemps et une pleine lune, il parut convenable à l'Église de se guider sur ce double fait astronomique, et le jour de Pâques fut fixé au *premier dimanche qui suit la pleine lune arrivant après l'équinoxe du printemps.* De ces conditions multiples, il résulte que la fête pascale est célébrée à des époques pouvant varier depuis le 22 mars jusqu'au 25 avril.

Une fois le jour de Pâques déterminé, les autres fêtes mobiles, telles que l'Ascension et la Pentecôte, le sont aussi, car l'Ascension est fixée au quarantième jour après Pâques, et la Pentecôte au cinquantième.

L'année aurait pour point de départ naturel une époque astronomique remarquable, comme un solstice ou un équinoxe. L'usage en a décidé autrement. Pour nous, l'année commence le 1er janvier. Le premier de l'an fixé au 1er janvier est, du reste, d'origine assez récente. Cette pratique fut prescrite en France par un édit de Charles IX. Du temps de Charlemagne, l'usage était de commencer l'année à la Noël; dans le douzième et le treizième siècle, le premier de l'an était fixé à Pâques.

XLI

LES ZONES TERRESTRES.

Relativement au climat, la surface entière de la Terre se divise en cinq régions appelées zones. — La première région, nommée zone torride, est traversée en son milieu par une ligne circulaire idéale qu'en géographie on nomme équateur. Elle se termine, au nord et au sud, par deux autres lignes appelées tropiques.

Dans la zone torride, le soleil, à l'heure de midi, est toujours à peu près au point le plus haut du ciel; ses rayons arrivent d'aplomb sur le sol et produisent cette haute température qui caractérise les pays compris entre les deux tropiques. Comme, d'autre part, les nuits et les jours conservent toute l'année, sous l'équateur, une valeur égale de douze heures, et s'écartent peu de cette égalité pour le reste de la zone, le refroidissement nocturne est

Fig. 45. — Le Rhinocéros.

exactement compensé par le réchauffement diurne, et la température ne varie pas d'une manière notable d'une saison à l'autre.

Dans ces contrées favorisées du soleil, c'est, d'un bout à l'autre de l'année, un été perpétuel. Les arbres n'y perdent jamais leur verdure, comme les nôtres dans nos tristes hivers. C'est là que les forêts se peuplent de palmiers, dont la tige s'élance d'un seul jet pour déployer au-dessus des arbres les plus élevés un immense parasol de feuilles élégantes ; c'est là que, à profusion, éclosent ces fleurs éclatantes, ornements de nos serres, mais si frileuses, que tous nos soins ne peuvent leur faire oublier le soleil de leur tiède patrie. Plus somp-

tueux encore que les fleurs mêmes, les oiseaux y rivalisent d'éclat avec les pierres fines et les métaux précieux :
sur la gorge du colibri s'allume l'éclair du rubis, de l'é-
meraude et de l'or poli. Là vivent encore l'éléphant, le
rhinocéros et les autres colosses du règne animal, qui
font trembler le sol sous le poids de leurs massives char-
pentes ; là rugissent le tigre et la panthère altérés de
sang ; là rampent de monstrueux reptiles, couleuvres et
lézards, dont le corps s'ouvre un sillon parmi les hautes
herbes comme un tronc d'arbre en mouvement. Au milieu
de cette puissante nature, l'homme seul est misérable.
Bronzé, noirci par le soleil, dominé par un climat éner-
vant, il reste inhabile aux travaux du corps comme à
ceux de la pensée : le pays du soleil n'est le pays ni de
l'activité ni de l'intelligence.

De chaque côté de la zone torride s'étendent, l'une dans
l'hémisphère nord, l'autre dans l'hémisphère sud, deux
nouvelles zones appelées tempérées. Elles ont pour limites, d'un côté, les tropiques, qui les séparent de la zone
torride, et de l'autre, les lignes également fictives nommées cercles polaires, qui les séparent des zones glaciales. Les habitants des zones tempérées n'ont jamais le soleil exactement au-dessus de leurs têtes. Les rayons de
l'astre n'arrivent au sol que sous une direction oblique
en toute saison, mais beaucoup plus en hiver qu'en été
pour notre hémisphère. Dans chaque zone tempérée, la
durée des plus longs jours de l'année est, suivant la distance du lieu considéré à l'équateur, de 14, 15, 16, etc.,
jusqu'à 24 heures. En cette saison des plus longs jours,
la chaleur va s'accumulant parce qu'elle n'est pas com-
pensée par le refroidissement des nuits correspondantes,
trop courtes ; et la température s'élève beaucoup. Au
contraire, dans la saison opposée, c'est la durée des nuits
qui l'emporte sur celle des jours ; et alors la température
descend d'autant plus que l'absence du soleil se prolonge
davantage.

Ces différences de température engendrent les saisons : le printemps, dont les tièdes souffles font épanouir les fleurs ; l'été, qui dore la moisson aux ardeurs du soleil ; l'automne, qui récolte la grappe sucrée du raisin ; l'hiver, époque de repos pour la végétation. Moins riches, moins variées que les productions de la zone torride, celles des zones tempérées ont cependant plus de valeur. Le froment, la vigne et les plus précieux des animaux domestiques ne prospèrent que dans les contrées à climats tempérés. C'est d'ailleurs sous ces climats que l'homme déploie toute son activité, toutes les ressources de la pensée, et que se développent pleinement les merveilles de l'art, de la science, de l'industrie. Notre beau pays, la France, occupe la partie la plus favorisée des zones tempérées.

Au delà de chaque cercle polaire s'étendent, jusqu'au pôle correspondant, les deux dernières zones appelées glaciales. Ici l'obliquité des rayons solaires et l'inégalité des jours et des nuits sont plus grandes que partout ailleurs. Sous les cercles polaires mêmes, le plus long jour et la plus longue nuit de l'année sont de 24 heures. A partir de là, cette durée augmente graduellement jusqu'à atteindre la valeur de six mois aux pôles, où le soleil reste, sans interruption, visible une moitié de l'année, et, sans interruption, invisible pendant l'autre moitié ; de sorte que l'année polaire se compose d'un seul jour et d'une seule nuit.

Or, pendant ces longues journées où le soleil tourne autour du spectateur sans se coucher, également visible à minuit et à midi, pendant ces longues journées qui en valent plusieurs des nôtres, qui valent même des semaines, des mois entiers, suivant les lieux, la chaleur, malgré l'obliquité des rayons de soleil, finit par s'accumuler jusqu'à devenir insupportable par moments. Mais aussi, quand l'hiver est arrivé et que les nuits, à leur tour, durent de 24 heures à six mois, le froid devient d'une excessive violence. Les rares navigateurs qui ont passé l'hiver sous ces âpres climats nous disent que le vin et la bière se prennent dans les tonneaux en bloc de glace; qu'un verre d'eau lancé en l'air retombe en flocons de neige; que le souffle de la respiration cristallise, à l'issue des narines, en aiguilles de givre; que le contact d'un morceau de métal froid, saisi sans précaution, produit une cuisante douleur et désorganise aussitôt la peau. La mer elle-même se gèle à une grande profondeur et prolonge la terre ferme, dont elle ne diffère plus, ayant comme elle ses immenses champs de neige et ses escarpements de glace.

Pendant de longues semaines, le soleil ne se montre plus à l'horizon, il n'y a plus de différence entre le jour et la nuit, ou plutôt il règne une nuit continuelle, la même à midi qu'à minuit. Cependant, quand le temps est serein, l'obscurité n'est pas complète ; la clarté de la lune et des étoiles, augmentée par la blancheur des neiges, sous lesquelles tout est enseveli, produit une sorte de demi-jour suffisant pour la vision. D'ailleurs, vers le pôle, s'allument par intervalles les splendeurs de l'aurore boréale, foyer électrique qui darde ses rayons de lumière au haut du ciel, comme un feu d'artifice ses fusées.

A la faveur de cette clarté blafarde, dans des traîneaux qu'emportent en désordre des attelages de chiens, les peuplades de ces régions déshéritées poursuivent une proie dont la blanche et chaude fourrure forme un article important de commerce. Chétif de taille, trapu, l'habitant de ces rudes climats partage son temps entre la chasse et la pêche. La première lui fournit des pelleteries pour ses vêtements; la seconde lui fournit sa nourriture. Des poissons desséchés, tenus en réserve à demi corrompus, de l'huile de baleine infecte, sont le régal habituel de ses entrailles faméliques. Il demande encore à la pêche le combustible de son foyer, alimenté avec des tranches de lard de baleine et des ossements de poissons. Ici, en effet, le bois est inconnu ; aucun arbre, si robuste qu'il soit, ne peut résister aux rigueurs de l'hiver. Un saule, un bouleau, réduits à de maigres buissons traînant à terre, s'aventurent seuls jusqu'aux extrémités septentrionales de la Laponie, où cesse la culture de l'orge, la plus agreste des plantes cultivées. Au delà, toute végétation ligneuse cesse, et pendant l'été on ne trouve plus que de rares touffes d'herbe et de mousse, mûrissant à la hâte leurs graines dans les creux abrités des rochers.

XLII

LES VOLCANS

Un volcan est une montagne qui rejette de la fumée, des poussières calcinées, des pierres ardentes et des matières fondues appelées laves. Le sommet est creusé d'une grande excavation, en forme d'entonnoir, que l'on nomme cratère. Le fond de cet entonnoir communique avec l'intérieur de la terre par des canaux tortueux ou cheminées, dont la profondeur ne peut être connue.

La hauteur d'un volcan est fort variable. Quelques-uns ne s'élèvent que de quelques centaines de mètres ; d'autres atteignent la hauteur d'une lieue ou même la dépassent : tel est l'Antisana, dans l'Amérique du Sud, qui se dresse à 5,833 mètres d'élévation. L'étendue du cratère est très-variable aussi. Lors de l'éruption de 1822, le cratère du Vésuve avait une lieue environ de tour et 300 mètres de profondeur. Dans l'archipel des îles Sandwich, se trouve un volcan dont le cratère a de cinq à six lieues de circonférence et 400 mètres de profondeur. Mais, en général, les dimensions d'une bouche volcanique sont beaucoup moindres.

Les volcans de l'Europe sont : le Vésuve, près de Naples ; l'Etna, en Sicile ; le Stromboli, dans le petit archipel de Lipari, au nord de la Sicile ; l'Hécla, le Scapta-Jockül et six autres en Islande. Le Vésuve a 1,290 mètres de hauteur ; l'Hécla, 1,690 ; et l'Etna, 3,315. Pour vous donner un aperçu des faits les plus remarquables que présente une éruption volcanique, je choisirai de préférence le Vésuve, le mieux connu des volcans de l'Europe.

L'approche d'une éruption est en général annoncée par une colonne de fumée qui remplit l'orifice du cratère, et s'élève tout droit, lorsque l'air est calme, jusqu'à près d'une lieue de hauteur. A cette élevation, elle s'étale en une couche interceptant les rayons du soleil. Quelques jours avant l'éruption, la gerbe de fumée s'épaissit et s'affaisse sur le volcan, qu'elle recouvre d'un gros nuage noir. Mais alors la terre commence à trembler autour du Vésuve ; de sourdes détonnations grondent sous le sol, et, de moment en moment plus fortes, dépassent bientôt en intensité les plus violents coups de tonnerre. On croirait entendre les canonnades d'une nombreuse artillerie détonnant sans repos dans les flancs de la montagne.

Tout à coup une gerbe de feu jaillit du cratère jusqu'à deux ou trois mille mètres d'élévation. Le nuage planant sur le volcan s'allume des rougeurs de l'incendie, le ciel paraît s'embraser. Des millions d'étincelles s'élancent comme des éclairs jusqu'au sommet de la gerbe flamboyante, décrivent de grands arcs en laissant sur leur trajet des traînées éblouissantes, et retombent en pluie de feu sur les flancs du volcan. Ces étincelles, si petites de loin, sont des blocs incandescents, parfois de quelques mètres de dimensions, et de force à écraser dans leur chute les plus solides édifices. Quelle est la machine construite de nos mains qui pourrait lancer de pareils quartiers de roche à de telles hauteurs ? Ce que tous nos efforts réunis ne sauraient faire une seule fois, le volcan l'accomplit sans relâche, comme en se jouant. Pendant des semaines, des mois entiers, ces blocs rougis sont lancés par le Vésuve, aussi nombreux que les étincelles d'un feu d'artifice.

Cependant, des profondeurs de la montagne, monte, par la cheminée volcanique, un flux de matières minérales fondues ou laves, qui s'épanchent dans le cratère et forment un lac de feu aussi éblouissant que le soleil. Les spectateurs qui, de la plaine, suivent avec anxiété la marche de l'éruption, sont avertis de l'arrivée des laves par la pénétrante réverbération qu'elles jettent sur les fumées planant dans les hauteurs de l'air. Mais le cratère est plein : alors le sol s'ébranle soudain, se fend avec un bruit de tonnerre, et par les crevasses comme par-dessus les bords du cratère, les laves s'épanchent en ruisseaux.

Le courant de feu, formé d'une matière éblouissante et pâteuse, pareille à un métal en fusion, s'avance avec lenteur ; le front de la coulée ressemble à un rempart incendié qui marche. On peut fuir devant lui, mais tout ce qui est fixé au sol est perdu. Les arbres flamboient un instant au contact des laves, et s'affaissent carbonisés ; les murs les plus épais sont calcinés et s'écroulent ; les roches les plus dures sont vitrifiées, fondues.

L'émission de la lave a, tôt ou tard, un terme. Alors les fumées souterraines, délivrées de l'énorme pression de la masse fluide, se dégagent avec plus de violence que jamais, entraînant avec elles des tourbillons de fine poussière, qui plane en sinistres nuées et s'abat sur la plaine environnante, ou même est poussée par les vents jusqu'à des centaines de lieues de distance. Enfin la terrible montagne s'apaise, et tout rentre dans le repos pour un temps indéterminé.

La quantité de lave vomie par un volcan, en une seule éruption, atteint parfois des proportions prodigieuses. En voici un exemple : — Le 11 juin 1783, eut lieu, en Islande, une éruption mémorable, celle du Scapta-Jockül. Les laves se dirigèrent vers une rivière, large en plusieurs endroits de 60 mètres et encaissée entre des berges de 100 à 200 mètres de profondeur. La lutte du feu et de l'eau fut terrible, mais de courte durée : la rivière, tarie jusqu'à la dernière goutte, fit place aux laves qui en comblèrent le lit. Ce ne fut pas assez : le flot ardent déborda dans les plaines voisines jusqu'à une grande distance, et alla tarir également et combler un grand lac. Puis, continuant sa marche, il atteignit une ancienne coulée et s'engouffra dans des cavernes souterraines, dont les parois se ramollissaient comme cire au contact des laves qui venaient pourtant de dessécher une rivière et un lac.

Une semaine après, un autre flux de laves s'écoula du volcan et se répandit sur la première coulée, pour se précipiter, après plusieurs jours de marche, au fond d'un gouffre qu'une puissante chute d'eau avait mis des siècles à creuser. Une fois le gouffre rempli jusqu'aux bords, le fleuve de laves reprit son cours pour ne s'arrêter qu'à dix-huit lieues de son point de départ. Sa largeur, dans les terrains en plaine, variait de quatre à cinq lieues ; son épaisseur ordinaire était de trente mètres ; mais, dans les défilés, elle allait jusqu'à cent quatre-vingt-trois mètres. On évalue qu'une étendue de quatre-vingts lieues carrées fut couverte par la lave et convertie en lac de feu.

XLIII

INTÉRIEUR D'UN CRATÈRE

En des moments de repos, l'intérieur de quelques cratères peut être visité sans grand danger. C'est un morne cahos de roches calcinées, de scories noires et caverneuses comme du mâchefer, de blocs de lave en-

tassés en désordre. Çà et là des bouffées de vapeurs suffocantes jaillissent des fissures, et, par les fentes, brille
la rougeur sinistre de l'intérieur. Au fond de l'entonnoir,
pareille au couvercle de quelque chaudière infernale,
s'arrondit une voûte de lave figée, qui bouche l'entrée
de la cheminée volcanique.

Descendons dans le cratère du Vésuve en compagnie
de M. de Quatrefages, qui nous fait l'émouvant récit de

Fig. 46. — Intérieur d'un cratère.

sa visite au volcan. — « A une vingtaine de mètres au-
dessous de l'orifice du cratère s'étendait une croûte de
lave noire, semblable à un grossier pavé d'asphalte, et
parsemée de gros blocs de toute forme. Les parois intérieures du cratère formaient tout autour comme une muraille circulaire. Au milieu de ce cirque, de 600 mètres
environ de circonférence, s'élevait un petit cône d'une
douzaine de mètres de hauteur, dont la bouche lançait
sans cesse, avec un bruit assez fort de mousquetade, des
tourbillons de fumée rouge de feu, mêlés de cendres et

10

de scories. Nous descendîmes sans trop de peine dans l'intérieur du cratère, et ce fut sur un large bloc placé à dix pas du petit cône que nous nous installâmes pour manger un poulet froid.

« En arrivant, nous avions aperçu, malgré l'éclat du jour, les teintes rouges de la lave à travers quelques fentes ; nous avions vu quelques blocs s'ébranler comme sous les efforts d'une main invisible. Parfois aussi une détonation sourde se faisait entendre dans les flancs de la montagne. Pendant notre dîner, les clartés devinrent plus nombreuses, plus vives, vers le bord oriental du cratère, à cinquante pas environ de nous. Évidemment quelque chose se préparait. Les détonations qui partaient sous nos pieds étaient plus fréquentes et plus fortes ; les scories lancées par le petit cône s'élevaient plus haut ; la croûte solide qui nous portait faisait entendre des craquements, et quelques blocs mal assis se renversaient.

« A ce moment, le sol commença à s'élever à une quarantaine de pas de nous, à se bomber et s'ouvrir. Une lave parfaitement liquide sortit par la crevasse et se dirigea droit vers nous, d'un mouvement fort lent. A son origine, ce ruisseau embrasé pouvait avoir une paire de mètres de large tout au plus, et sa teinte était d'un beau blanc éblouissant ; mais il s'élargissait considérablement dans sa course et prenait une couleur rouge foncé. Au bout de deux heures environ, il nous avait atteints et nous reculions pas à pas devant lui.

« En même temps, le cratère tout entier semblait se réveiller. Toutes les fentes s'éclairaient ; le bloc qui nous avait servi de table se teignait à la base d'une teinte rougeâtre. La chaleur devenait de plus en plus forte. La croûte solide qui nous avait servi de plancher, le couvercle de la cheminée, était en voie de se fondre par l'afflux des laves liquides qui s'élevaient des abîmes du volcan. Il fallut songer à la retraite. Déjà le sixième au moins du sol du cirque, naguère si solide, était en pleine fusion, et les blocs mêmes où nous marchions ne formaient qu'un simple plancher porté sur un lac de feu. »

CLAIRE. — Sortirent-ils au moins sains et saufs de cet enfer ?

AURORE. — Ils atteignirent sans encombre les bords du cratère, mais il était temps, grandement temps : la lave liquide, éblouissante, continuait à submerger et à fondre la croûte sur laquelle ils s'étaient aventurés.

MARIE. — A vrai vous dire, tante Aurore, je n'aurais pas mangé tranquille mon morceau de poulet froid sur cette table de pierre dont la base tremblait et commençait à rougir.

AURORE. — J'avoue qu'il faut un courage peu ordinaire pour aller dîner au fond d'un cratère sur une croûte de lave qui, d'un moment à l'autre, peut se liquéfier et s'ouvrir sous vos pas; mais que ne ferait pas affronter le désir de s'instruire !

Écoutons maintenant le même voyageur visitant le cratère de l'Etna. — « Ce n'est plus ici un entonnoir presque régulier comme celui du Vésuve, mais une horrible vallée, profonde, inégale, avec des talus abrupts, hérissés d'énormes scories, de blocs de lave entassés, roulés, tordus de mille manières par la puissance du volcan ou les hasards de leur chute. Ce sont partout des couleurs bleuâtres, verdâtres, blanchâtres, semées çà et là de larges taches noires ou de plaques d'un rouge cru, qui font ressortir les teintes livides de l'ensemble. Un silence de mort règne sur ce cahos. Des milliers de fumerolles laissent échapper sans bruit de longues traînées de vapeurs blanches, qui rampent lentement sur les flancs du cratère et portent jusqu'à nous leurs émanations suffocantes. Le sol que nous foulons aux pieds, entièrement composé de cendres et de scories, est humide, chaud, et semble couvert de gelée blanche. Mais cette humidité, c'est de l'acide qui a bientôt corrodé nos chaussures; cette couche argentée où miroitent quelques cristaux, c'est du

soufre sublimé par le volcan et des sels formés par le travail chimique qui s'accomplit sans cesse dans ce redoutable laboratoire.

« Du haut de notre observatoire, nous jetâmes un dernier regard dans ce gouffre, et nous descendîmes vers la
base d'un mamelon placé à l'est. Bientôt le guide nous
arrêta près d'une rampe étroite et rapide qui aboutissait
à un précipice taillé à quelque cent pas au-dessous. Là
nous le vîmes rouler la manche de sa veste et l'appliquer
sur sa bouche en nous engageant à l'imiter. Puis il s'é-
lança droit en travers du talus en disant : Dépêchez-vous !
Sans hésiter, nous le suivîmes et nous arrivâmes sur les
bords d'une bouche volcanique ouverte depuis une dizaine d'années sur les flancs de l'Étna. Au fond de ses
abîmes grondait encore par instants le tonnerre souterrain.

« Une vaste enceinte, irrégulièrement circulaire, formée
de parois à pic, s'élevait autour du gouffre. A gauche, au
pied de l'escarpement, s'ouvrait un large soupirail d'où
s'élançait, par tourbillons, une fumée rouge de feu. Au
centre, à droite, partout, c'étaient d'énormes blocs de
lave éclatés, fendus, déchirés, les uns noirs, les autres
d'un rouge sombre, tous montrant, au fond de leurs
moindres crevasses, les teintes plus vives de la lave qui
les portait. Mille jets de fumée blanche ou grise se croi-
saient en tous sens, avec un bruit assourdissant et des
sifflements semblables à ceux d'une locomotive qui laisse
échapper sa vapeur. Malheureusement, nous ne pûmes
que jeter un coup d'œil sur cette étrange et effroyable
scène. Des vapeurs d'une âcreté insupportable nous prenaient à la gorge ; à la hâte et comme ivres, il fallut
gagner un abri pour respirer à l'aise. »

XLIV

VOLCANS ÉTEINTS DE L'AUVERGNE

Après des siècles d'activité, un volcan peut étouffer ses feux et cesser de fumer; on dit alors qu'il est éteint. La végétation s'empare de ses coulées de laves, un gazon coriace couvre les pentes de son cratère; mais, sous ce manteau de verdure, le terrain garde les traces ineffaçables des ravages du feu ; et, à certains caractères qui ne laissent aucun doute dans l'esprit, il est toujours possible de reconnaître une bouche volcanique, lors même que l'homme n'aurait jamais été témoin de ses éruptions.

Dans quelques provinces de la France, dans l'Auvergne surtout, le Vivarais et le Velay, se voient, isolés ou assemblés en groupes, de nombreux monticules coniques, tronqués au sommet et creusés d'une vaste excavation en forme d'entonnoir. On leur donne le nom de *Puys*. Tantôt l'excavation a la forme d'une conque si régulière, qu'on la dirait creusée de main d'homme ; tantôt le bord en est égueulé, c'est-à-dire interrompu par une large brèche. Parfois un lac d'une admirable limpidité emplit la conque. Rien de plus calme, de plus riant que ses eaux bleues, où se mirent les nuées blanches du ciel. Plus souvent encore, l'excavation est une prairie où descendent les troupeaux, où, couchées çà et là, les génisses ruminent au tintement de leurs clochettes.

Or ces conques si paisibles, si vertes, si fraîches aujourd'hui, sont des cratères d'anciens volcans. Là où dorment les eaux d'un lac, a bouillonné autrefois un bain de laves en fusion; là où ruminent des troupeaux, les feux souterrains ont tonné. Vainement, sous des pelouses fleuries, se cachent les ruines du vieux volcan : un regard attentif ne peut les méconnaître. Le monticule de

forme conique, au-dessous de sa mince couche de terre
végétale noire, n'est qu'un amas de scories, de cendres
volcaniques et de roches vitrifiées. La conque qui le termine, c'est le cratère; la brèche qui souvent en altère la
régularité, c'est la voie que les laves se sont frayée pour
s'épancher au dehors, quand elles n'ont pas ouvert la
terre plus bas, au pied du monticule.

Quant à la coulée de laves, elle n'est pas moins reconnaissable. C'est une puissante traînée de roches noires
ou rougeâtres, toute crevassée, d'aspect calciné, et qui
serpente dans la plaine, à partir du cône volcanique,
comme une bande de terrain maudit. Les gens du pays
lui donnent le nom de *cheire*. Des touffes de gramen et
de mousse trouvent à peine à végéter sur ces flots que la
terre a vomis embrasés. Quelques-unes de ces coulées
dépassent en étendue les plus grandes qui soient sorties
de l'Etna. Il ne manque donc aux cônes volcaniques de
l'Auvergne et du Vivarais que la gerbe de feu du cratère
et l'incandescence des laves, refroidies par le temps.

L'époque où plus de cent cratères, déversant à la fois
leurs torrents embrasés, mettaient en conflagration le
centre de la France, remonte si haut, que l'homme, le
dernier-né de la création, n'a peut-être pas été témoin
de ces scènes d'horreur et de magnificence. Depuis combien de siècles alors les bouches volcaniques de l'Auvergne se taisent-elles inoffensives? Nul ne saurait le
dire, comme nul ne saurait dire également si la formidable puissance qui les éveilla une première fois ne les
réveillera pas un jour.

Dans l'antiquité, le Vésuve était, lui aussi, une montagne paisible, un volcan éteint pareil aux puys de l'Auvergne. Il ne se terminait pas, comme aujourd'hui, par
un cône fumeux de scories, mais par un plateau légèrement creux, reste d'un ancien cratère presque comblé,
où végétaient de maigres gazons et des vignes sauvages.
Des cultures d'une grande fertilité couvraient ses flancs;

deux villes populeuses, Herculanum et Pompéï, s'éten-
daient à sa base, lorsque, en l'an 79 de notre ère, le
vieux volcan, qui paraissait pour toujours assoupi et
dont les dernières éruptions remontaient à des temps
dont l'homme n'avait pas gardé souvenir, se réveilla
soudain et se mit à fumer. Une horrible nuée de poussière volcanique vomie par le cratère s'abattit dans le voisinage et ensevelit complétement Herculanum et Pompéï.
Aujourd'hui, après dix-huit siècles de séjour dans leur
linceul de cendres, ces deux villes sont exhumées par
la pioche du mineur, telles que les surprit le volcan.
Depuis cette époque, le Vésuve n'a cessé de fumer et de
rejeter de loin en loin des coulées de lave.

XLV

LE MONTE-NUOVO

Des volcans en activité peuvent s'éteindre, comme le
prouvent les puys de l'Auvergne et du Vivarais ; des volcans assoupis depuis les temps les plus reculés peuvent
se rallumer, ainsi que le Vésuve en a donné un terrible
exemple en l'an 79 ; enfin des bouches volcaniques nouvelles peuvent soudainement apparaître.

En septembre 1538, après de nombreuses secousses du
sol qui duraient depuis deux ans et tenaient en émoi les
environs de Naples, on vit, dans le voisinage de Pouzzoles, la plaine se gonfler en une ampoule d'une demi-lieue
de tour. Le 29, à deux heures de la nuit, cette ampoule creva
tout à coup au sommet avec un horrible fracas, et s'ouvrit
en une bouche formidable qui lançait un mélange de feu,
de fumée, de pierres et de boue. Des détonations, comparables à celles du tonnerre le plus fort, accompagnaient

les déchirements du sol. Les pierres lancées atteignaient une hauteur prodigieuse ; puis elles retombaient soit dans l'intérieur de l'ouverture, soit sur ses bords. La boue était grisâtre, comme une pâte de cendres, et très-fluide. En moins de douze heures, le terrain gonflé par la poussée souterraine et exhaussé par les déjections de pierres, de cendres et de boue, forma une colline de 144 mètres d'élévation. Pendant deux jours et deux nuits, l'éruption ne discontinua pas. La boue vomie retombait en averses si drues, que Pouzzoles et ses environs en furent inondés. Naples le fut également et vit plusieurs de ses palais ruinés par cette étrange pluie.

Réveillés en sursaut au milieu de la nuit par les premières détonations, les habitants de Pouzzoles fuyaient au hasard, effarés d'épouvante, tout souillés de boue, la mort peinte sur le visage. Les uns emportaient leurs enfants dans leurs bras, ou traînaient après eux des sacs remplis de bagages ; les autres s'acheminaient du côté de Naples avec un âne chargé de leur famille en proie à la terreur. Ceux qui conservaient encore quelque présence d'esprit, recueillaient à la hâte, sur leur passage, une multitude d'oiseaux tombés morts au commencement de l'éruption, et de poissons que la mer voisine, en se retirant sur une largeur de deux cents pas, avait laissés à sec.

Le troisième jour, l'éruption cessa. Quelques personnes gravirent la nouvelle montagne et trouvèrent qu'elle formait un vaste entonnoir de 138 mètres de profondeur. Au fond du cratère, les pierres et les scories paraissaient ballottées comme les bulles de vapeur d'un vase en ébullition. Tout semblait fini, et les curieux affluaient sur la montagne pour voir de près la bouche volcanique, quand, le septième jour, une nouvelle éruption éclata, presque aussi violente que celle de la première nuit. Plusieurs personnes furent renversées et tuées par les pierres ou étouffées par la fumée.

Quelque temps encore, on vit des vapeurs et des traits

de feu s'élever de la montagne ; enfin tout s'apaisa, et depuis une tranquillité parfaite a constamment régné. On a donné à ce singulier cône volcanique, sorti de terre en une nuit, le nom de Monte-Nuovo, c'est-à-dire montagne nouvelle. Le Monte-Nuovo est aujourd'hui couvert de végétation. De son cratère assoupi, il ne s'échappe aucune vapeur.

CLAIRE. — Il n'y eut pas de coulée de laves ?

AURORE. — Non, la montagne se borna à rejeter de la fumée, des vapeurs, des pierres, de la boue.

MARIE. — Cet étrange volcan qui sort de terre, en une nuit, ainsi qu'un champignon, quelque temps fait rage, puis se tait, est sans doute un fait unique et très-exceptionnel ?

AURORE. — Pas du tout. On connaît bien d'autres exemples de cette formation soudaine de volcans, là même où rien ne pouvait le faire prévoir. Ainsi, vers le milieu du dernier siècle, se trouvait au Mexique une grande plaine populeuse, arrosée par deux cours d'eau et couverte de riches cultures de maïs, de riz, de cannes à sucre. Qui aurait soupçonné que ces terres fertiles dussent un jour être livrées aux ravages volcaniques ? Jamais les feux souterrains n'y avaient grondé, aussi loin que pouvaient remonter les souvenirs de l'histoire.

Les habitants de cette plaine étaient donc dans une complète sécurité quand, au mois de juin 1759, des rumeurs souterraines éclatèrent et furent suivies, pendant deux mois, de violents tremblements de terre. Sur la fin de septembre, le terrain se souleva peu à peu sur une étendue d'un peu plus d'une demi-lieue carrée, et se boursouffla en une tumeur de 168 mètres de haut. Puis la surface de cette ampoule se mit à onduler comme une mer agitée, et se couvrit d'innombrables buttes coniques, d'espèces de pustules creuses, hautes de 2 à 3 mètres, qui s'élevaient, crevaient, s'abîmaient tour à tour. Enfin le dôme s'entr'ouvrit et vomit de la fumée, des cendres et

des pierres calcinées. Bientôt, du sein de ce gouffre, six
cônes volcaniques surgirent, parmi lesquels le volcan
de Jorullo, dont la cime s'élève à 483 mètres au-dessus du
niveau de la plaine primitive. Jusqu'au mois de février
de l'année suivante, le nouveau volcan ne cessa de rejeter
des courants de lave, tandis que les pustules coniques dis-
séminées sur le dôme lançaient des vapeurs brûlantes et
des fumées corrosives. Aujourd'hui le Jorullo est éteint,
et des taillis épais recouvrent le terrain dévasté.

XLVI

L'ILE JULIA

De nouvelles bouches volcaniques peuvent même s'élever du fond de la mer et ouvrir leur cratère au-dessus
des flots. — Le 10 juillet 1831, un navigateur, passant au
large à une douzaine de lieues des côtes méridionales
de la Sicile, vit la mer bouillonner et rouler une multitude
de poissons morts. Puis une colonne d'eau de 800 mètres
de circuit s'était brusquement élancée à une vingtaine de
mètres de haut pour s'écrouler aussitôt; et cela à diverses
reprises, pendant qu'il s'en échappait une gerbe de vapeurs
épaisses, qui montait au moins à 500 mètres et obscur-
cissait tout le ciel.

Que se passait-il donc au fond des eaux? Était-ce
quelque troupeau de monstrueuses baleines qui remontaient à la surface, et, dans leurs mouvements, susci-
taient une tempête sur les flots? — Non : c'était un volcan
nouveau qui se faisait jour à travers la mer profonde, en
exhaussant peu à peu dans l'abîme son cône embrasé.
Une odeur infecte de soufre apporta sur les côtes de la
Sicile la nouvelle de ce qui se passait en pleine mer.

Bientôt, malgré la distance, on aperçut à l'horizon une
haute colonne de fumée qui, la nuit, s'illuminait par
moments de vives et subites lueurs pareilles aux éclairs
des soirées d'été. Enfin on entendait comme le roulement
sourd d'un tonnerre éloigné. Sans la présence de la colonne de fumée toujours dressée à la même place, on eût
cru à quelque orage lointain de longue durée.

A son retour, huit jours après, le même navigateur reconnut, au point où lors de son premier passage il avait
trouvé la mer si tumultueuse, une petite île inconnue,
d'aspect brûlé et élevée de quelques mètres à peine au-
dessus des flots. Au centre, elle était creusée d'une sorte
de bassin où bouillonnait une eau rougeâtre et d'où s'élevaient des tourbillons de fumée et des jets de matières
volcaniques. Autour de l'île flottaient des poissons
morts.

Le 24 juillet, deux semaines après son apparition, cette
île étrange put enfin être visitée. A un quart de lieue de
distance (la prudence commandait de ne pas approcher
davantage), on reconnut que l'îlot formait le bord d'un
cratère de 600 à 700 mètres de tour. L'îlot lui-même pouvait avoir un quart de lieue de circonférence et une
vingtaine de mètres d'élévation. D'ailleurs l'éruption, continuant sans relâche, tendait à l'élever de plus en plus
au moyen des matériaux rejetés par la bouche volcanique.

De l'orifice du cratère s'échappaient avec violence,
mais sans bruit, d'énormes bouffées de vapeurs blanches
comme la neige, qui, en se réunissant, formaient, au milieu d'une atmosphère calme, une majestueuse colonne
d'un demi-kilomètre de hauteur. Quelques pierres brûlantes la traversaient de temps en temps, aussi rapides
que des fusées. Tout à côté de la colonne surgissait une
gerbe de fumée noire où tourbillonnaient continuellement,
avec un cliquetis comparable à celui de la grêle, des jets
de scories, de cendres et de sables volcaniques. Au con—

tact de ces matériaux embrasés, les eaux de la mer fré-
missaient et fumaient comme au contact du fer rouge.
Il ne sortait pas de flammes du cratère ; mais, dès que l'é-
ruption reprenait avec plus de force, de vifs éclairs ser-
pentaient à travers la gerbe noire de cendres, et chacun
d'eux était suivi d'un retentissant coup de tonnerre,
dont la fréquente répétition devait faire dans le lointain
l'effet d'un roulement continu. Cet imposant spectacle
était interrompu, de quart d'heure en quart d'heure, par
des repos, pendant lesquels on n'apercevait plus que la
colonne de vapeurs.

Le 4 août, l'île avait 60 mètres de hauteur et une lieue
de circuit. Elle aurait augmenté sans doute encore d'étendue et de hauteur si l'éruption avait duré davantage ; mais,
un mois après sa première apparition, le volcan s'apaisa.
On put alors parcourir l'île et la visiter sans danger. On
lui donna différents noms, parmi lesquels celui d'île Julia.
Son existence fut de courte durée : peu à peu l'action
des vagues détruisit les bords du cratère ; et dès le
mois de décembre de la même année, l'île Julia
disparut, transformée en écueil, après avoir apparemment rejeté, au sein même de la mer, une coulée de laves
ardentes par quelque crevasse ouverte sur ses flancs.

Le travail volcanique n'était cependant pas épuisé en
ce point, car, deux ans plus tard, d'autres éruptions eurent
lieu, mais sans amener de nouvelles terres au-dessus des
flots. Le cratère, qu'on présumait pour toujours éteint et
enseveli dans la mer, a même reparu en 1863, plein d'eau
bouillante et de vapeurs sulfureuses.

CLAIRE. — Ces terribles montagnes qui rejettent des
fleuves de feu doivent amener bien des calamités.

AUGUSTINE. — Je ne voudrais pas me trouver devant
la coulée de laves quand elle descend du volcan.

AURORE. — Un volcan, je l'avoue, est un redoutable
voisin ; mais il n'en remplit pas moins un rôle d'une importance majeure pour la sécurité générale. Les bouches

volcaniques mettent en rapport l'intérieur de la terre avec
le dehors. En offrant des issues permanentes aux vapeurs
souterraines, qui tendent à se faire jour en bouleversant le
sol, elles rendent moins désastreux les tremblements de
terre. Dans les contrées volcaniques, on a constaté, en
effet, que toutes les fois que le sol est agité de fortes commotions, une éruption se prépare dans le voisinage, et
que le tremblement de terre cesse dès que l'éruption s'est
opérée. Les volcans sont des soupiraux providentiels, des-
tinés à prévenir les effets trop violents des commotions de
la terre.

XLVII

LES FRANCS

AURORE. — On donnait le nom de Germanie aux pays
compris entre le Rhin et le Danube. C'était là comme une
fabrique de nations d'où descendaient, vers les provinces
de l'empire romain, des hordes de tout nom, attirées par
un climat plus doux et des terres plus fertiles. Les rudes
pillards qui devaient donner leur nom à la France, les
Francs, en provenaient. Ils formaient une confédération
de peuplades, occupant d'une part les côtes de la mer du
Nord depuis l'embouchure de l'Elbe jusqu'à celle du
Rhin, et d'autre part la rive droite de ce dernier fleuve
jusqu'au confluent du Mein. A l'est et au sud, ils confi-
naient les associations rivales des Saxons et des Alamans, mais avec des limites très-indécises, variant au
gré des chances de la guerre et de l'inconstance des
tribus limitrophes, qui trouvaient plus avantageux de
passer tantôt dans une confédération et tantôt dans une
autre.

Marie. — Si j'en juge d'après les noms, ces Saxons et ces Alamans sont devenus les Saxons et les Allemands de nos jours.

Aurore. — Précisément. Pour en finir avec cet exposé géographique, j'ajouterai que la tribu prépondérante de la ligue des Francs portait le nom de Saliens. Elle habitait vers les bouches de l'Yssel. On la regardait comme la plus noble de la confédération, et ce fut dans une famille salienne, celle des Mérowings, ou enfants de Mérovée, que les Francs choisirent leurs rois.

Le mot Franc, ou mieux Frank, signifie fier, intrépide. En adoptant ce nom pour leur confédération, les Francs donnaient à entendre qu'ils étaient une ligue de braves résolus à ne jamais plier devant l'ennemi et à tuer sans miséricorde. La farouche dénomination était méritée : jamais peuple n'avait apporté dans la guerre pareille frénésie. Le carnage les mettait en extase; doués d'une extraordinaire puissance de vie, ils supportaient sans faiblir d'énormes et de nombreuses blessures, dont la moindre eût suffi pour terrasser d'autres hommes. Ils rêvaient un lieu de délices pour la vie future, un paradis où le suprême bonheur était de se tailler en pièces tout le jour, avec suspension d'armes le soir pour s'attabler à des banquets où la bière coulait à flots. La bataille, le butin, la boisson, voilà pour eux l'idéal de la vie.

Augustine. — S'ils se taillaient en pièces tout le jour dans leur paradis, ils ne devaient pas tarder à périr, et c'était fini.

Aurore. — Au contraire, c'était continuellement à recommencer, pour leur plus grande satisfaction, car dans ce paradis-là les blessures se refermaient à mesure qu'elles étaient faites.

Augustine. — C'est égal, ces délassements à coups de sabre devaient faire un singulier paradis. Qu'avaient-ils imaginé donc là ! Et dites-moi, comment étaient-ils, ces terribles batailleurs?

AURORE. — Comme les Gaulois, les Francs étaient des gens de grande taille, d'une physionomie dure malgré leurs yeux bleus. Leur chevelure, très-longue et blonde, était nouée en une espèce d'aigrette qui retombait en arrière et pendait sur le dos pareille à une queue de cheval.

AUGUSTINE. — Cette chevelure en queue de cheval devait être accompagnée d'une effroyable barbe?

AURORE. — Nullement. Les Francs se rasaient tout le visage, à l'exception de deux énormes moustaches rousses, qu'on laissait s'allonger indéfiniment et qui donnaient à la lèvre l'aspect du mufle d'un loup.

MARIE. — Sans doute ils croyaient ainsi s'embellir, comme les vieux Gaëls en se tatouant?

AURORE. — Se donner tournure plus menaçante était pour eux s'embellir; tout ce qui pouvait en imposer à l'ennemi était parure de haut goût. Pour être plus dégagés dans la mêlée, ils portaient des habits de toile, serrés au corps et sur les membres; un large ceinturon leur servait à suspendre l'épée. Mais leur arme favorite était la *francisque*, ainsi appelée de leur nom. C'était une hache à un ou deux tranchants, dont le fer était épais et le manche très-court. Ils engageaient l'action en lançant de loin leur francisque au visage de l'adversaire, et telle était leur adresse que rarement ils manquaient le but. S'il ne s'abritait pas à temps derrière son bouclier, l'ennemi avait la tête fendue. Pour forcer ce bouclier à s'abaisser et mettre à découvert l'adversaire, le Franc avait un engin redoutable, une espèce de harpon nommé *hang*. C'était un dard dont la pointe, longue et forte, était armée de plusieurs crocs tranchants, et dont le bois, revêtu de lames de fer, ne pouvait être brisé. Lancé avec force, le hang s'engageait dans l'épaisseur du bouclier. En vain l'attaqué s'efforçait d'enlever le perfide harpon : les crocs recourbés en rendaient l'extraction impossible, et le bois, sous son enveloppe de fer, bravait les coups d'épée. Le dard restait donc fixé, son manche traînant à terre. Alors le Franc s'élançait, et, pesant de tout son poids avec le pied sur le manche, il forçait l'adversaire à baisser le bouclier et à se dégarnir la tête. Aussitôt la francisque volait en sifflant. Quelquefois ils se mettaient deux pour l'attaque. Pendant que l'un lançait le hang, l'autre tenait une corde au bout de laquelle le trait était attaché ; puis, concertant leurs efforts, ils attiraient à eux l'ennemi harponné par les vêtements ou l'armure.

Pour se ranger en bataille, ils se disposaient en forme de coin, les plus braves au sommet de l'angle. Là combattaient ceux qui se faisaient un point d'honneur de porter à la jambe un anneau de fer, signe ignominieux de la servitude, jusqu'à ce qu'ils eussent fait mordre la poussière à un ennemi ; là prenaient place ceux qui depuis l'adolescence laissaient croître une barbe inculte et farouche, avec serment de ne la couper que sur le corps d'un adversaire abattu. Leur chant de guerre s'appelait *bardit*. Au moment d'en venir aux prises avec l'ennemi, ils l'entonnaient en chœur en mettant le bouclier devant la bouche pour produire des sons plus âpres, renforcer la voix et imiter les hurlements entrecoupés d'une mer en courroux. Autour de chaque guerrier étaient ceux de sa famille, s'animant l'un l'autre, se prêtant un mutuel appui. Les femmes et les enfants suivaient, à l'abri d'un retranchement de chariots traînés par de grands bœufs. Si, accablés par le nombre, les Francs cédaient, les femmes sortaient du camp échevelées, furieuses, et par leurs cris sauvages les ramenaient au combat.

XLVIII

BAPTÊME DE CLOVIS

Lorsqu'ils pénétrèrent dans la Gaule chrétienne, sous la conduite de Clovis, les Francs étaient adonnés au culte d'Odin, divinité de sang et de guerre qui, dans le Walhalla, conviait à d'éternels festins les braves morts les armes à la main. Dans ce paradis de l'héroïsme guerrier, dans ce Walhalla, la félicité suprême consistait à se tailler en pièces éternellement, à échanger, en de célestes batailles, de grands coups d'épée et des blessures aussitôt refermées que reçues. A pleines cornes de bœuf, on puisait la bière et l'eau de miel fermentée dans des tonneaux inépuisables; on se partageait entre convives la venaison d'un monstrueux sanglier, chaque jour servi sur la table du festin et chaque jour reparaissant intact. Telles étaient les croyances religieuses des Francs.

Cependant Chlothilde, la femme de Clovis, était chrétienne et s'efforçait par une douce persuasion d'amener le chef salien au culte du vrai Dieu. Mais aux pieuses instances de sa femme, Clovis secouait la tête. — «Toutes choses, disait-il, ont été produites par mes divinités, et non par votre Dieu, qui ne peut rien et n'est pas même un dieu, puisqu'il n'est pas de la race d'Odin. Il n'a pas de Walhalla, avec des combats et des festins pour mes guerriers. »

Néanmoins il consentit à ce que son premier-né fût baptisé. L'enfant mourut quelques jours après, étant encore dans les aubes, c'est-à-dire dans la robe blanche portée en signe de pureté pendant la première semaine qui suivait le baptême. Très-chagrin de cette perte, Clovis prétendait que l'enfant ne fût point mort s'il eût été consacré au nom de ses dieux. — « Nous l'avons perdu,

disait-il, parce que vous l'avez arrosé d'eau au nom de
votre Christ. » — Or, voici que Chlothilde eut un second
fils, appelé Chlodomir, qu'elle présenta également au baptême. Ce fils tomba malade à son tour. — « Cela devait
être, murmurait le père; cet enfant va mourir comme le
premier à cause de l'eau de votre Dieu. » — Mais les
prières de Chlothilde furent exaucées et le petit malade
se rétablit.

En ce temps-là de grands périls menaçaient les Francs :
à peine maîtres de la Gaule, ils étaient menacés de la
perdre. Les conquérants avaient à défendre leurs con-
quêtes contre les Alamans, qui se préparaient à franchir
le Rhin. En ce péril, Clovis convoqua ses alliés, les petits
rois saliens, et courut au-devant des nouveaux envahis-
seurs. La rencontre eut lieu à Tolbiac, près de Cologne.
Mais la déroute se mit dans l'armée des Francs, et, pour
la première fois, Clovis fut obligé de reculer. Blessé au
visage et couvert de sang, il essayait en vain d'arrêter
son armée saisie d'épouvante ; avec de grands cris, il
appelait à son secours ses dieux et ses déesses. Ses soldats
n'en continuaient pas moins à fuir et à tomber en foule.
Il se souvint alors du Dieu dont lui parlait Chlothilde.

— « J'ai appelé mes dieux, s'écria Clovis, et ils ne m'as-
sistent pas dans ma détresse : ils ne peuvent donc rien,
puisqu'ils ne secourent pas ceux qui les servent ! Christ,
que Chlothilde assure être le fils du Dieu vivant, j'invoque
avec foi ton assistance ! Si tu m'accordes la victoire sur
mes ennemis, je croirai en toi et je me ferai baptiser
en ton nom. »

Rassurés par l'espoir d'un secours surnaturel, les
Francs cessent de fuir, font face à l'ennemi, le repous-
sent et par des prodiges de courage finissent par le mettre
en déroute. Les Alamans ont leur chef tué et se sou-
mettent à Clovis.

Le vainqueur de Tolbiac vint à Reims, où Chlothilde
et l'évêque saint Rémi le pressèrent de remplir son vœu.

— « Je t'écouterais volontiers, très-saint père, répondit Clovis à l'évêque, mais il reste un obstacle : c'est que les guerriers qui me suivent ne veulent pas abandonner leurs dieux. J'irai vers eux et je leur parlerai d'après tes paroles. » — Il assembla donc ses guerriers et les persuada. Tous s'écrièrent d'une commune voix : — « Nous rejetons les dieux mortels, et nous reconnaissons le Dieu immortel que prêche Rémi. »

L'évêque, cependant, transporté d'allégresse, ordonne qu'on prépare la piscine sacrée. On tend, d'un toit à l'autre, dans les rues et sur les parois de l'église, des voiles aux brillantes couleurs ; on décore les murailles de blanches draperies ; on dispose le baptistère. L'encens fume les cierges brillent et le temple est rempli d'un parfum divin. Le cortége se met en marche, précédé par le crucifix et les saints évangiles, au chant des hymnes, des cantiques et des litanies, et aux acclamations poussées en l'honneur des saints. Rémi menait le roi par la main. — « Patron, s'écriait Clovis émerveillé de tant de splendeur, n'est-ce pas là le royaume de Dieu que tu m'as promis ? — Non, répliqua l'évêque, ce n'est pas le royaume de Dieu, mais la route qui y conduit. »

Clovis descendit dans la piscine où se plongeaient alors ceux qui recevaient le baptême. En répandant l'eau sainte, Rémi dit : — « Adoucis-toi, Sicambre, et courbe la tête ; adore ce que tu as brûlé et brûle ce que tu as adoré. » — Le roi confessa donc le Dieu tout-puissant, et fut baptisé au nom du Père, du Fils et du Saint-Esprit. Plus de trois mille Francs furent baptisés avec lui. Cet événement mémorable, qui devait sceller l'alliance des Francs avec la Gaule chrétienne, arriva le jour de Noël de l'année 496.

XLIX

LA CARAFE D'EAU FRAICHE

AURORE. — Quand on étale sur des cordes le linge qu'on vient de laver, que se propose-t-on? De faire sécher le linge, de faire partir l'eau dont il est imbibé. Eh bien, cette eau que devient-elle, s'il vous plaît?

CLAIRE. — Elle s'en va, je le sais ; mais je serais fort embarrassée de dire ce qu'elle devient.

AURORE. — Cette eau se dissémine dans l'air, s'y dissout et devient invisible comme l'air lui-même. Quand on mouille un tas de sable aride, l'eau s'y insinue de partout et disparaît. Il est vrai que le sable prend alors un aspect différent : il était sec avant, il est humide après. Le sable boit l'eau en contact avec lui. Ainsi fait l'air : il boit l'humidité du linge en devenant lui-même humide ; et il la boit si bien, que le tout, air et eau, reste invisible comme si l'air ne renfermait rien d'étranger.

On appelle vapeur l'eau devenue invisible, en quelque sorte aérienne, c'est-à-dire semblable à l'air; et la réduction de l'eau en ce nouvel état se nomme évaporation. L'humidité du linge que l'on fait sécher s'évapore ; l'eau s'insinue dans l'air et devient ainsi vapeur invisible, qui se répand en tous sens au gré des vents.

L'évaporation est d'autant plus prompte, plus abondante, qu'il fait plus chaud. Vous avez toutes remarqué qu'un mouchoir mouillé se sèche très-vite par un soleil ardent, et ne perd son humidité qu'avec une lenteur extrême si le temps est couvert et froid. Rappelez-vous encore ce qui se passe après l'arrosage du jardin. C'est bien une telle affaire quand, vers la fin d'une journée très-chaude, il s'agit de faire boire ces pauvres plantes qui se meurent de soif. Chacune de vous s'empresse avec son arrosoir : qui va d'ici, qui va de là, distribuant de l'eau aux plantes souffreteuses. Bientôt le jardin a copieusement bu. Comme c'est frais alors, comme les plantes fanées par la chaleur reprennent vigueur et se redressent heureuses ! On croirait les entendre chuchoter entre elles et se raconter les félicités de l'arrosage. Si cela pouvait se maintenir ainsi ! Mais bah ! le lendemain la terre est encore sèche et il faut recommencer.

Qu'est devenue l'eau de la veille ? Elle s'est évaporée, elle s'est dissoute dans l'air ; et maintenant elle voyage peut-être en des régions lointaines, à de grandes hauteurs, jusqu'à ce que, devenue lambeau de nuage, elle retombe en pluie. Lorsque Claire s'exténue à faire boire ses fleurs, a-t-elle jamais songé que l'eau répandue à terre tôt ou tard se dissipe dans les immensités de l'air, pour prendre sa modeste part à la formation des nuages ?

CLAIRE. — Je vois maintenant que, du contenu d'un arrosoir, les plantes prennent peut-être le plein creux de la main et que l'air boit le reste. Voilà pourquoi tous les jours il faut recommencer.

AURORE. — Et si l'on exposait au soleil une assiette pleine d'eau, qu'adviendrait-il à la fin ?

AUGUSTINE. — Je me charge de le dire. Peu à peu, l'eau s'en irait en vapeurs invisibles, et il ne resterait rien dans l'assiette.

AURORE. — Ce qui se fait aux dépens de l'eau d'une assiette, et de l'humidité du sol ou d'un linge mouillé, se fait aussi dans des proportions énormes sur la surface du monde entier. L'air est en contact avec le sol humide, avec d'innombrables nappes d'eau, lacs, marécages, fleuves, rivières, ruisseaux, avec la mer surtout, la mer immense, trois fois plus étendue que l'ensemble des terres ; il doit donc contenir toujours de l'humidité, tantôt plus, tantôt moins, suivant la chaleur.

L'air qui est là maintenant tout autour de nous, cet air invisible où l'œil ne distingue rien, contient cependant de l'eau, que l'on peut faire apparaître. Le moyen est très-simple : il suffit de refroidir un peu l'air. Quand on presse une éponge humide dans la main, on en fait suinter l'eau. Eh bien, le froid agit sur l'air humide à peu près comme la pression de la main sur l'éponge : il en fait suinter l'humidité sous forme de fines gouttelettes. Si Augustine veut aller à la pompe remplir une carafe d'eau bien fraîche, je vous montrerai cette curieuse expérience.

Augustine se rendit à la pompe et revint avec une carafe d'eau très-fraîche. Aurore prit la carafe, l'essuya bien afin qu'il ne restât en dehors aucune trace d'humidité, et la plaça sur une assiette également bien essuyée.

Or, voici que la carafe, d'une limpidité parfaite, se couvre d'une espèce de brouillard qui en ternit la transparence; puis des gouttelettes apparaissent, ruissellent sur ses flancs et descendent dans l'assiette. Au bout d'un quart d'heure, il s'était amassé dans l'assiette assez d'eau pour remplir un dé à coudre.

AURORE.—Les gouttes d'eau qui maintenant ruissellent sur le dehors de la carafe ne proviennent pas, c'est tout clair, de l'intérieur, car le verre ne se laisse pas traverser par l'eau. Elles proviennent de l'air environnant, qui se refroidit au contact de la carafe et laisse alors suinter son humidité. Si la carafe était plus froide, si elle était pleine de glace, le dépôt des gouttelettes liquides serait plus abondant.

MARIE.—La carafe me rappelle quelque chose de semblable. Quand on remplit d'eau fraîche un verre d'une propreté parfaite, il arrive que le dehors du verre se ternit aussitôt et semble mal lavé.

AURORE. — C'est encore l'air environnant qui dépose son humidité sur la paroi fraîche du verre.

MARIE. — Cette humidité invisible contenue dans l'air est-elle abondante ?

AURORE. — La vapeur invisible de l'air est toujours

chose si subtile, si disséminée, qu'il en faudrait des volumes très-considérables pour faire une petite quantité d'eau. Pendant les chaleurs de l'été, alors que l'air renferme le plus de vapeur, il faudrait soixante mille litres d'air humide pour fournir un litre d'eau.

CLAIRE. — C'est bien peu.

AURORE. — A cause de l'immense étendue de l'air, c'est suffisant pour donner de très-fortes pluies.

L'expérience de la carafe nous apprend deux choses : d'abord, il y a toujours de la vapeur invisible dans l'air; en second lieu, cette vapeur devient visible et se change en brouillard, puis en gouttelettes d'eau par le refroidissement. Ce retour de la vapeur invisible à l'état de vapeur visible ou de brouillard, puis à l'état d'eau, se nomme condensation. La chaleur réduit l'eau en vapeur invisible ; le refroidissement condense cette vapeur, c'est-à-dire la ramène à l'état d'eau ou pour le moins à l'état de vapeur visible ou de brouillard.

———

L

LES NUAGES

AURORE. — Qui d'entre nous, en regardant les nuées, n'a souhaité l'aile de l'oiseau pour se transporter au milieu de cette ouate céleste, d'une blancheur éclatante, qui s'amoncelle en montagnes de coton cardé? Qui n'a désiré reposer sur le moelleux matelas du nuage, sorte de toison, tantôt plus blanche que neige, tantôt incendiée de rouges réverbérations, comme si quelque fournaise s'embrasait dans son épaisseur? Et le cortége du soleil couchant, ce cortége de nuages dont la splendeur n'a rien de comparable au monde, qui n'a désiré le contempler de

plus près ; qui ne s'est demandé dans quels trésors puise
le ciel pour créer toutes ces magnificences ? Vous rappelez-vous ces cascades d'or fondu, ces fleuves de braise,
ces prodigieux entassements d'ouate couleur de feu, ces
tentures éblouissantes dont l'œil a de la peine à supporter
l'éclat, enfin tout ce riche appareil dont le soleil, parfois,
s'entoure avant de nous quitter? Que de merveilles produites avec les matières les plus communes ! Ces nuages
resplendissants, devant lesquels l'éclat de toute chose
terrestre pâlit, ne sont qu'un peu de vapeur d'eau que
traverse un rayon de soleil.

CLAIRE. — De cette vapeur que la carafe d'eau fraîche
vient de nous montrer dans l'air?

AURORE. — De cette vapeur elle-même, devenue vapeur visible, brouillard, nuage enfin par le refroidissement. Vous vous rappelez toutes ces brouillards qui, dans
les matinées humides d'automne et d'hiver, couvrent la
terre d'un voile de fumée grise, cachent le soleil et nous
empêchent de voir à quelques pas devant nous?

MARIE. — En regardant en l'air, on aperçoit flotter
comme une fine poussière d'eau.

CLAIRE. — Avec Augustine, il nous est arrivé de jouer
à cache-cache dans cette espèce de fumée humide. A
quelques pas de distance, on ne peut plus se voir.

AURORE. — Eh bien, les nuages et les brouillards sont
même chose ; seulement les brouillards s'étalent autour de
nous et se montrent tels qu'ils sont, gris, humides, froids,
tandis que les nuages se tiennent plus ou moins élevés, et
prennent, avec l'éloignement et sous les rayons du soleil,
de riches apparences. Il y en a d'un blanc éblouissant;
il y en a de couleur d'or et de feu; il y en a de cendrés,
de noirs. Au coucher du soleil, vous verrez tel nuage
débuter par être blanc, puis se teindre d'écarlate, puis
briller comme un brasier ardent, et enfin s'obscurcir et
tourner au gris, au noir, à mesure que les rayons solaires
lui arrivent en moindre abondance. Tout cela est affaire

d'illumination. En réalité, les nuages, si splendides qu'en soient les apparences, sont formés d'une fumée humide absolument pareille à celle des brouillards. Leur merveilleux spectacle n'est qu'une illusion de lumière; mais sous cette illusion se cachent les réservoirs de la pluie, cause de la fécondité du sol. Dieu, par qui les moindres détails de la création ont été réglés, a voulu que les substances les plus communes, mais les plus nécessaires, servissent à l'ornement de la terre malgré leur humble aspect réel; et il les a revêtues d'un prestige calculé sur la distance à laquelle nous devons les contempler. L'air, invisible sous une faible épaisseur, devient l'admirable voûte azurée du ciel, vu à travers toute l'épaisseur de l'atmosphère. Des fumées grises, qui nous donnent la pluie, vues à distance et illuminées par le soleil, deviennent une tenture céleste où le regard émerveillé trouve les magnificences de la pourpre, de l'or et du feu.

Une évaporation continuelle a lieu, je viens de vous le dire, tant à la surface du sol humide qu'à la surface des différentes nappes d'eau, principalement de la mer. Les couches inférieures de l'air s'imprègnent ainsi de vapeur d'eau. Si ces couches viennent à se refroidir, les vapeurs qu'elles renferment éprouvent un commencement de condensation et produisent un brouillard. Telle est la cause des brumes qui, le matin, couvrent les vallées où se trouvent des marécages ou des cours d'eau. Plus tard, quand le soleil est assez vif, ces brouillards se dissipent, parce que les vapeurs à demi condensées qui les forment se dissolvent en entier dans l'air par l'effet de la chaleur et deviennent invisibles. Mais si les couches inférieures sont chaudes, elles s'élèvent dans les hautes régions à cause de leur légèreté, et emportent avec elles les vapeurs invisibles dont elles se sont imprégnées au contact de la terre humide, des nappes d'eau, des flots de la mer. Cette masse d'air chaud et chargé de vapeurs rencontre, à mesure qu'elle s'élève, des températures de plus en plus

froides ; il arrive donc un moment où les vapeurs ne peuvent plus être tenues en dissolution complète et se
changent en un brouillard, qui prend alors le nom de
nuage.

CLAIRE. — Si elles étaient à terre, ces fumées de vapeur
seraient des brouillards ; à la hauteur où elles se trouvent,
ce sont des nuages. Cette hauteur est-elle bien grande?

AURORE. — Elle est fort variable, et n'atteint pas, en
général, la valeur que vous pourriez supposer. Il y a des
nuages qui traînent à terre, ce sont les brouillards ordinaires ; il y en a d'autres qui stationnent sur les flancs des
montagnes médiocrement élevées ; d'autres qui en cou-
ronnent les cimes. La région où ils se trouvent communément est comprise entre 500 et 1,500 mètres.

CLAIRE. — Pas plus?

AURORE. — Pas plus. D'autres, en moindre nombre,
atteignent une lieue, deux lieues de hauteur. Enfin, dans
quelques cas assez rares, ils s'élèvent à près de quatre
lieues.

CLAIRE. — Et par delà?

AURORE. — Par delà, le ciel est d'une perpétuelle sérénité. Là, jamais les nuages ne montent ; là, jamais ne
gronde le tonnerre ; là, jamais ne se forment la neige, la
grêle, la pluie.

Tous les nuages ne se composent pas de vapeur à demi
condensée en fumée visible. A des hauteurs un peu
grandes, le froid est assez vif pour amener l'eau à l'état de
glace. Et, en effet, des ascensions aérostatiques ont permis
d'observer, au milieu même de l'été, à 6,000 mètres de
hauteur et au delà, des nuages uniquement composés de
très-fines aiguilles de glace. On appelle *cirrus* les nuages
qui présentent cette singulière composition. Vus d'ici-
bas, ils ont tantôt l'aspect de légers flocons pareils à des
touffes de laine crépue, tantôt celui de filaments déliés
d'une blancheur éclatante faisant un vif contraste avec le
bleu foncé du ciel. De tous les nuages, ce sont les plus

Fig. 17. — Les nuages.

élevés. Quand les cirrus prennent la forme de petits nuages arrondis, disposés à côté l'un de l'autre en très-grand nombre, de manière à produire l'aspect d'un troupeau de moutons vus par le dos, le ciel qui en est couvert est dit pommelé. C'est d'ordinaire un présage de changement de temps. .

On donne le nom de *cumulus* à ces gros nuages blancs, à contours arrondis, qui s'entassent, pendant les chaleurs de l'été, comme d'immenses montagnes de coton. Leur apparition est signe d'orage.

On nomme *stratus* les nuages disposés par bandes irrégulières au bord du ciel au moment du lever ou du coucher du soleil. Ce sont ces nuages qui, aux dernières lueurs du jour, prennent les teintes ardentes de la flamme. Les stratus rouges du soir annoncent le beau temps; les stratus rouges du matin sont suivis de vent ou de pluie.

Enfin on appelle *nimbus* un ensemble de nuages sombres, d'un gris uniforme, tellement confondus l'un dans l'autre qu'il est impossible de les distinguer. Ces nuages se résolvent ordinairement en pluie. Vus à distance, ils présentent souvent de larges bandes qui vont en ligne droite du ciel à la terre. Ce sont des traînées de pluie.

LI

LA PLUIE ET LA NEIGE

Quand, à la suite d'un refroidissement survenu dans les hauteurs de l'air, la brume des nuages atteint une certaine condensation, des gouttelettes d'eau se forment et tombent en pluie. D'abord fort petites, elles augmentent de volume en route par la réunion d'autres gouttelettes pareilles. Elles nous arrivent donc d'autant plus grosses qu'elles viennent de plus haut, sans dépasser cependant les limites convenables au rôle que la pluie doit remplir. Trop grosses, **les** gouttes de pluie tomberaient lourdement sur les plantes qu'elles doivent arroser, et les coucheraient à terre toutes meurtries. Et que serait-ce si la condensation des vapeurs, au lieu de se faire d'une manière graduelle, avait lieu tout d'un coup? Il ne descendrait plus alors du ciel des gouttes de pluie, mais de pesantes colonnes d'eau qui, dans leur chute, ébrancheraient les arbres, écraseraient les récoltes et feraient crouler les toits de nos habitations. Mais, loin de prendre cette forme dévastatrice, la pluie tombe gouttes par gouttes, comme en passant à travers quelque crible disposé à dessein sur son trajet pour la diviser.

Et voyez comme, à son tour, la plante est admirablement disposée pour utiliser la pluie, pour en recueillir les gouttes et les amener aux racines! Les feuilles, au lieu d'être planes ou bombées et inclinées vers l'extérieur, ce qui ferait rejaillir la pluie en dehors du terrain occupé par la plante, se recourbent généralement en dessus, dans le sens de leur longueur, se creusent en gouttière inclinée vers l'intérieur, pour amener, de proche en proche, les eaux pluviales aux rameaux, aux branches, et enfin à la tige, qui les conduit au sol, où plongent les racines. Une intelligence providentielle a déterminé le poids des gouttes de pluie pour en accommoder le choc à la délicatesse des plantes; elle a tracé la forme des feuilles chargées de recueillir la pluie.

D'après la position géographique de la France, il est aisé de prévoir quelle doit être, en général, la direction des vents qui amènent la pluie et de ceux qui amènent la sécheresse. Un courant d'air, en effet, doit être d'autant plus chargé d'humidité, qu'il a balayé sur son trajet une nappe d'eau plus étendue et plus chaude. Au sud de la France se trouve le bassin de la Méditerranée. Le vent du sud, qui glisse sur ses eaux, doit être et est en effet généralement pluvieux. Il en est de même du vent d'ouest, qui assemble sur nos côtes océaniques les vapeurs de l'Atlantique. Au contraire, le vent d'est, qui ne rencontre sur son trajet pour arriver jusqu'à nous que les contrées centrales de l'Europe, est en général sec. Quant au vent du nord, il est sec et froid, parce qu'il nous arrive des froides régions septentrionales et ne rencontre sur son passage que des bras de mer dont la faible température ne permet pas une abondante évaporation.

La neige doit, comme la pluie, son origine aux vapeurs atmosphériques. Lorsque le refroidissement de l'atmosphère est assez vif, les vapeurs, au lieu de se liquéfier et de se rassembler en gouttes de pluie, se congèlent et deviennent de la neige. Une fois formée, la neige n'arrive pas toujours à terre : en descendant, elle traverse des couches d'air moins froides, et il peut arriver ainsi qu'elle se fonde en route et se résolve en pluie avant d'atteindre le sol. Dans ce cas, il neige sur les montagnes élevées, plus froides, tandis qu'il pleut dans la plaine, plus chaude. Mais si les diverses couches d'air qu'elle traverse et le sol lui-même sont assez froids, la neige arrive jusque dans la plaine et s'y conserve plus ou moins longtemps.

Au milieu même de l'été, les sommets élevés sont blanchis de neige par les nuages qui ne versent dans la plaine que de la pluie. C'est ainsi que, dans les pays montagneux, après chaque averse dans les vallées, on voit lorsque le rideau des nuages se dissipe, les pics élevés du voisinage couverts d'une neige récente. Ainsi la neige tombe plus fréquemment et plus abondamment sur les sommets des montagnes que partout ailleurs, à cause de la faible température des hautes régions de l'atmosphère. Sur les sommets très-élevés, la pluie est même inconnue. Tout nuage qui passe y verse de la neige ou du grésil. On entend par grésil une variété de neige composée de petits grains opaques, de fines pelotes intermédiaires entre les flocons de neige ordinaire et les noyaux de glace dure et transparente de la grêle.

Tout est fait avec nombre, poids et mesure. Là où notre regard obtus ne saisit aucune forme régulière, aucun arrangement, le microscope nous montre un art infini. Sous les verres grossissants, la poussière que l'aile du papillon laisse entre les doigts se résout en amas de plumes élégantes, brillant, comme celles du colibri, des

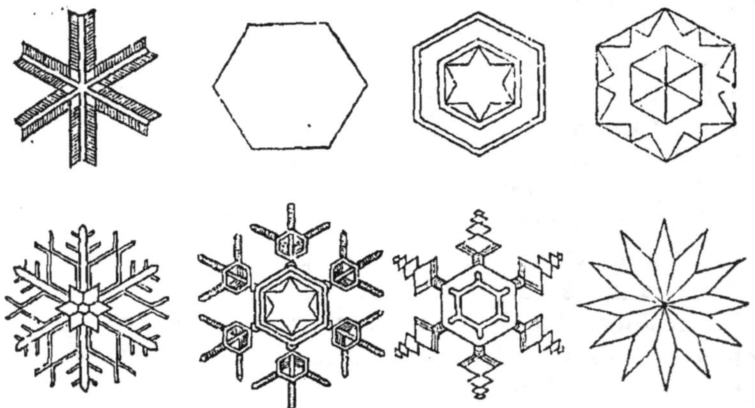

Fig. 48. — Quelques formes des cristaux de la neige.

reflets des métaux polis. Une gouttelette de sang montre, nageant au milieu d'un liquide incolore, des myriades de disques rouges comme le corail, taillés circulairement avec une exquise précision, tous pareils de forme, tous pareils de grandeur. Leur abondance fatigue le regard et confond la pensée. Un million de ces disques nagent à l'aise dans une goutte de sang suspendue à l'extrémité d'une aiguille. Sous le microscope, le duvet d'une feuille, la poussière jaune des fleurs, l'œil d'un insecte, le panache d'un moucheron, deviennent de véritables merveilles ; une imagination féconde ne pourrait combiner rien de plus gracieux, de plus savamment arrangé.

La neige nous fournit un bel exemple de cette inépui-

sable richesse de forme jusque dans les plus menus détails de la création. Que croiriez-vous trouver dans un
flocon de neige ? Un frêle duvet de glace, et voilà tout
sans doute. Mais recevez ce flocon, au moment où il
tombe, sur un objet noir et bien refroidi ; prenez un simple verre grossissant, une loupe, et regardez. — Le flocon
se compose d'une foule d'étoiles cristallines, à six pointes,
d'une régularité, d'une élégance inimitables. Entassées
pêle-mêle avec un abandon prodigue, ces étoiles se groupent par dix, par cent ou davantage pour former un petit
flocon. — Attendez encore, attendez que le vent tourne
et qu'il se fasse dans l'air quelque changement. Aussitôt
la neige prend une autre forme. Ce sont bien toujours
des étoiles à six pointes ; le plan fondamental en est
bien le même, mais l'ornementation en est toute différente. Tantôt l'extrémité des pointes s'épanouit en rosaces
ou se couronne d'une pile de losanges ; tantôt elle se
hérisse d'aiguilles rayonnantes ou se garnit d'appendices
barbelés. Tantôt encore la forme est plus sévère : ici, c'est
une écaille hexagonale tout unie, ou burinée de dessins
en triangles, en hexagones, en étoiles ; là, entre les six
pointes fondamentales, six autres ont surgi, formant un
soleil à douze rayons égaux, ou plus longs ou plus courts
alternativement, et de figure diverse. Mais comment décrire toutes ces formes qui lassent, par la variété de leurs détails, l'examen le plus patient ? Près de deux cents formes
ont été reconnues par les observateurs, et il n'est guère
possible d'assigner une limite à cette variété d'élégante
ornementation dans des corps d'un aussi petit volume.
Rappelez-vous maintenant que, chaque hiver, d'immenses
étendues se couvrent d'une épaisse couche de neige, dont
chaque flocon contient une multitude de ces petites
étoiles, chef-d'œuvre chacune d'une savante géométrie ;
et voyez si la forme coûte quelque chose à la Main qui
répand la neige sur la terre.

LII

ÉVAPORATION DES MERS

Aux premiers jours du printemps, un souffle accourt tout imprégné de vapeurs balayées sur les mers ; ces vapeurs se rassemblent en nuages, et bientôt une pluie fine, tiède, vivifiante, descend sur la terre, encore plongée dans son engourdissement hivernal. Le sol s'en imbibe avec avidité, et voici que la végétation s'éveille. Aussitôt la vie circule, avec la sève, sous l'écorce ramollie ; le bourgeon se gonfle, rejette ses écailles, éclate et montre ses premières feuilles, d'un vert lustré. Le poirier épanouit ses bouquets de fleurs blanches, dont les pétales tomberont dans quelques jours comme une neige printanière ; les rameaux fleuris du pêcher semblent enveloppés d'un crêpe rose ; les haies d'aubépines et de prunelliers, de leurs milliers de petites corolles, exhalent d'amères senteurs. Un miracle s'est fait : au contact des tièdes ondées, dans le grain enfoui sous terre, dans le bourgeon abrité sous ses écailles, a couru le tressaillement de la vie.

Or d'où vient cette pluie qui verdit les sillons en appelant la récolte à la vie ? — Elle vient des trésors de Dieu ; elle vient de la mer et elle y retourne.

Nous voici aux chaleurs de l'été. Flétrie par le soleil, la feuille demande en vain une goutte d'eau à la terre altérée. Sous la tuile brûlante du toit, le passereau piaule tristement ; aux champs, l'insecte se glisse sous terre, à la recherche d'un reste de fraîcheur ; dans nos maisons, le chien se couche à l'ombre et halète de lassitude. Nous cédons nous-mêmes à cette chaleur accablante, et, du regard, nous interrogeons le ciel avec anxiété, impatients de voir accourir les nuages chargés d'une averse. Enfin ils arrivent, accompagnés du tonnerre, cette grande voix de l'orage; et ils répandent à larges flots la fraîcheur sur la terre.

Or d'où vient cette averse qui donne à tout ce qui vit une nouvelle vigueur? — Elle vient des trésors de Dieu; elle vient de la mer et elle y retourne.

Et ces flocons de neige, qui, descendus d'un ciel tout gris et, silencieux, abritent, pendant l'hiver, le grain confié à la terre sous un manteau d'une éclatante blancheur; et ces cristaux de givre, qui tapissent l'écorce des arbres de miroitantes fleurs de glace; ét cette rosée, qui brille sur les brins d'herbe aux rayons du soleil; et tous ces cours d'eau, fécondité de la terre, fleuves, rivières, fontaines, torrents, d'où viennent-ils?

Ils viennent tous des trésors de Dieu; ils viennent de la mer et ils y retournent.

Ils viennent de la mer, réservoir inépuisable qui recouvre de ses eaux une étendue trois fois plus grande que celle de tous les continents réunis; de la mer, dont les abîmes descendent en quelques points à deux et trois lieues de profondeur, et reçoivent sans cesse le tribut de tous les cours d'eau de la terre, sans être jamais comblés.

L'énorme surface des mers fournit à l'atmosphère ses vapeurs et ses nuages, qui se résolvent en pluie, et, chassés par le vent, voyagent, comme d'immenses arrosoirs, au-dessus des terres, qu'ils fertilisent. A leur tour les pluies, les neiges, déversées par les nuages, donnent naissance aux fleuves, qui charrient leurs eaux à la mer. Il s'effectue de la sorte un courant continuel qui, né de la mer, retourne à la mer après avoir pénétré dans l'atmosphère sous forme de nuages, arrosé la terre à l'état de pluie, et parcouru les continents à l'état de rivières et de fleuves.

La mer est donc le réservoir commun des eaux. Fleuves, sources, fontaines, minces filets d'eau, tout en vient, tout y retourne. L'eau d'une goutte de rosée, l'eau qui

circule avec la sève dans les plantes, l'eau qui dégoutte
de notre front en transpiration, viennent de la mer et
sont en route pour y revenir. Quelque petite que soit la
gouttelette, elle ne s'égare pas en route. Si le sable aride
la boit, le soleil l'en retire et l'envoie rejoindre les vapeurs de l'atmosphère, et, tôt ou tard, le bassin des mers
d'où elle était venue. Rien ne se perd, rien n'échappe
au regard de Celui qui, dans le creux de la main, a me-
suré les océans, et sait le nombre de leurs gouttes d'eau.

AUGUSTINE. — Alors le Rhône, lui si grand, tire ses
eaux de la mer et les y ramène?

AURORE. — Le Rhône vient de la mer, et le Rhône y
retourne; il y verse cinq millions de litres d'eau toutes
les secondes.

AUGUSTINE. — Avec tant d'eau continuellement reçue,
la mer ne finit-elle pas par déborder, comme un bassin
trop plein?

AURORE. — Vous êtes bien loin de compte, ma chère
enfant. Le Rhône n'est pas le seul cours d'eau qui s'en
aille à la mer. Sans sortir de la France, il y a encore le
Rhin, la Garonne, la Loire, la Seine, et une foule d'autres d'une importance moindre. Ce n'est là encore qu'une
bien faible partie des cours d'eau qui se déversent dans
la mer. Tous les fleuves du monde s'y rendent, absolument tous; et ils sont bien nombreux, et il y en a de bien
grands. L'Amazone, dans l'Amérique du Sud, a 1,400 lieues
de parcours, et 10 lieues de large à son embouchure.
Quelle masse d'eau le puissant fleuve ne doit-il pas
fournir!

Figurez-vous bien que tous les cours d'eau de la terre,
les petits comme les grands, les moindres ruisseaux
comme les fleuves énormes, sans discontinuer s'écoulent
dans la mer. Vous connaissez le petit ruisseau où nous
allons quelquefois cueillir du cresson. Eh bien, il s'en va
droit à la mer, tout comme l'Amazone; il y verse par seconde ses quelques litres d'eau; c'est tout ce qu'il peut

faire. Mais il ne va pas trouver la mer tout seul, la mer immense, lui si petit, si petit. Il rencontre de la compagnie en route, il mêle son filet d'eau claire à des ruisseaux plus forts, qui deviennent rivière en se réunissant plusieurs ; le fleuve reçoit la rivière, et la mer, en recevant le fleuve, reçoit le faible ruisselet.

Augustine. — Les eaux courantes, mais toutes, toutes, sans discontinuer, arrivent à la mer, et cela dans le monde entier. Je reviens alors à ma demande : pourquoi, avec tant d'eau continuellement reçue, la mer ne verse-t-elle pas?

Aurore. — Si, quand il est plein, un réservoir reçoit d'une source juste autant qu'il laisse écouler par une ouverture, le réservoir peut-il verser, bien qu'il lui arrive sans cesse de l'eau?

Augustine. — Certes non : perdant autant qu'il gagne, il doit garder le même niveau.

Aurore. — Il en est ainsi de la mer. Elle perd juste autant qu'elle gagne, et de la sorte son niveau reste toujours le même. Les ruisseaux, les torrents, les rivières, les fleuves, se rendent à la mer ; mais les ruisseaux, les torrents, les rivières, les fleuves, viennent aussi de la mer. Ils ramènent dans l'immense réservoir ce qu'ils y ont pris et pas une goutte d'eau de plus.

Augustine. — Si le ruisseau au cresson vient de la mer, ses eaux devraient être salées ; et je sais fort bien qu'elles ne le sont pas du tout.

Aurore. — Sans doute, elles ne sont pas salées ; mais aussi le ruisseau ne sort pas de la mer comme l'eau d'une rigole sort d'un réservoir. Avant d'être ce qu'il est, le ruisseau a d'abord voyagé dans les airs en nuages venus de la mer. Ces nuages ont versé de la pluie, de la neige, en voyageant d'un côté et d'autre. Cette pluie, cette neige fondue, ont pénétré dans le sol, s'y sont infiltrées et entretiennent maintenant la source du ruisseau. Cette source n'est pas salée, quoique venant de la mer ;

le motif en est tout simple. Quand on met de l'eau salée dans une assiette, en plein soleil, l'eau seule s'en va et le sel reste. Pareillement, les vapeurs que le soleil fait élever de la mer ne sont pas salées, parce que le sel ne les accompagne pas quand elles se forment. Alors les cours d'eau alimentés par la neige et la pluie, descendues des nuages, ne peuvent être salés.

LIII

LES NEIGES ÉTERNELLES

Aurore. — Tous les cours d'eau des continents, fleuves et fontaines, sources, rivières et torrents, ont pour origine les nuages du ciel, formés par la continuelle évaporation des mers sous les rayons du soleil. La fontaine qui se fait jour entre deux rives de cresson, le ruisseau qui bruit dans la prairie sous la verdure des aulnes, le torrent qui bondit de chute en chute parmi les rocs éboulés, le fleuve large d'une lieue qui pour tributaires a tous les cours d'eau d'un empire, proviennent également des nuages et retournent à la mer, d'où ces nuages sont venus.

C'est autour des hautes cimes que les nuages s'amasse⋅ de préférence. Là, tantôt ces nuages se bornent à impi⋅⋅ gner le sol d'une humidité que d'autres et d'autres encore viennent à courts intervalles renouveler, jusqu'à ce qu'elle pénètre à une profondeur suffisante et descende dans les entrailles de la montagne pour sortir en filets liquides dans la plaine ; tantôt ils se résolvent en pluies, qui lavent les pentes et vont rapidement grossir les courants d'eau voisins ; tantôt encore, surtout si la cime est très-élevée, ils déversent de la neige, qui, fondue peu à

peu aux rayons du soleil, est pour les sources l'alimentation la plus efficace et la plus durable.

La neige, en effet, amassée en réserve sur les hautes
montagnes et fondue graduellement, est seule susceptible de fournir aux cours d'eau pendant longtemps leur
dépense de chaque jour. La fusion s'en fait avec une lenteur si prudente, avec une telle épargne, que le sol la boit
en entier goutte à goutte et la restitue plus loin sous
forme de sources. Sous la couche humide des neiges, la
terre se gonfle d'une fraîcheur que le soleil ne peut évaporer, les entrailles du sol se gorgent comme des épon-
ges et s'imbibent pour longtemps. Mais les neiges des
plaines sont loin de suffire pour alimenter les cours d'eau :
elles ne sont ni assez fréquentes, ni assez abondantes.
Ici se montre, sous un de ses admirables aspects, l'importance capitale des montagnes.

La température de l'atmosphère diminue rapidement à
mesure que la hauteur s'accroît. Dans les régions élevées, les nuages ne peuvent donc, à cause du froid, se
résoudre généralement en pluie, mais bien en neige, et
cela en été comme en hiver. En descendant des hauteurs
atmosphériques où ils se sont formés, les flocons de neige
rencontrent sur leur passage des couches d'air de plus en
plus chaudes, se fondent en route et arrivent enfin dans
les plaines à l'état de gouttes de pluie. Toute pluie partie
d'assez haut est de la neige dans le principe. C'est ce
qu'on peut aisément constater dans les pays montueux :
après chaque ondée dans les vallées, on voit sur les cimes
voisines une couche de neige fraîchement tombée.

Il neige donc en toute saison, même sous les climats
les plus chauds; seulement, si ce n'est en hiver et dans
les pays froids, les flocons se fondent en route avant d'atteindre les plaines, et se changent en gouttes de pluie.
Pour empêcher ces neiges de toutes les saisons de se
fondre avant l'heure, pour les conserver et les faire servir à l'alimentation permanente des cours d'eau, que

faut-il ? Il faut qu'elles soient recueillies avant d'atteindre des couches d'air trop chaudes ; il faut qu'elles rencontrent dans leur chute des réceptacles assez froids pour leur permettre de s'accumuler. Eh bien, ces réceptacles des neiges, ces réservoirs des eaux solides, ce sont les hautes montagnes, toujours baignées d'un air glacial.

Dans nos climats tempérés, la neige ne couvre les plaines qu'à de rares intervalles, pendant quelques jours de l'hiver seulement ; mais elle blanchit les sommités de hauteur moyenne une bonne partie de l'année, et les plus élevées l'année entière. Les plaines des pays chauds en aucune saison ne connaissent la neige, tandis que les cimes d'une hauteur suffisante y sont couvertes d'une perpétuelle couche neigeuse. Dans les contrées voisines des pôles, le soleil d'été parvient à débarrasser la plaine de ses neiges pour quelques mois, quelques semaines : mais il ne peut amener la fusion totale de celles que protégent quelques centaines de mètres d'élévation. C'est la conséquence naturelle de l'abaissement de température à mesure que la hauteur augmente.

Il y a par conséquent, d'un bout à l'autre de la terre, une hauteur, variable suivant le climat, au-dessus de laquelle la chaleur est insuffisante pour amener la fusion complète des neiges de l'année : à partir de cette hauteur, la pluie est inconnue, même au cœur de l'été ; la neige la remplace. Le sol, le roc, ne s'y montrent jamais à découvert ; un perpétuel manteau de frimas les recouvre. La limite à laquelle commencent à se montrer les neiges éternelles doit être évidemment d'autant plus élevée que la contrée considérée possède un climat plus chaud. Sous l'équateur, les neiges éternelles commencent vers 4,800 mètres d'altitude ; dans les Alpes et les Pyrénées, vers 2,700 mètres ; en Islande, à 936 mètres ; au Spitzberg, à 0, c'est-à-dire au niveau même de la mer.

On appelle avalanche une grande couche de neige entraînée, par son poids, sur la pente des montagnes. Lors-

que la pente qu'elle recouvre est rapide, la nappe de
neige, à peine retenue, glisse au moindre défaut d'équilibre et s'éboule dans la vallée. Une pierre qui se détache, le souffle du vent, la détonation d'une arme à feu,
le pied imprudent d'un voyageur, suffisent pour amener
ce défaut d'équilibre et provoquer la chute de l'avalanche. De proche en proche, le mouvement se communique, et le champ de neige, s'ébranlant en entier, glisse
avec le bruissement des eaux torrentielles. La puissante
masse accélère sa marche, se heurte aux obstacles, se divise en tourbillons et soulève un nuage poudreux d'une
éclatante blancheur. Une immense cascade d'argent semble ruisseler, furieuse, sur les pentes de la montagne. Les
sapins sont déracinés et balayés comme des fétus de
paille; des quartiers de roc sont arrachés et entraînés.
La commotion imprimée à l'air par son passage est si
violente, qu'elle suffit pour renverser à distance les gens
et les habitations. Enfin le flot s'abîme dans la vallée ; le
fracas du tonnerre n'est pas plus retentissant que celui de
sa chute.

Il descend presque journellement des avalanches des
cimes neigeuses dans les hautes vallées. Ces avalanches
sont rarement désastreuses, parce qu'elles ne sillonnent
que des étendues désertes ; mais il en est d'autres qui atteignent les vallées habitées, et alors le désastre est la-
mentable. On cite des villages balayés en entier, rasés
par la tourmente de neige, bouleversés de fond en comble, ou transportés plus loin presque intacts ; on cite de
navrants exemples de personnes englouties, quelquefois
par centaines, sous les flots de l'avalanche. Les voyageurs
qui, au printemps, au moment où la chaleur solaire commence à ramollir les neiges, ont à traverser quelque défilé élevé que surmontent des pentes neigeuses, ne le font
qu'avec de grandes précautions, comme le commande la
chute imminente des avalanches. Ils ne s'y engagent
qu'avant le lever du soleil, afin que les neiges, au mo-

ment de leur passage, n'aient pas perdu la consistance
que peut leur avoir donnée le froid de la nuit ; ils marchent à la file, assez distants l'un de l'autre. De la sorte,
si l'avalanche se précipite et en entraîne quelques-uns,
les autres ne seront pas atteints et pourront leur porter
secours. On s'avance dans un complet silence : les clochettes des mulets sont tamponnées et rendues muettes ;
une parole, un son, un faible ébranlement de l'air pourrait faire précipiter les neiges. Enfin, si le passage est
trop menaçant, avant de s'y aventurer, on décharge à
l'entrée un pistolet. La détonation provoque la chute des
neiges périlleuses. Sur quelques routes des Alpes, pour
mettre les voyageurs à l'abri des avalanches, on a été
obligé de bâtir des galeries voûtées aux passages les plus
dangereux.

LIV

LES GLACIERS

Nous venons de voir que les neiges glissent sur les
pentes rapides des montagnes et se précipitent dans les
vallées voisines. Les hautes vallées, environnées de pentes toujours neigeuses, sont donc occupées par des neiges que les avalanches accumulent et renouvellent sans
cesse. Ces neiges durcies, agglutinées par la pression de
leurs assises énormes, et finalement converties en glace
par l'alternative de la fusion partielle et du regel, constituent ce qu'on nomme un glacier. Chaque vallée voisine
des neiges éternelles possède le sien. Dans les Alpes seules, on en compte plus d'un millier. Leur longueur est
parfois de quatre à cinq lieues, et leur largeur d'une
lieue et plus. L'épaisseur de ces entassements de neige et

de glace est communément de 30 à 40 mètres ; mais en
quelques points, elle atteint de 200 à 400 mètres.

Rien de plus varié que l'aspect d'un glacier. Ici, c'est
la mer subitement immobilisée par le froid au moment
où, sur la fin d'un orage, elle s'enfle et se déroule en
lourdes ondulations. Là, toute inégalité disparaît : la surface n'est plus qu'un plan incliné sablé de grains opaques, ou un immense miroir resplendissant. En d'autres
points, ce sont de grandes draperies retombant en plis
d'albâtre, des cascades dont les flots durcis reposent au
milieu d'une écume de neige, des arches en ruine, des
édifices fantastiques du cristal le plus pur, des obélisques, des flèches de verre irisées par le soleil. Çà et là,
dans le sens transversal de la vallée, bâillent de menaçantes crevasses, dont quelques-unes découpent le glacier dans toute son épaisseur. Entre leurs parois verticales glisse une admirable lumière bleue, qui va s'éteignant
plus bas en passant par le vert obscur. Du fond de ces
crevasses monte une sourde rumeur d'eau courante : un
torrent, en effet, circule sous le glacier. Ailleurs, ce sont
des grottes de glace, qui, tamisant le jour d'une certaine
manière, semblent bâties d'aigue-marine. Il s'en échappe
des ruisseaux d'une eau vive et claire, qui coulent dans
des rigoles de cristal et vont se perdre dans les crevasses.
Ailleurs encore s'arrondissent de vastes conques, des
bassins creusés dans la glace transparente. Cent filets
d'eau s'y déversent sans jamais les remplir : l'épaisseur
du glacier les absorbe.

A son extrémité la plus avancée vers l'entrée de la
vallée, le glacier se termine brusquement par un énorme
talus, excavé à la base en forme de caverne. De cette
grotte de glace s'échappe un torrent. Les eaux en sont
toujours boueuses, noirâtres, laiteuses ou vertes, suivant
la nature des roches que le glacier, par sa pression et ses
mouvements, triture au fond de son lit. En avant du front
des glaces se dresse une ceinture de rocs entassés en dés-

ordre. C'est ce qu'on nomme la *moraine frontale*. Le torrent se fait jour à travers cette digue naturelle et bondit
d'un quartier de roc à l'autre.

En général, la surface d'un glacier n'est pas glissante
comme le serait celle d'une nappe d'eau gelée ; elle est
rude, grenue, et il faut que sa pente soit bien rapide
pour qu'on risque d'y glisser. Souvent même, elle est re-
couverte d'une couche de grains arrondis et séparés,
dans laquelle on enfonce comme dans le sable. Cette glace
sablonneuse porte le nom de *névé*. Elle provient de la
fusion partielle des neiges, suivie d'une congélation
qui transforme chaque flocon imbibé d'eau en un gra-
nule de glace. Enfin, sur chacun de ses flancs et dans toute
sa longueur, un glacier est bordé par une rangée de débris, éboulés des pentes voisines par l'action de la foudre,
des avalanches et des intempéries. Ce sont de grands
blocs de rochers anguleux, des sables, des boues, entassés pêle-mêle. On donne à ces deux bordures de débris
le nom de *moraines latérales*.

La vue d'un glacier laisse dans l'esprit l'idée d'un repos immuable, d'une perpétuelle immobilité. Ces immenses traînées de glace, vieilles comme les siècles, semblent inébranlablement enchâssées dans leurs vallées ; ces
assises d'eau gelée paraissent avoir la stabilité des assises du roc, dont elles ont la puissance. Et cependant cette
première impression nous trompe : les glaciers se meuvent. Ce sont des fleuves solidifiés ; et, comme les fleuves
liquides qu'ils engendrent, ils coulent, mais avec une extrême lenteur. Ils s'avancent dans la vallée de quelques
centimètres par jour ; ils descendent tout d'une pièce,
traînant à travers mille obstacles le faix de leurs énormes
couches.

Un fleuve liquide roule des galets, entraîne des sables
et des limons, qui forment les alluvions de son embouchure. Le fleuve de glace charrie également des débris ;
mais ses galets sont de grands blocs, et, au lieu de rouler

au fond du lit, ils sont portés sur le dos du courant. Je
viens de vous dire que de chaque côté d'un glacier se
trouve une moraine, c'est-à-dire une file de blocs souvent
énormes, précipités des cimes voisines par l'action continue des intempéries, par les coups de foudre et le choc
des avalanches. A mesure que le glacier s'avance dans
la vallée, ces blocs s'avancent aussi, entraînés par les
glaces qui les supportent. Mais en descendant, le glacier
trouve des températures plus fortes, et quand il est parvenu en un point où la chaleur s'oppose à l'existence de
la glace, il se termine par un brusque talus, par un escarpement que la fusion détruit toujours, mais que renou-
velle toujours l'arrivée des glaces suivantes. A partir de
ce point, le glacier devient liquide, devient torrent et
poursuit en liberté sa course dans la vallée. Chaque bloc
des moraines latérales s'achemine donc lentement, avec
la tranche du glacier qui le porte, vers l'escarpement ter-
minal. Le voyage est long, n'importe : le bloc finit par
arriver au bord du talus. Peu à peu l'appui lui manque;
il surplombe; la glace se fond sous lui. Il s'ébranle enfin
et culbute au milieu des blocs qui l'ont précédé. C'est
ainsi que se forme, en avant du glacier, cet entassement
de rochers que nous avons nommé moraine frontale.
Pour alluvions, les fleuves de glace jettent donc à l'entrée
des vallées leurs moraines frontales, où se rassemblent les
éclats des montagnes brisées.

La progression annuelle d'un glacier est fort variable :
elle dépend de l'inclinaison de la vallée. Pour quelques-
uns, on l'a évaluée à une vingtaine de mètres. Quoi qu'il en
soit, arrivé en un certain point de la vallée où la température est assez élevée pour le fondre, un glacier se termine toujours par l'escarpement que vous savez, et devient un torrent, origine ou affluent d'un fleuve. Là, le
glacier se détruit sans cesse aux rayons du soleil, tandis que de nouvelles neiges s'accumulent dans le haut
de la vallée, se convertissent en glace et s'avancent

pour entretenir dans un état constant le fleuve congelé.

Il importe de remarquer que, pour atteindre le point de la vallée où sa fusion est totale, un glacier descend bien au-dessous de la limite des neiges éternelles. Dans nos contrées, cette limite se trouve, avons-nous dit, à 2,700 mètres d'altitude. Or certains glaciers des Alpes descendent jusqu'à 1,000 mètres. A cette élévation, les grands arbres et les pâturages sont non-seulement possibles, mais encore les moissons peuvent fort bien mûrir. Vous figurez-vous l'étrange spectacle de ces fleuves de glace, descendus des hauteurs des éternels frimas pour braver les ardeurs du soleil au milieu des cultures et sous les noisetiers des vallons ? Tout à côté de la muraille bleue du glacier, les blés jaunissent, les bœufs paissent avec de l'herbe jusqu'au poitrail, les abeilles butinent sur les chatons des aulnes. Ici, c'est l'été, c'est la chaleur, c'est la vie ; là, à deux pas, au fond du vallon, c'est la glace toujours et toujours renouvelée, c'est l'hiver, c'est la mort. — Non, je me trompe : c'est encore la vie, car, de cette masse de glace, sans relâche fondue, résulte un torrent, bientôt rivière ou fleuve, qui va distribuer au loin ses eaux vivifiantes. C'est encore la vie, car un glacier est un char providentiel qui abaisse les neiges éternelles avec une sage lenteur, et les transporte peu à peu, des cimes où elles ne pourraient fondre, dans les vallées, où leur fusion entretient toute l'année le cours des fleuves.

<hr />

LV

LES PLANTES VÉNÉNEUSES

Aurore, accompagnée de ses trois amies, avait fait une promenade aux champs, cueillant diverses plantes

qu'elle désirait leur faire connaître, les plantes vénéneuses surtout, dont il importe tant de se méfier. Le gros
bouquet cueilli fut le sujet de la conversation du soir.

— Cette plante-ci, disait Aurore, se nomme la belladone.
C'est une herbe assez grande, à fleurs rougeâtres et en

Fig. 49. — La Belladone.

forme de petites cloches. Les feuilles sont ovales, aiguës
au sommet. Toute la plante possède une odeur nauséabonde et présente un aspect sombre, comme pour annoncer le poison qu'elle recèle. Les fruits surtout sont
dangereux. Ils sont ronds, d'un noir violet et ressemblent
à des cerises. Cette ressemblance, rendue plus grande
par une saveur douceâtre, peut tenter les pauvres étour-
dies et amener des accidents lamentables, car ces pré-
tendues cerises sont un poison mortel. Méfiez-vous, mes
enfants, de la terrible belladone quand vous la trouverez

dans les bois; n'allez pas prendre pour des cerises des
fruits qui vous tueraient. L'agrandissement de l'ouverture de l'œil ou pupille, et le regard fixe, hébété, sont
les caractères de l'empoisonnement par la belladone.

Voici maintenant là jusquiame, qui vient habituelle-

Fig. 50. — La Jusquiame.

ment sur le bord des chemins ou le long des murs,
parmi les décombres, à proximité des habitations. Ses
feuilles sont grandes, molles, velues, visqueuses, et profondément dentées sur les bords. Froissées entre les
mains, elles répandent une odeur nauséabonde. Les
fleurs sont disposées toutes à peu près du même côté, et

leur ensemble se recourbe en forme de crosse. Elle sont
jaunes avec des veines noires. A ces fleurs succèdent des
fruits d'une forme remarquable. Ils consistent en une
espèce de sac aride, recouvert en grande partie par le

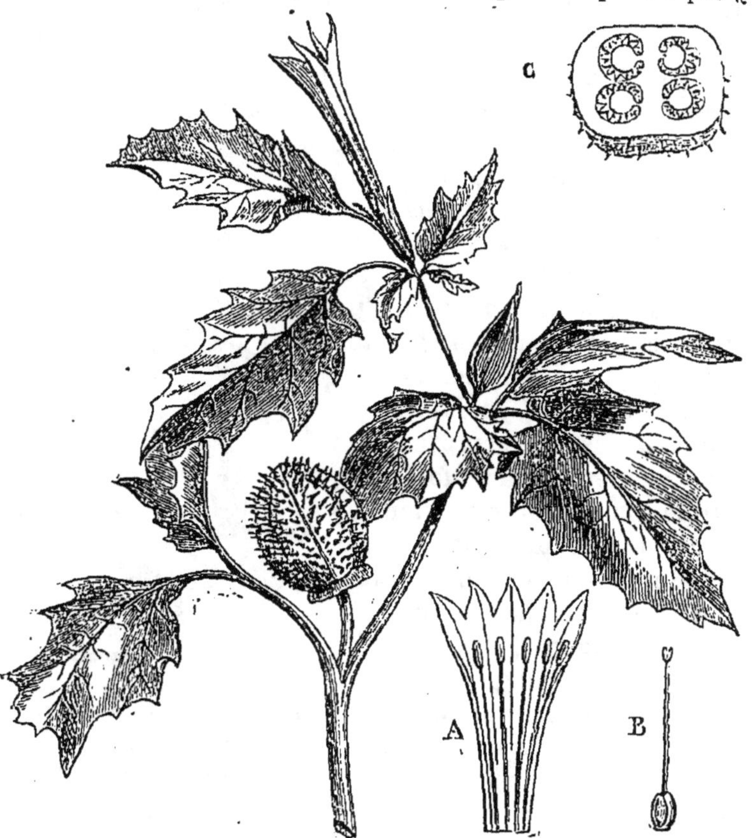

Fig. 51. — La Stramoine. — A, corolle ouverte pour montrer les étamines;
— B, pistil; — C, fruit coupé en travers.

calyce, qui s'étale au sommet en cinq dents pointues.
Au centre de ces dents est l'orifice du sac, fermé par un
couvercle rond et bombé, qui se détache tout d'une pièce
à la maturité et livre passage à d'innombrables petites
graines. Ces fruits à couvercle, rappelant un petit pot

fermé, vous permettront de reconnaître aisément la malfaisante jusquiame.

La stramoine n'est pas moins facile à reconnaître à ses fruits hérissés de robustes piquants et de la grosseur d'une moyenne pomme, ce qui a valu à la plante le nom vulgaire de pomme-épineuse. Les feuilles sont amples, de teinte sombre, d'odeur repoussante. Les fleurs sont de longs entonnoirs, tantôt blancs, tantôt violacés, et relevés de cinq plis longitudinaux, d'autant plus prononcés que la corolle est moins épanouie. Le feuillage ainsi que la tige prennent quelquefois aussi la coloration violacée. La stramoine est une plante des plus redoutables. Elle atteint près d'un mètre de hauteur, et habite, comme la jusquiame, les décombres des bords des chemins.

. Par leur aspect sombre et la mauvaise odeur de leur feuillage, les trois plantes dont je viens de vous parler nous mettent en garde contre leurs mortelles propriétés; mais très-fréquemment rien n'annonce le danger. Des fleurs élégantes, un feuillage gracieux,

Fig. 52. — La Digitale.

peuvent très-bien accompagner un violent poison. Voyez, par exemple, la digitale, qui élève à un mètre et plus de hauteur sa superbe quenouille de fleurs rouges, tigrées au dedans de pourpre et de blanc. Ces fleurs ont la forme de longs grelots ventrus ou plutôt de doigts de gant; aussi désigne-t-on la plante par différent noms qui font tous allusion à cette particularité : on l'appelle indifféremment gantelée, gants de Notre-Dame, doigts de la Vierge, doigtier. Le nom de digitale, emprunté au latin, rappelle également la fleur configurée en forme

de doigt. Voilà certes une magnifique plante, qui fait
plaisir à voir quand on la rencontre sur la lisière des
bois. Elle est cependant très-vénéneuse. Elle a la singulière propriété de ralentir les battements du cœur et
finalement de les arrêter. Il est inutile de vous dire que
lorsque le cœur ne bat plus, on est perdu.

Les aconits sont, avec la digitale, de magnifiques plantes
que leur beauté fait admettre dans les parterres malgré la
violence de leur poison. On les trouve dans les contrées
montueuses. Leurs fleurs sont bleues ou jaunes, en forme de
casque, et disposées en une élégante grappe terminale du
plus bel effet. Leurs feuilles, d'un vert lustré, sont découpées en lanières rayonnantes. Les aconits sont très-vé-
néneux. La violence de leur poison leur a fait donner le nom

Fig. 53. — L'Aconit.

de tue-loup. L'histoire dit qu'autrefois on trempait la
pointe des flèches et des lances dans le suc des aconits,
afin d'empoisonner les blessures faites avec ces armes et
de les rendre mortelles.

La ciguë est plus dangereuse encore. Son feuillage,
découpé menu, ressemble à celui du cerfeuil ou du persil. Cette ressemblance a souvent causé de fatales mé-
prises, d'autant plus faciles que la terrible plante vient

dans les haies de clôture, et même dans nos jardins. Un caractère assez net permet cependant de distinguer l'herbe vénéneuse des deux plantes potagères qui lui ressemblent : c'est l'odeur. Froissez cette touffe de ciguë dans vos mains, et flairez.

Chacune flaira la touffe de ciguë, non sans une petite grimace de dégoût. — Ouf! fit Marie, cela sent bien mauvais ! le persil et le cerfeuil n'ont pas cette odeur déplaisante. Quand on est avertie, il est impossible de s'y tromper.

— Oui, reprit Aurore, quand on est avertie; mais les personnes qui ne le sont pas ne tiennent aucun compte de l'odeur et prennent de la ciguë pour du persil ou du cerfeuil. C'est pour être averties que vous m'écoutez ce soir.

On distingue deux espèces de ciguë. L'une, appelée la grande ciguë, vient

Fig. 54. — La Ciguë.

dans les lieux humides et incultes. Elle a beaucoup d'analogie avec le cerfeuil ; ses tiges sont marquées de taches noires ou rougeâtres. L'autre, appelée petite ciguë, ressemble au persil : elle vient dans les champs cultivés, les haies, les jardins. Toutes les deux ont une odeur nauséabonde.

Voici maintenant une plante vénéneuse très-facile à reconnaître. C'est l'arum, ou, comme on dit vulgairement, le gouet ou pied-de-veau. Les feuilles sont très-

amples et ont la forme d'un grand fer de lance. La fleur
est construite sur le modèle d'une oreille d'âne. C'est un
grand cornet jaunâtre, ouvert sur le côté, et du fond
duquel s'élève une baguette charnue que l'on prendrait
pour un petit doigt de beurre. A cette fleur bizarre succède une grappe de fruits d'un rouge superbe. Toute
la plante a une saveur brûlante insupportable, notamment la baguette charnue qui s'élève du fond du cornet
et que quelque étourdie pour-
rait prendre pour chose bonne
à manger, à cause de ses appé-
tissantes apparences d'un doigt
de beurre. La bouche en feu
et la langue endolorie, comme
par le contact d'un charbon
ardent, ne tarderaient pas à lui
faire reconnaître sa méprise.
Avant d'abandonner l'arum, je
vous ferai connaître une bien
curieuse propriété de cette
plante. Au moment de la floraison, la baguette charnue,
le doigt de beurre, s'échauffe
de lui-même et acquiert une

Fig. 55. — L'Arum.

température très-sensible à la main. Si vous voulez
jamais constater la chose, vous trouverez l'arum au
printemps dans la plupart des haies. Vous pouvez sans
danger aucun manier la plante; mais gardez-vous d'en
mettre n'importe quelle partie à la bouche.

On retrouve une saveur brûlante pareille à celle de
l'arum dans le suc blanc, semblable à du lait, qui s'é-
coule des euphorbes quand on les coupe. Les euphorbes
sont des plantes de pauvre apparence, très-communes
partout. Leurs fleurs, petites et jaunâtres, sont groupées en une tête dont les branches égales rayonnent au
sommet de la tige. On reconnaît aisément ces plantes à

leur suc blanc. à leur lait, qui s'écoule en abondance

Fig. 56. — Le Laurier-Cerise.

des tiges coupées. Ce suc est dangereux, même sur la
peau seule, si elle est tendre;
son goût est d'une âcreté brûlante.

On cultive dans les jardins un
arbrisseau à grandes feuilles luisantes qui ne tombent pas l'hiver,
et à fruits noirs, ovales, gros
comme des glands. C'est le laurier-cerise. Toutes ses parties,
feuilles, fleurs et fruits, ont l'o-
deur des amandes amères et des
noyaux de pêche. On emploie
quelquefois les feuilles du laurier-cerise pour communiquer
leur parfum aux crêmes et au lai-
tage. On ne doit le faire qu'avec
beaucoup de prudence, car le
laurier-cerise est extrêmement
vénéneux. On dit même qu'il suf-

Fig. 57. — Le Colchique.

fit de rester quelque temps sous son ombrage pour être

indisposé par ses émanations, à odeur d'amandes amères.

En automne se voit en abondance, dans les prairies humides, une grande et belle fleur rose ou lilas, qui s'élève de terre toute seule, sans tige, sans feuilles. La plante cependant a des feuilles, fort grandes même; mais ces feuilles naissent bien longtemps après les fleurs et ne se montrent que le printemps suivant, lorsque depuis près de six mois les fleurs ont disparu. C'est le colchique, appelé aussi safran des prés, ou bien encore veillotte, veilleuse, parce qu'il fleurit à l'époque où commencent les veillées de la froide saison. Si l'on creuse à un peu de profondeur, on trouve que cette fleur part d'un oignon assez gros, recouvert d'une peau brune. Le colchique est vénéneux : aussi les vaches ne le broutent jamais. Son oignon est plus vénéneux encore.

LVI

LA MER

Si l'on fait quatre parts égales de la surface entière du globe terrestre, la terre ferme occupe environ une de ces parties, et l'ensemble des mers occupe les trois autres. Sous la mer, il y a le sol, de même que sous les eaux d'un lac ou d'un simple ruisseau. Le sol sous-marin est accidenté tout autant que la terre ferme. En certains points, il est creusé de gouffres dont on trouve à grand'peine le fond; en d'autres, il est hérissé de chaînes de montagnes, dont les plus hautes cimes dépassent le niveau des eaux et forment des îles ; en d'autres encore, il s'étend en vastes plaines ou se dresse en plateaux. Mis à sec, il ne différerait pas des continents.

Pour mesurer la profondeur des eaux, on jette à la mer un boulet attaché à l'extrémité d'un très-long cordon ; la quantité de cordon déroulée par le boulet dans sa chute indique la profondeur de l'eau. La plus grande profondeur de la Méditerranée paraît être entre l'Afrique et la Grèce. Dans ces parages, pour toucher le fond, le boulet dévide de 4,000 à 5,000 mètres de cordon. Cette profondeur équivaut à la hauteur de la montagne la plus élevée de l'Europe, à la hauteur du mont Blanc, qui est de 4,810 mètres. Dans l'Atlantique, au sud du banc de Terre-Neuve, lieu par excellence de la pêche de la morue, la sonde accuse 8,000 mètres environ. Les plus hautes montagnes du globe, situées vers le centre de l'Asie, ont 8,840 mètres d'altitude.

Entre ces abîmes épouvantables et la rive où la couche d'eau n'a pas un travers de doigt d'épaisseur, tous les degrés intermédiaires peuvent se présenter, tantôt d'une manière graduelle, tantôt brusquement, suivant la configuration du sol sous-marin. Sur tel rivage, la mer croît en profondeur avec une effrayante rapidité. Le rivage est alors le haut d'un escarpement dont la mer occupe le fond. Sur tel autre, elle croît peu à peu, et il faudrait se porter au large à de grandes distances pour trouver quelques mètres d'eau. Le lit de la mer est alors une plaine à pente insensible, continuation de la plaine terrestre.

La profondeur moyenne des mers paraît être de 6 à 7 kilomètres, c'est-à-dire que si toutes les inégalités sous-marines disparaissaient pour faire place à un lit régulier, comme le fond d'un bassin bâti de main d'homme, les mers, tout en conservant en superficie l'étendue qu'elles ont, posséderaient une couche uniforme de 6,000 à 7,000 mètres d'épaisseur.

Les eaux de la mer renferment en dissolution de nombreuses substances, qui leur donnent une saveur extrêmement désagréable et les rendent impropres aux usages domestiques. La plus abondante de ces substances est

le sel ordinaire, dont le rôle est d'assurer l'incorruptibilité
des océans, malgré les pourritures qui s'y forment aux
dépens des innombrables populations marines, et malgré
les immondices de toute nature que les fleuves, ces
grands assainisseurs des continents, y déversent sans repos comme dans un égout commun.

La salure des mers est variable ; elle est d'autant plus
forte, en général, que la région considérée reçoit par ses
affluents moins d'eau douce, et se trouve soumise à une
évaporation plus rapide. Un litre d'eau de la mer Caspienne contient 6 grammes environ de matériaux salins;
un litre de la mer Noire en contient 18 ; de l'Atlantique, 32 ;
de la Méditerranée, 44. La mer Morte est tout à fait
exceptionnelle sous le rapport de son degré de salure. On
trouve dans ses eaux jusqu'à 400 grammes de substances
salines par litre.

On a cherché à évaluer, par à peu près, la quantité
totale de sel contenue dans les mers. Si les océans laissaient à sec toutes leurs matières salines, ces matières
suffiraient pour bâtir une montagne de 1,500 mètres au
moins d'élévation et couvrant de sa base une étendue
équivalente à celle de l'Amérique du Nord : ou bien
encore, la masse de sel pourrait recouvrir la surface entière de la terre d'une couche uniforme de dix mètres
d'épaisseur.

Vue en petite quantité, l'eau semble incolore; vue en
grande masse, elle apparaît avec sa coloration naturelle,
qui est le bleu verdâtre. La mer est donc d'un bleu
virant au vert, plus foncé au large, plus clair près des
côtes. Mais cette coloration se modifie beaucoup, suivant
l'état de la surface des eaux, et suivant l'éclat du ciel.
Sous un soleil vif, la mer tranquille est tantôt d'un bleu
tendre, tantôt d'un indigo foncé ; sous un ciel orageux,
elle devient vert bouteille et passe presque au noir.

La mer peut encore présenter d'autres teintes qui
tiennent à des causes purement locales, par exemple à la

nature du fond, à des sables diversement colorés, à des animalcules, à des végétaux très-petits pullulant dans ses eaux. C'est ainsi que l'apparence sanguinolente que prennent parfois certains parages de la mer Rouge est causée par d'innombrables filaments d'un tout petit végétal teint de pourpre. La mer Vermeille, près de la Californie, doit sa coloration à des animalcules rouges.

D'autres animaux rendent la mer lumineuse. Vous connaissez le ver luisant, ce curieux insecte qui, dans les soirées d'été, brille au milieu des herbes, comme une étincelle tombée des étoiles. L'insecte, malgré la vive lueur qu'il répand, ne brûle pas pour cela comme brûle un charbon allumé; il n'est pas plus chaud que s'il restait obscur. Il peut même devenir lumineux ou obscur à volonté, preuve que la lumière qu'il répand est le résultat d'un acte entièrement sous sa dépendance. On donne le nom de phosphorescence à cette lumière d'origine vivante, non pour rappeler qu'elle soit donnée par du phosphore, car il n'y en a aucune trace dans la matière lumineuse du vert luisant, mais à cause de sa ressemblance avec les lueurs que jette le phosphore dans l'obscurité.

Les mers, surtout dans les régions chaudes, sont extrêmement riches en espèces animales phosphorescentes. Les plus remarquables sont les noctiluques, dont le nom signifie lumineux de nuit, et les pyrosomes, dont le nom signifie corps embrasé. Les noctiluques sont de petits points glaireux, transparents et terminés par un filament mobile; cinq de ces animalcules placés bout à bout mesureraient un millimètre. Les pyrosomes ont la forme de cylindres creux de la grosseur du doigt. Ils sont aussi gélatineux et transparents.

13.

LVII

PHOSPHORESCENCE DE LA MER

Or, écoutez maintenant ce que les voyageurs nous racontent de la mer changée en nappe de lumière par ses populations phosphorescentes.

Ici, la surface de l'océan brille dans toute son étendue et paraît rouler des métaux en fusion. Le vaisseau qui fend la vague fait jaillir, sous sa proue, des flammes rouges et bleues ; on dirait qu'il s'ouvre un sillon dans du soufre embrasé. Des étincelles montent, par myriades, du sein des eaux ; celles de nos feux d'artifice pâliraient à côté. Des nuages phosphorescents, des écharpes de lumière, errent dans les flots. Ailleurs, sur la mer sombre, voici des bandes de pyrosomes qui se laissent bercer par la vague. Groupés en guirlandes et resplendissants d'éclat, ils feraient croire à des chapelets de lingots de fer chauffés à blanc. Comme l'acier se refroidissant au sortir du brasier, ils varient de nuance d'un moment à l'autre : du blanc étincelant ils passent au rouge, à l'aurore, à l'orangé, au vert, au bleu d'azur ; puis ils se rallument soudain et jettent des éclairs plus vifs. Par intervalles, quelqu'une de ces guirlandes de feu ondule, pareille à un serpenteau d'artifice, se déploie, se reploie, se pelotonne et plonge dans les flots, semblable à un boulet rouge. Ailleurs encore, la mer, aussi loin que la vue peut porter, semble une plaine de lait, tout imprégnée d'une douce lueur, comme si du phosphore était dissous dans les eaux.

Le merveilleux spectacle de la mer lumineuse n'acquiert toute sa magnificence que dans les régions les plus chaudes ; il n'est pas cependant tout à fait inconnu dans nos contrées, même dans le nord de la France. Le savant naturaliste qui nous a fait assister à son déjeuner au fond du cratère du Vésuve nous raconte ceci au sujet du port de Boulogne :

« L'eau tranquille était toujours parfaitement obscure ; mais le moindre ébranlement amenait la phosphorescence. Un grain de sable jeté sur cette surface sombre faisait naître une tache lumineuse, et les ondulations du liquide étaient autant de cercles lumineux. Une pierre de la grosseur du poing produisait les mêmes résultats ; et, de plus, chaque éclaboussure formait une étincelle pareille à celle que jette le fer rouge battu sur l'enclume. L'entrée d'un bateau à vapeur, rallumant sous les palettes de ses roues la phosphorescence en repos, était un spectacle admirable. Mais une fois le calme revenu à la surface de l'eau, tout rentrait dans l'obscurité, excepté le rivage, toujours bordé d'une ceinture phosphorescente résultant des ondulations de la mer.

« Les vagues, en arrivant vers la plage, prenaient l'aspect de flots d'argent fondu, semés d'un nombre infini de petites étincelles et couronnés d'une flamme bleuâtre. En se brisant sur le sable presque horizontal de la rive, elles couvraient un espace assez étendu. Tout cet espace présentait alors une teinte uniforme, blanche et luisante, sur laquelle se détachaient des myriades d'étincelles d'un blanc vif ou colorées de vert et de bleu. Puis l'eau se retirait et le sol devenait obscur ; mais, au moindre ébranlement, il devenait si lumineux, qu'il semblait s'embraser sous les pas de l'observateur. Tout l'espace entourant le pied posé sur le gravier humide prenait l'aspect de charbons ardents.

Un bâton rapidement promené dans l'eau laissait après lui un sillon de lumière blanche. Les mains plongées dans la mer en ressortaient aussi lumineuses que si on les eût frottées avec du phosphore. De l'eau prise au hasard et versée d'une certaine hauteur ressemblait, à s'y méprendre, à un filet d'argent fondu. Un chien étant venu

aboyer après moi, je lui jetai le contenu d'un verre ; il
s'enfuit aussitôt pour éviter ce qu'il devait prendre pour
du feu, et ne menaça plus que de loin. »

D'après le savant observateur, la phosphorescence de
la mer était ici uniquement produite par des noctiluques,
par ces points animés dont une goutte d'eau peut contenir des centaines. Combien faut-il de ces animalcules
pour communiquer leur phosphorescence à des nappes
d'eau si étendues, pour saturer de lumière des parages
entiers de l'Océan ? Après la merveille des flots embrasés,
une autre merveille se présente donc : c'est l'incompréhensible puissance qui, en quelques jours, engendre ces
animalcules par myriades de légions.

———————

LVIII

VAGUES — MARÉES — DUNES

Les mouvements de l'air ébranlent la superficie de la
mer et l'agitent d'ondulations que l'on nomme flots, vagues, lames. Si le vent est inégal, il fait naître les *flots*,
qui bondissent couronnés d'une crinière d'écume, se
heurtent et se brisent l'un contre l'autre. S'il est fort et
continu, il soulève les eaux en longues intumescences, en
lames ou *vagues*, qui s'avancent du large par rangées pa-
rallèles, se succèdent avec une majestueuse uniformité,
et viennent l'une après l'autre se précipiter sur le rivage.

Ces mouvements n'affectent que la superficie de la
mer ; à une trentaine de mètres de profondeur, l'eau se
maintient tranquille, même au milieu des plus fortes tempêtes. Dans nos contrées, la hauteur des plus grandes
vagues n'atteint guère que de deux à trois mètres ; mais

dans quelques parages des mers du sud, dans le voisinage du cap Horn et du cap de Bonne-Espérance, les ondes, par des temps exceptionnels, s'élèvent jusqu'à dix et douze mètres. Ce sont de véritables chaînes de collines mouvantes, espacées *entre elles* par de larges et profondes vallées. Fouettées par le vent, leurs crêtes jettent des nuages d'écume et s'enroulent en épouvantables volutes de force à briser les navires les plus grands.

La puissance des vagues est irrésistible. Là où le rivage coupé à pic se présente en plein aux assauts de la mer, le choc est si violent, que le sol tremble sous les pieds. Les digues les plus solides sont démolies et balayées ; des blocs énormes sont arrachés, entraînés dans les terres, parfois lancés verticalement par-dessus les jetées.

C'est à l'action continue des vagues que sont dues les *falaises,* c'est-à-dire les escarpements verticaux servant en quelques points de rivage à la mer. De pareils escarpements se montrent sur les côtes de la Manche, tant en France qu'en Angleterre. Sans relâche, l'océan les sape par la base, en fait ébouler des pans qu'il triture en galets, et progresse d'autant dans les terres. L'histoire a conservé le souvenir de phares, de tours, d'habitations, de villages même, qu'il a fallu abandonner à la suite de pareils éboulements, et qui aujourd'hui ont en entier disparu sous les eaux.

En d'autres points, la vague apporte à la terre ferme de nouveaux matériaux. Elle pousse sur les plages des masses de sable, dont les parties fines, chassées par le vent, donnent naissance à de longues collines appelées *dunes.* Les côtes océaniques de la France présentent des dunes dans le Pas-de-Calais, à partir de Boulogne ; en Bretagne, du côté de Nantes et des Sables-d'Olonne ; et dans les Landes, depuis Bordeaux jusqu'aux Pyrénées, sur une longueur de 240 kilomètres. Dans le seul département des Landes, les dunes occupent une superficie de 30,000 hectares.

Quel singulier spectacle que celui des dunes ! Du haut de l'une de ces collines, où l'on ne parvient qu'en enfonçant dans le sable jusqu'aux genoux, l'œil suit avec ravissement, jusqu'aux extrêmes limites de l'horizon jaunâtre, les mille ondulations du sol, la croupe arrondie et brillante des dunes ; le regard s'égare dans le chaos de buttes d'un blanc étincelant, dont la crête, balayée par le vent, se couvre d'un brouillard de sable et fume comme la vague fouettée par la tempête. C'est la monotone ondulation et l'infini d'une mer dont les flots se gonflent et se dégonflent au souffle du vent ; seulement, ici, les vagues sont de sable et immobiles. Rien ne trouble le silence de ces mornes solitudes, si ce n'est parfois le cri rauque d'un oiseau de mer qui passe, et, par intervalles réguliers, la grande clameur de l'océan, voilé par les derniers mamelons des dunes.

Malheur à l'imprudent qui s'engagerait dans ces régions sauvages un jour de tempête ! Ce sont alors des nuages de sable lancés avec une force irrésistible, des trombes furieuses qui démantèlent les dunes et en font tourbillonner la poudre dans les airs. Quand la bourrasque a cessé, la configuration du sol n'est plus la même : ce qui était colline est devenu vallée, ce qui était vallée est devenu colline.

A chaque tempête, les dunes progressent vers l'intérieur des terres. Le vent soufflant de la mer fait peu à peu ébouler une dune dans la vallée suivante, qui se comble et devient dune à son tour ; et ainsi de suite jusqu'à la plus avancée, qui s'éboule sur les terres cultivées. En même temps, la mer amoncelle de nouveaux matériaux sur le rivage pour constituer une nouvelle colline de sable, marchant à la file des autres. C'est de la sorte que les dunes envahissent lentement les terres cultivées et les recouvrent d'une énorme couche de sable stérile.

Rien ne peut arrêter leur marche. Si une forêt se présente sur leur trajet, la forêt est ensevelie, et les cimes des plus grands arbres dominent à peine, comme de maigres buissons, les terribles montagnes de sable. Des villages entiers sont engloutis : habitations, églises, tout disparaît sous le sable. Que faire devant un pareil ennemi, qui s'avance irrésistible, avec une régularité impitoyable, gagnant chaque année près de vingt mètres sur les terres cultivées ? L'industrie humaine a fini cependant par maîtriser le redoutable fléau, et cela d'une manière bien simple : on a rendu les dunes immobiles en les plantant de forêts de pins.

Les fluctuations des mers, dont la cause est le vent, sont accidentelles, irrégulières, comme le vent lui-même ; mais à ces mouvements viennent s'en adjoindre d'autres d'une grande régularité et se reproduisant par intervalles périodiques : ce sont les *marées*. Sur toutes les côtes océaniques, à certaines heures, la mer abandonne son rivage, se retire et laisse à sec de grandes étendues, qu'elle occupait d'abord. C'est alors le *reflux* ou la *marée descendante*. Un peu plus tard, elle vient reprendre possession de l'étendue abandonnée. Ce retour des flots, c'est le *flux* ou la *marée montante*. Ces oscillations océaniques, tour à tour en avant et en arrière, se succèdent à six heures d'intervalle. Dans les vingt-quatre heures, il y a donc deux flux et deux reflux. Ces mouvements sont dûs à l'attraction que la lune et le soleil, la première surtout, exercent sur les eaux de la mer. Le flux et le reflux ne s'observent pas dans la Méditerranée, d'étendue trop étroite.

Pour quelqu'un qui n'y est pas familiarisé, la marée est bien la chose la plus étrange. A un moment déterminé, sans aucune cause apparente, par le temps le plus calme comme par le temps le plus orageux, les flots cessent de battre le rivage : ils reculent en tumulte et se retirent au large, à plusieurs kilomètres de leur première limite. On peut alors parcourir le lit des eaux abandonné. Quelle fête de visiter, à la marée basse, ces fourrés d'her-

bages océaniques où toujours des poissons étourdis restent empêtrés pendant le recul des flots, et ces rochers
d'où pendent des grappes de coquillages, et ces galets au
milieu desquels s'embusquent les crabes, et ces flaques
d'eau où frétillent des crevettes parmi les algues roses !
Mais il ne faudrait pas s'attarder au milieu de ces merveilles de la mer : le flot monte bien rapidement. Il s'a-
vance grondant, blanchi d'écume, pour reprendre
possession de ses domaines. Sur quelques plages, il dé-
passerait le cheval le plus rapide. Prairies marines,
galets, rochers, tout disparaît graduellement sous les
eaux ; et voici enfin la vague se heurtant de nouveau au
front de la falaise. C'est la fin du reflux ; la mer est ren-
trée dans son lit.

LIX

LES GLACES FLOTTANTES

Aux deux extrémités de la terre, aux deux pôles, redoutables domaines du froid, l'eau, généralement, est à
l'état solide. Elle y forme un sol de glace, des rochers,
des îles, des montagnes de glace, qui, pour l'étendue et
la solidité, ne le cèdent point aux îles, aux rochers, aux
montagnes de pierre. La mer, gelée à une grande profondeur, y prend la dureté du roc, se soude aux terres
voisines ; et le tout forme un continent de neige et de
glace dont les limites avancent ou reculent suivant la
saison, mais qui jamais ne fond en entier.

Les navigateurs qui pénètrent, dans la belle saison, au
sein des mers arctiques, rencontrent d'abord des glaçons
flottants détachés de la masse polaire et entraînés vers le

Sud par les courants océaniques. Ces blocs de glace affectent toutes les formes. Ce sont des tours en ruine, des donjons percés à jour, des flèches, des aiguilles, des obélisques. Les uns figurent une colline avec sa crête à double versant, un cratère ébréché, un quartier de montagne, une île avec ses falaises, un promontoire avec ses escarpements ; les autres se recourbent en demi-voûtes qu'on prendrait pour des fragments de coupoles bâties de main d'homme, ou s'ouvrent en ponts rustiques à une ou plusieurs arches. Celui-ci se dresse en édifice fantastique, comme l'imagination n'oserait en rêver ; celui-là s'excave en grotte, en repaire digne d'abriter quelque monstre marin. On a vu de ces glaçons qui mesuraient trois kilomètres de tour. Leurs flèches dominaient la mer d'une cinquantaine de mètres de hauteur, et leur base plongeait de 200 mètres dans les eaux. Il n'est pas rare de rencontrer sur ces glaces flottantes quelque ours blanc embarqué pour de nouvelles rives. Passager d'un vaisseau digne d'elle, la monstrueuse bête explore la mer, à la recherche d'une proie. Il est moins rare encore de voir, incrustés dans leurs flancs, des quartiers de roc, des éclats de promontoire arrachés aux terres d'où elles sont parties.

Les glaces flottantes ne proviennent pas toutes, en effet, de la mer congelée, puis disloquée en fragments par quelque tempête ; elles viennent aussi de l'intérieur des terres par la voie des glaciers. Si dans nos contrées les glaciers s'arrêtent, pour se résoudre en torrents, à une hauteur d'un millier de mètres au moins, sous le climat arctique ils atteignent, sans se liquéfier, le niveau de la mer. Au Groenland, par exemple, il se forme des fleuves de glace encore plus considérables que ceux des Alpes. Ces fleuves progressent lentement ; ils marchent, mais ils ne coulent jamais ; ils restent solides depuis leur source jusqu'à leur embouchure. Au lieu de verser des eaux à la mer, ils y versent des montagnes de glace. Le fleuve solide s'avance donc au milieu des flots tout d'une pièce, avec ses moraines, ses blocs de pierres recueillis en route et enclavés dans sa masse. Quelquefois il surplombe, comme un promontoire sapé par la mer. Un jour ou l'autre, une solennelle détonation éclate; mille échos s'éveillent et répercutent le fracas. C'est l'extrémité du glacier qui, cédant à son poids et à l'action des vagues, vient de se détacher et de tomber dans la mer. Une houle violente, déterminée par sa chute, se propage à la ronde, et annonce que la flotte des glaçons compte un colosse de plus.

Tantôt les glaçons errent un à un sur la mer ; tantôt ils s'avancent en flotte innombrable dans toute l'étendue que la vue peut embrasser. C'est alors que le spectacle est le plus étrange ; on croirait voir osciller sur les flots les ruines de quelque cité de géants bâtie avec du cristal, de l'albâtre et du marbre. Mais c'est alors aussi que le danger est grand. Ces masses colossales pirouettent sur elles-mêmes, se penchent et se redressent, s'éloignent ou se rapprochent, suivant les ondulations de la mer ; elles frôlent l'une contre l'autre avec des grincements sinistres, s'entre-choquent et se brisent en éclats. Malheur au navire qui se trouverait pris entre deux glaçons au moment du choc! il serait broyé comme une coquille de noix entre les mâchoires d'un étau.

Il descend parfois de la mer de Baffin des blocs incomparablement plus volumineux, connus sous le nom de plaines de glace. Les navigateurs en ont vu mesurant trente-cinq lieues de long sur dix en large. Souvent brisées et ressoudées en désordre, ces plaines de glace sont hérissées de mille aspérités, de chaînes de monticules, comme le sol d'une île. Une épaisse couche de neige les recouvre en entier. On les prendrait pour des cantons neigeux arrachés à la terre ferme et jetés à la mer, où quelque force mystérieuse les maintiendrait flottants. Leur vitesse de transport est effrayante, et la puissance de leur choc n'a pas de terme de comparaison.

Aussi le navire qui voit, dans la brume de l'horizon, s'a-
vancer une de ces masses, semblable à une île qui aban-
donnerait son archipel, n'a qu'une chance de salut : c'est
de fuir au plus vite pour laisser le passage libre au formidable radeau.

LX

LE THÉ

Si vous faites une infusion de thé, vous remarquerez
que les grains noirs mis dans l'eau chaude se gonflent, se
déploient et finalement s'étalent en autant de petites
feuilles. Le thé est, en effet, la feuille d'un arbrisseau.
Cet arbuste est toujours vert, d'une paire de mètres au
plus de hauteur ; son feuillage est touffu, luisant ; ses
fleurs sont blanches et donnent pour fruits de petites
coques assemblées trois par trois. On ne le cultive qu'en
Chine et au Japon.

En Chine, les plantations d'arbres à thé occupent les
pentes des côteaux exposés au soleil, dans le voisinage
des cours d'eau. Les feuilles sont cueillies, non pas par
poignées, mais une à une, avec de délicates précautions.
Si minutieux que paraisse un tel travail, il est promptement fait par des mains exercées, qui ramassent en un
jour de cinq à six kilogrammes de thé. La première cueillette a lieu sur la fin de l'hiver, alors que les bourgeons
s'ouvrent et laissent épanouir leurs feuilles naissantes.
Cette récolte, la plus estimée de toutes, est appelée thé
impérial; elle est réservée pour les princes et les familles
riches. La seconde cueillette se fait au printemps. A cette
époque, quelques feuilles ont atteint leur perfection ;

d'autres ne sont pas encore arrivées à toute leur croissance : néanmoins on les cueille toutes indifféremment,
et après on les trie et on les assortit suivant leur âge,
leurs dimensions, leur qualité. La troisième et la dernière

Fig. 58. — Branche d'Arbre à thé.

récolte se fait vers le milieu de l'été, lorsque les feuilles
sont touffues et parvenues à toute leur croissance. C'est
la plus grossière de toutes et la moins estimée. Lorsque
la récolte du thé est achevée, on la célèbre par des fêtes
publiques et des divertissements.

La préparation des feuilles se fait dans des établisse-
ments publics où se trouvent de petits fourneaux, hauts
d'un mètre, sur lesquels est disposée une plaque de fer.
Quand la plaque est suffisamment chaude, les ouvriers
y étalent en mince couche les feuilles nouvellement
cueillies. Tandis qu'elles se crispent et pétillent au contact
du fer brûlant, on les remue vivement avec les mains
nues jusqu'à ce que la chaleur ne se puisse plus supporter.
Alors l'ouvrier enlève les feuilles avec une sorte de pelle
semblable à un éventail et les jette sur une table couverte
de nattes. Autour de cette table sont assis d'autres ouvriers, qui prennent les feuilles chaudes par petites quantités, et les roulent entre leurs mains, toujours dans la
même direction. D'autres les éventent continuellement
pour les refroidir le plus tôt possible et leur conserver
ainsi la frisure donnée par les premiers. Cette mani-
pulation est répétée deux ou trois fois afin de chasser
toute l'humidité des feuilles et de leur donner une frisure
solide. Chaque fois, la plaque de fer est moins chauffée
et l'opération est conduite avec plus de soin et de lenteur.

Enfin le thé est trié et empaqueté pour l'usage domestique ou l'exportation. Les qualités les plus précieuses
sont renfermées dans des vaisseaux coniques d'étain ou
de plomb, revêtus de fines nattes de bambou, ou dans
des boîtes carrées recouvertes de plomb laminé, de feuilles sèches et de papier. Le thé commun est mis dans des
pots, d'où on le retire pour le disposer dans des boîtes ou
dans des caisses lorsqu'il est vendu aux Européens.

L'usage du thé s'est répandu en Europe vers le milieu
du XVII siècle. On rapporte qu'à cette époque des aven-
turiers hollandais, sachant que les Chinois se préparaient
leur boisson ordinaire avec les feuilles d'un arbuste de
leur pays, s'avisèrent de leur porter une plante européenne, la sauge, à laquelle on attribuait alors de grandes vertus. Les Chinois acceptèrent le nouvel objet de

commerce, et en échange de la sauge donnèrent du thé, que les Hollandais portèrent en Europe. Mais l'usage de l'herbe européenne fut de courte durée en Chine, tandis que le thé fut si bien apprécié en Europe, qu'il devint bientôt d'un usage général. Il s'en fait aujourd'hui un commerce énorme qui se chiffre annuellement par une quarantaine de millions de kilogrammes. Il s'en consomme par an 25 millions de kilogrammes en Angleterre, 10 millions aux États-Unis, 1 million en Hollande.

LXI

LES ÉPICES

On nomme épices les substances végétales, à odeur aromatique, à saveur chaude et piquante, dont on fait usage pour relever la saveur des mets et favoriser la digestion. Les principales sont le poivre, le girofle, la cannelle, la muscade, la vanille.

Le poivre est le fruit du poivrier, cultivé dans les parties les plus chaudes des Indes orientales, dans les îles de la Sonde, Sumatra surtout et Java. Le poivrier est un arbrisseau à tige déliée, flexible et sarmenteuse, qui s'attache par des griffes aux arbres voisins; ses feuilles sont ovales, coriaces, luisantes, à cinq nervures; ses fleurs sont petites, assemblées en étroite et longue grappe pendante; ses fruits, de la grosseur au plus de nos groseilles, sont d'abord verts et enfin rouges à la maturité. Le poivre se récolte lorsque les grappes commencent à rougir. Les grains cueillis sont mis sécher au soleil sur des nattes; ils deviennent alors noirs et ridés, et prennent le nom de *poivre noir*.

Comme leur âcreté réside surtout dans la couche su-
perficielle, on dépouille quelquefois les fruits de leur
écorce pour obtenir un poivre moins piquant. A cet effet, les grains fraîchement récoltés sont mis macérer
dans de l'eau, qui fait gonfler et gercer les enveloppes.
On les expose ensuite au soleil, et, quand ils sont secs,
il suffit de les frotter entre les mains, puis de les van-

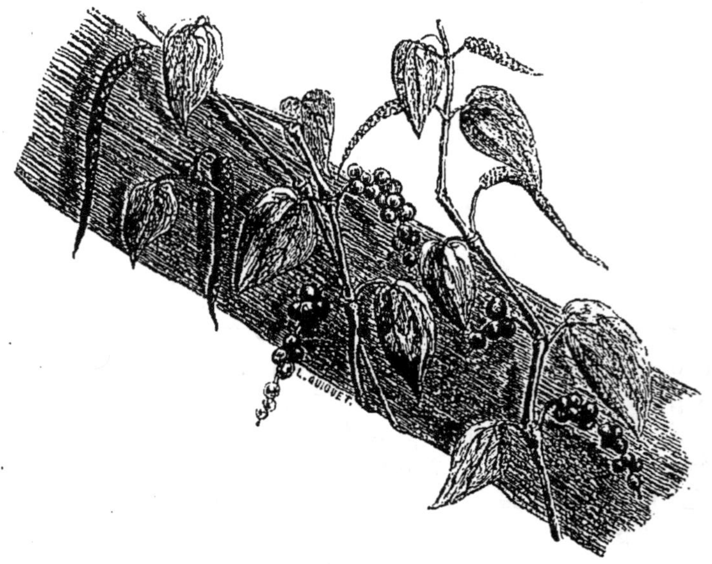

Fig. 59. — Le Poivrier.

ner, pour faire disparaître l'écorce. Cette préparation
donne le *poivre blanc*, bien moins actif que le noir.

Le poivre porte le nom d'un homme de bien, l'intendant Poivre, qui, pour nous affranchir du coûteux trafic
de l'Inde, dont les Portugais et les Hollandais avaient le
monopole, introduisit la culture des épices à l'Ile-de-
France, à Cayenne, et dans nos colonies des Antilles. Le
poivre est d'un emploi général dans toutes les parties du

monde ; mais les peuples qui en consomment le plus sont
les Asiatiques, surtout les Indiens, dont l'estomac, affaibli
par la chaleur d'un climat malsain et par l'usage trop
exclusif d'une nourriture végétale, réclame cet excitant
énergique.

Les *clous de girofle* sont les fleurs du giroflier recueillies et desséchées au soleil avant leur épanouissement.
Les pièces du calice et de la corolle, rapprochées les unes
des autres en bouton globuleux, représentent la tête d'un
clou ; la partie rétrécie de la fleur en représente la longueur et la pointe. De cette grossière ressemblance provient le nom de clou de girofle. Le giroflier est originaire des îles Moluques, d'où il a été introduit à l'Ile-
de-France, à la Martinique, à Cayenne, par les soins
de l'intendant Poivre. C'est un arbre d'une dizaine de
mètres de hauteur, à rameaux effilés, à feuilles ovales
et luisantes, à fleurs très-odorantes rassemblées en
grappes.

Le cannelier est un bel arbre de six à sept mètres d'é-
lévation, à feuilles coriaces, ovales, vertes et luisantes
en dessus, cendrées en dessous et parcourues par trois
fortes nervures. Il est originaire de l'île de Ceylan, mais
on le cultive aujourd'hui dans nos colonies équatoriales.
Son écorce est la *cannelle*. Avec la pointe d'une serpette,
on la détache des rameaux en lanières cylindriques qui,
introduites les unes dans les autres, les plus petites dans
les plus grandes, sont ensuite exposées au soleil, où elles
se roulent sur elles-mêmes en se desséchant.

Les Moluques, pays par excellence des épices, outre le
giroflier, nous ont donné le muscadier, dont la culture
est maintenant prospère dans nos colonies. Le muscadier
est un arbre élégant, qui atteint près de dix mètres d'é-
lévation. Par sa tête arrondie, son feuillage touffu, il
rappelle l'oranger. Ses feuilles sont grandes, ovales,
d'un vert lustré à la face supérieure et blanchâtres à
la face inférieure. Ses fleurs sont petites, en forme de

grelots et pendantes comme celles du muguet. Elles sont d'une odeur très-suave. Les fruits, de la grosseur d'une pêche moyenne, sont composés de trois parties. L'enveloppe externe ou *brou* est une couche charnue, qui se rompt à la maturité en deux pièces. Au-dessous est un réseau

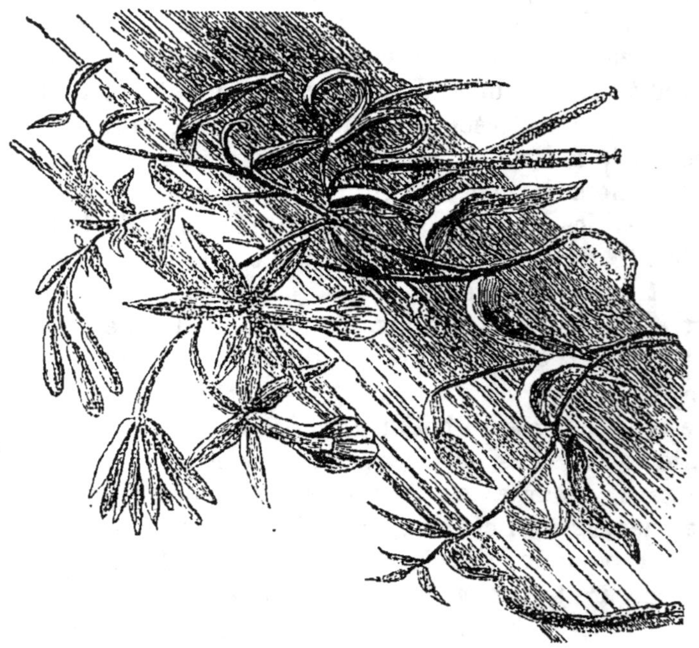

Fig. 60. — La Vanille.

de minces lanières d'un rouge écarlate très-vif ; on lui donne le nom de *macis*. Au centre enfin est la *noix muscade*, employée comme épice. C'est un corps de forme ovalaire, de la grosseur d'une forte olive, dont la chair odorante, huileuse et très-ferme, est marbrée de veines rougeâtres.

La vanille croît dans les forêts humides et pleines d'ombre, sur les plages maritimes de la Guyane et de

14

la Colombie. C'est une plante à tiges menues et sarmen-
teuses, qui enlace de ses vrilles la ramée voisine et s'é-
lance d'un arbre à l'autre pareille à un mince cordage
couvert de feuilles d'un beau vert. Ses fleurs sont amples,
élégantes de forme, blanches en dedans, d'un jaune verdâtre au dehors. Ses fruits, nommés *vanille*, sont re-
cherchés pour leur odeur balsamique, très-suave, et leur
saveur chaude, fort agréable. Ils se composent d'une
pulpe visqueuse et d'un grand nombre de très-petites
semences noires. Ils sont allongés, cylindriques, noirs,
légèrement courbés en arc, et de la grosseur du doigt.

LXII

LES TREMBLEMENTS DE TERRE

Aurore. — Nous avons toutes entendu parler des commotions qui parfois agitent le sol ; mais, dans nos contrées
privilégiées, nous sommes loin de nous faire une idée exacte
de la violence qu'elles peuvent acquérir et de leurs épouvantables résultats. Pour nous, en général, la terre porte,
à juste titre, la qualification de ferme qu'on lui donne,
car elle n'a jamais fait défaut sous nos pieds. Si parfois un
faible ébranlement du sol se fait sentir, on en parle
quelques jours comme d'une curiosité : l'un a vu des
meubles se déplacer, l'autre a entendu tinter contre le
mur les ustensiles de cuisine. Puis tout est oublié ; notre
confiance en la stabilité du sol n'est en rien altérée. Mais
hélas ! les tremblements de terre ne sont pas partout
aussi inoffensifs, et Dieu nous préserve d'en faire jamais
la triste expérience !

Des tremblements de terre ressentis en Europe, le plus terrible est celui qui ravagea Lisbonne, en 1755, le jour de la Toussaint. Aucun danger ne paraissait menacer la ville en fête, quand éclata, sous terre, une grande rumeur pareille au roulement continu du tonnerre. Puis le sol, violemment secoué à diverses reprises, s'éleva, s'affaissa, et la populeuse capitale du Portugal ne fut, en un instant, qu'un monceau de ruines. Cherchant un refuge contre la chute des décombres, une partie de la population s'était retirée sur un vaste quai longeant la mer. Tout à coup le quai s'engouffra sous les eaux, entraînant avec lui la foule, les bateaux et les navires amarrés. Pas une victime, pas un débris, ne revint flotter à la surface. Un abîme s'était ouvert, engloutissant les eaux, le quai, les navires, les gens, et, se refermant, les gardait pour toujours. En six minutes, soixante mille personnes avaient péri.

CLAIRE. — Jamais, ma tante, je n'avais entendu parler de choses aussi terribles.

AUGUSTINE. — Et moi qui me figurais que les effets d'un tremblement de terre se bornaient à quelques assiettes cassées en tombant de leurs étagères.

AURORE. — Tandis que cela se passait à Lisbonne et que les hautes montagnes du Portugal chancelaient sur leurs bases, diverses villes d'Afrique étaient renversées. La Martinique, le Groenland, l'Europe entière jusqu'aux extrémités les plus reculées de la Laponie, eurent, à peu d'instants d'intervalle, leurs secousses plus ou moins désastreuses. En mer même, on n'était pas à l'abri de la commotion. Loin de toutes terres, au milieu des eaux profondes, les vaisseaux furent rudement ébranlés, comme s'ils eussent frappé contre des écueils. Le fond de la mer participait donc aussi à l'ébranlement général, puisque la commotion était transmise, par l'intermédiaire des eaux, jusqu'aux navires flottant à la surface.

Si le tremblement de terre de Lisbonne est exception-

nel par son immense étendue, il en est malheureusement
beaucoup d'autres qu'on peut lui comparer pour la grandeur des désastres.

En février 1783 commencèrent dans l'Italie méridionale des convulsions qui devaient durer quatre ans. Pendant la première année seule, on compta neuf cent qua-
rante-neuf secousses. La surface du sol se plissait en vagues mouvantes, comme le fait la surface d'une mer agitée ; et, sur ce terrain sans équilibre, des nausées vous
prenaient, pareilles à celles qu'on éprouve sur le pont
d'un navire. Le mal de mer régnait à terre. A chaque
ondulation, les nuages, immobiles en réalité, semblaient
se déplacer brusquement, ainsi qu'on le voit en mer sur
un vaisseau ballotté par la tempête. Les arbres s'agitaient
au passage de la vague terrestre et balayaient le sol de
leurs cimes.

La première secousse renversa en deux minutes la majeure partie des villes, villages et bourgades de l'Italie
méridionale, ainsi que de la Sicile. Toute la surface du
pays fut bouleversée. En divers endroits, le sol se cre-
vassait de fissures rappelant en grand les fentes d'un car-
reau de vitre cassé. De vastes étendues de terrain glis-
saient sur leurs pentes avec leurs champs cultivés, leurs
habitations, leurs vignes, leurs oliviers, et allaient, à des
distances considérables, recouvrir d'autres terrains. Ici
des collines se fendaient en deux ; là, elles étaient arra-
chées de leur place et transportées plus loin. Ailleurs,
l'appui manquait au sol, qui s'affaissait en larges gouffres
où gens, habitations, arbres et bestiaux disparaissaient
pour jamais ailleurs encore s'ouvraient de profonds entonnoirs pleins de sable mouvant, où se creusaient de vastes cavités bientôt converties en lacs par l'arrivée des
eaux voisines. En certains points, le sol, délayé par les
eaux détournées de leur cours ou amenées de l'intérieur
par des crevasses, se convertit en torrents de boue qui
couvrirent des plaines ou remplirent des vallées. La cime

des arbres et les toits des fermes en ruine dominaient seuls le niveau de cette mer boueuse.

Par intervalles, de brusques secousses ébranlaient le sol de bas en haut. La commotion était si violente, que les pavés des rues étaient arrachés de leurs cavités et sautaient en l'air. La maçonnerie des puits sortait tout d'une pièce de dessous terre, comme une petite tour chassée hors du sol. Quand la terre se soulevait en se fracturant, à l'instant maisons, gens et bestiaux étaient engloutis ; puis, le sol s'abaissant, la crevasse se refermait, et, sans laisser de vestige, tout disparaissait, broyé entre les deux parois du gouffre rapprochées. Plus tard, lorsque, après le désastre, on fit des fouilles pour retrouver les objets de valeur enfouis, les ouvriers remarquèrent que les bâtiments engloutis et tout ce qu'ils contenaient n'étaient plus qu'une masse compacte, tant avait été violente la pression de l'espèce d'étau formé par les deux bords des crevasses refermées.

Les tremblements de terre sont souvent précédés par des bruits souterrains. C'est d'abord le grondement sourd d'un tonnerre lointain, qui s'enfle, s'apaise, s'enfle encore, comme si quelque orage commençait à éclater dans les profondeurs du sol. A cette rumeur pleine de menaçants mystères, tout se tait, muet d'épouvante ; tout visage pâlit. Avertis par l'instinct, les animaux eux-mêmes sont frappés de stupeur : le chien hurle d'effroi, le bœuf s'arrête sur le sillon à demi tracé. Mais le bruit augmente : on croirait entendre rouler sur quelque voûte d'airain une longue file de chariots pesamment chargés de ferraille, et détoner toute une batterie de canons. Et voici que le sol frissonne, se gonfle, se dégonfle, tournoie, se gerce, s'abîme. Devant de pareilles scènes, le cœur le plus affermi est brisé de terreur.

LXIII

MINES — SOURCES THERMALES

MARIE. — Tante Aurore devrait bien nous dire la cause
de ces terribles mouvements du sol.

AURORE. — Je vais essayer autant qu'il est en mon
faible pouvoir. — Je vous apprendrai d'abord qu'il fait
plus chaud à mesure qu'on descend plus bas dans les entrailles de la terre. Les excavations creusées de mains
d'homme pour l'extraction de divers minerais nous donnent à ce sujet de précieux renseignements. Plus elles sont
profondes, plus il y fait chaud. Pour une trentaine de
mètres de profondeur, la chaleur s'accroît d'un degré.

CLAIRE. — Je ne sais pas trop ce que c'est qu'un
degré.

AUGUSTINE. — Et moi, je ne le sais pas du tout.

AURORE. — Commençons par cela, sinon il serait impossible de nous entendre.

Aurore décrocha un thermomètre suspendu au mur de
l'appartement, le mit sous les yeux de son auditoire et
continua ainsi.

— Sur cette planchette de bois, vous voyez une tige de
verre percée d'un canal très-fin et terminée en bas par
un petit réservoir. Il y a dans le réservoir une liqueur
rouge, qui monte ou descend dans le canal de la tige suivant qu'il fait plus chaud ou plus froid. Cela s'appelle un
thermomètre. Dans l'eau qui se gèle, la liqueur rouge
descend jusqu'en un point de la tige marqué zéro; dans
l'eau qui bout, elle monte jusqu'en un point marqué 100.
La distance entre ces deux points est divisée en cent
parties égales, appelées degrés. De pareilles divisions s'é-
lèvent au-dessus du degré 100; d'autres descendent au-

dessous du degré 0. Chacun de ces degrés ou échelons
indique un état de chaleur plus ou moins élevé, d'après
sa position sur le thermomètre.

On appelle température d'un corps la mesure de sa
chaleur au moyen du thermomètre. Ainsi l'on dit que la
température de l'eau qui se gèle est zéro,
que la température de l'eau bouillante est
de 100 degrés. Appliquez la pomme de la
main sur le réservoir, vous verrez comme
la liqueur rouge monte.

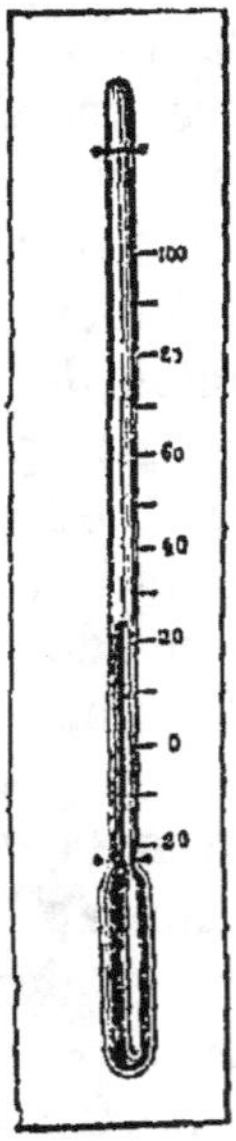

Claire fit ce que disait la tante, et petit à
petit la liqueur du thermomètre monta
jusqu'à la division 38, où elle s'arrêta.

CLAIRE. — La liqueur rouge ne monte
plus !

AURORE. — Elle est arrivée au point le
plus élevé que la chaleur de votre corps
puisse lui faire atteindre. Votre température, la nôtre par conséquent, car d'une
personne à l'autre la différence est petite,
est de 38 degrés. C'est la température ha-
bituelle du corps humain.

CLAIRE. — Et pendant les grosses chaleurs de l'été, quel degré marque le thermomètre ?

Fig. 61.
Le Thermomètre.

AURORE. — En nos pays, les plus fortes chaleurs de
l'été atteignent de 25 à 35 degrés.

CLAIRE. — Et dans les pays les plus chauds du monde ?

AURORE. — Dans les pays les plus chauds, au Sénégal
par exemple, la température s'élève de 45 à 50 degrés.

Revenons maintenant à notre sujet. — Au fond des
mines, vous disais-je, règne une température élevée qui
se maintient la même pendant toute l'année. Hiver comme
été, c'est toujours la même chaleur.

L'excavation la plus profonde que les mineurs aient
jamais creusée se trouve en Bohême. Elle est aujourd'hui

inaccessible ; des éboulements l'ont en partie comblée. A
1,151 mètres de profondeur, le thermomètre y indiquait
une chaleur perpétuelle d'une quarantaine de degrés,
presque la température des régions les plus chaudes du
monde. Et cela, notez-le bien, en hiver comme en été.
Quand la glace et la neige couvraient la montagneuse
Bohême, il suffisait de descendre au fond de la mine pour
passer des rigueurs de l'hiver aux ardeurs insupportables
de l'été du Sénégal. On grelotait à l'entrée, on étouffait
de chaleur au fond.

Les mêmes faits, sans une seule exception, se constatent
partout. A mesure qu'on descend plus avant dans la terre,
on trouve une plus forte température. Dans les mines
profondes, la chaleur est telle, que l'ouvrier le plus inattentif en est frappé et se demande s'il n'est pas dans le
voisinage de quelque immense brasier.

On appelle puits artésien un trou cylindrique qu'à
l'aide de fortes barres de fer ajoutées bout à bout on
pratique dans le sol jusqu'à la rencontre de quelque nappe
d'eau souterraine, alimentée par les infiltrations des
fleuves ou des lacs voisins. L'eau qui remonte des profondeurs du sol, à la suite d'un pareil forage, arrive à la
surface avec la température de ces profondeurs, et peut
ainsi nous renseigner sur la distribution de la chaleur
dans les entrailles de la terre. L'un des plus remarquables
de ces puits est celui de Grenelle, à Paris. Il descend à
547 mètres de profondeur, et l'eau qu'il fournit a constamment 28 degrés, température à peu près des journées
les plus chaudes de l'été. Les eaux du puits artésien de
Mondorf, sur la frontière de la France et du Luxembourg,
remontent de plus bas, de 700 mètres. Leur température
est de 35 degrés.

Les puits artésiens, dont le nombre est si considérable
aujourd'hui, conduisent au même résultat que les mines :
pour une trentaine de mètres de profondeur en plus, la
chaleur s'accroît d'un degré.

Marie. — Alors, en creusant des puits assez profonds, on finirait par trouver de l'eau bouillante ?

Aurore. — Certainement. La difficulté est d'atteindre la profondeur voulue. Pour trouver la température de l'eau bouillante, il faudrait creuser jusqu'à trois mille mètres environ, ce qui nous est impossible.

Toutefois, on connaît des sources naturelles, qui, au sortir du sol, possèdent une température élevée, atteignent même parfois le degré de l'ébullition. On les nomme sources thermales, ce qui veut dire sources chaudes. Il règne donc, à la profondeur d'où elles viennent, une chaleur capable de les rendre tièdes ou même de les faire bouillir. Les sources chaudes les plus remarquables de la France sont celles de Chaudes-Aigues et de Vic, dans le Cantal. Elles sont à peu près bouillantes. Il suffit de plonger un œuf dans les petits ruisseaux qu'elles forment pour le retirer cuit.

LXIV

CHALEUR DE LA TERRE

Aurore. — En admettant, comme l'ensemble des observations nous autorise à le faire, que la température souterraine augmente avec la profondeur à raison d'un degré pour une trentaine de mètres, on calcule qu'à trois kilomètres, ou trois quarts de lieue au-dessous du sol, doit se trouver la température de l'eau bouillante, c'est-à-dire 100 degrés. A cinq lieues de profondeur, la chaleur est celle du fer rouge ; à douze lieues, elle est suffisante pour faire fondre tous les corps que nous connaissons. Par delà, la température augmente encore apparemment. On doit, d'après cela, se figurer la terre comme formée d'un globe de matières liquéfiées par le feu, et d'une faible enveloppe, d'une mince écorce solide, nageant sur cet océan souterrain de minéraux en fusion.

MARIE. —De ces matières fondues de l'intérieur de la terre, viennent sans doute les laves des volcans?

AURORE. — D'où pourraient-elles provenir, si ce n'est de quelque brasier souterrain ?

CLAIRE. — Nous sommes, dites-vous, séparées de ce brasier par une couche solide d'une douzaine de lieues d'épaisseur, et que vous appelez faible enveloppe, mince écorce. Douze lieues cependant me paraissent former une belle épaisseur.

AURORE. — Douze lieues sont bien peu de chose relativement aux dimensions de la terre. La distance de la surface du sol au centre du globe est de 1,600 lieues. Sur cette longueur, 12 lieues environ appartiennent à l'épaisseur de la couche solide, tout le reste appartient aux matières en fusion. Sur une boule haute de deux mètres, l'écorce solide de la terre serait représentée par une épaisseur de la moitié d'un travers de doigt. Faisons une comparaison plus simple, représentons la terre par un œuf. Eh bien, la coque de l'œuf est l'écorce solide du globe; son contenu liquide est la masse centrale en fusion.

AUGUSTINE. — Nous sommes séparés de l'immense brasier souterrain par cette mince coque? Ce n'est pas rassurant du tout.

AURORE. — J'en conviens : ce n'est pas sans une certaine émotion que l'on entend pour la première fois ces détails sur la constitution de la terre ; on ne songe pas sans effroi aux abîmes embrasés qui roulent leurs vagues de minéraux fondus à quelques lieues sous nos pieds. Comment une enveloppe, relativement si faible, résiste-t-elle aux fluctuations de la masse liquide centrale? Cette écorce fragile, cette coque du globe ne doit-elle pas se fendre parfois, se disloquer, s'écrouler, ou du moins remuer? Pour peu qu'elle remue, les continents tremblent et se gercent d'abîmes.

CLAIRE. — Ah ! voilà enfin la cause des tremblements de terre. Le contenu liquide bouge et la coque remue.

MARIE.—La cause aussi des éruptions volcaniques. La coque s'ouvre et le contenu s'épanche au dehors en ruisseaux de feu.

AUGUSTINE. — Et si cette coque remue trop, des villes entières sont renversées.

AURORE. — Vous vous demandez peut-être, mes filles, comment ces redoutables ébranlements du sol peuvent entrer dans les desseins de la Providence, qui veille sur tous les événements de ce monde; et quel rôle la chaleur du globe, qui les occasionne, peut remplir dans l'harmonie générale. Le feu de la colère divine aurait-il donc allumé le brasier souterrain qui, dans ses moments de trouble, fait bondir les chaînes de montagnes et disloque les continents? — Non, car la chaleur souterraine est au nombre de ces grandes puissances naturelles nécessaires, indispensables à l'existence des choses, bien qu'elles nous éprouvent parfois rudement. Qui mettrait en doute l'absolue nécessité de l'atmosphère et de la mer: de l'atmosphère, dont les ouragans renversent nos habitations ; de la mer, dont les tempêtes engloutissent les vaisseaux? Toutes les forces naturelles concourent au bien-être de l'ensemble ; elles sont, avant tout, une cause de vie, une source de prospérité; mais toutes aussi, suivant les impénétrables secrets de la sagesse éternelle, peuvent devenir momentanément une source de désastres, une cause de destruction. Le nuage qui verse la pluie aux récoltes, leur verse aussi la grêle; la foudre, au service de la vie en purifiant l'atmosphère, est au service de la mort en nous frappant; le fleuve, qui féconde la plaine, l'inonde parfois et la ravage.

Mais la Providence sait tirer le bien du mal même; elle sait, mieux que nous, les nécessités de l'ordre général et de notre propre intérêt. Ses intentions secrètes sont toujours adorables, même au milieu des désastres d'une contrée livrée à la brutalité des forces souterraines. qui n'agissent qu'avec sa permission. Que notre confiance soit donc entière en Dieu, par qui la terre, au commencement des choses, fut établie sur ses brûlantes bases et enveloppée de l'azur de l'air : lui seul dispose des tempêtes souterraines comme des orages du ciel.

La chaleur de la terre a, comme toutes choses en ce monde, sa mission à remplir. C'est aux secousses que, de tout temps, elle a imprimées à l'écorce terrestre, que sont dues la formation et la conservation des continents. Le mécanisme de l'univers est, croyez-le bien, savamment arrangé. Une intelligence souveraine en a médité le plan, une sagesse infinie en a disposé les détails. Là où parfois nous ne croyons voir que désordre, règne cependant un ordre admirable. Rappelez-vous que les plus hautes montagnes de la terre seraient représentées, sur un globe de deux mètres de diamètre, par de petits grains de sable qui se perdraient entre nos doigts. Comment ces grains de sable, et surtout les terrains plats, peuvent-ils résister à l'action incessante de l'atmosphère, qui les ronge, des eaux courantes, qui les dissolvent, et des océans qui les battent en brèche ? Si quelque chose doit nous étonner, c'est que la terre ferme puisse résister à ces causes de destruction, et que la mer, trois fois plus étendue, ne parvienne pas à la balayer. Si les continents ne s'effacent point, ils le doivent aux commotions souterraines, qui soulèvent le sol et compensent ce que les eaux corrodent et nivellent.

LXV

LE VENT

Le vent est de l'air qui se déplace ; c'est un torrent atmosphérique qui, né d'un manque d'équilibre, coule et se précipite vers des régions nouvelles. Sa principale cause est l'inégale distribution de la chaleur à la surface du sol. En s'échauffant, l'air devient plus léger et s'élève, aussitôt remplacé par l'air froid environnant. Quelques exemples vont graver ce fait important dans notre mémoire.

Lorsque, au-dessus d'un poêle allumé, on secoue un papier enflammé, on voit les parcelles carbonisées s'élever comme entraînées par un courant. Ce courant est produit par l'air, qui s'échauffe au contact du poêle. C'est encore par l'air chaud ascendant que la fumée est entraînée dans le conduit d'une cheminée. Mais de tous les exemples qu'on pourrait choisir parmi ceux qui sont à votre portée, le plus remarquable est celui-ci :

En hiver, ouvrons la porte qui fait communiquer un appartement chauffé avec un autre qui ne l'est pas ; et présentons une bougie allumée, tantôt au haut de l'ouverture de la porte, tantôt au bas. Dans le premier cas, nous verrons la flamme de la bougie se diriger de l'appartement chauffé vers l'appartement froid ; dans le second cas, ce sera le contraire : la flamme se dirigera de l'appartement froid vers celui qui est chaud.

Cette double direction de la flamme en sens diamétralement opposés accuse deux courants : l'un d'air chaud, à la partie supérieure de la porte, où la flamme est chassée de l'appartement chauffé vers celui qui ne l'est pas ; et l'autre d'air froid, à la partie inférieure de la porte, où la flamme se dirige de l'appartement froid vers celui qui est chaud.

Les mêmes faits se reproduisent à la surface de la terre entre deux régions voisines à inégale température. Il s'établit entre elles deux courants aériens, l'un inférieur dirigé de la région froide vers la région chaude ; l'autre supérieur dirigé de la région chaude vers la région froide. Il n'est pas rare de pouvoir constater, à l'aide des nuages, la marche inverse des deux courants atmosphériques. On voit, en effet, les nuages des régions élevées se diriger dans un sens, et ceux des régions inférieures se diriger dans l'autre.

Demandons-nous quel est le rôle du vent dans l'harmonie générale de ce monde. En nous plaçant au point de vue d'un sot égoïsme, en voulant tout rapporter d'une manière trop directe à notre bien-être personnel, nous avons sur beaucoup de choses les idées les plus fausses. Ainsi, dans le cercle étroit de nos impressions et de nos intérêts personnels, le vent n'est-il pas, d'ordinaire, nuisible ou du moins désagréable, et ne le supprimerions-nous pas volontiers, si c'était en notre pouvoir? C'est tantôt, en effet, la bise, âpre, glacée, qui nous transit de froid, nous endolorit la poitrine et meurtrit les pousses encore tendres de la végétation printanière ; c'est tantôt le souffle du midi, qui énerve, rend la tête lourde et la pensée paresseuse ; c'est encore la tempête, qui couche les récoltes, ravage les plantations, suscite les fureurs de la mer et engloutit les navires dans les flots ; c'est l'ouragan enfin, qui abat les édifices et saccage des villes entières. Ah ! quelle triste chose que le vent !

Mais attendez un peu ; examinons ensemble ce qui pourrait arriver si le vent ne soufflait plus. Imaginons donc qu'un calme parfait règne sans discontinuer dans toute l'atmosphère. — Aussitôt les émanations malsaines que ne balaye plus le souffle du vent s'accumulent sur les villes populeuses. L'air, corrompu par la décomposition des matières animales et végétales, vicié par la respiration elle-même, devient un foyer de peste, et le fléau né de la corruption sévit dans le monde entier.

Ce n'est pas tout. La mer est le réservoir d'où la chaleur solaire fait monter ces immenses amas de vapeur que le vent charrie, au-dessus des continents, sous forme invisible ou sous forme de nuages. Tôt ou tard, ces vapeurs se résolvent en pluies, qui fécondent le sol et aliment les fleuves, les sources, les fontaines. En l'absence du vent, les vapeurs s'élèveront toujours de la surface des mers; mais, n'étant plus poussées au-dessus de la terre ferme, elles retomberont en pluies inutiles sur les eaux qui les ont fournies. Tous les fleuves, si grands qu'ils soient, tariront donc jusqu'à la dernière goutte, car toute l'eau des continents se rend à la mer, et ne peut en revenir sans le secours des vents. Les ruisseaux, les sources, les puits, tariront également; le sol ne conservera plus aucune trace d'humidité. Mais sans eau tout ce que la terre nourrit doit mourir.

Ainsi sans le vent la végétation est impossible, faute d'eau; les diverses races animales sont vouées à la destruction; l'humanité entière est moissonnée par la famine et la peste; la terre ferme enfin n'est plus qu'un désert altéré d'où la vie est à jamais bannie.

Que notre souhait était imprudent! Demander à Dieu la suppression du vent, ce serait lui demander la dépopulation de la terre. Remercions-le, au contraire, des vents qui recueillent les vapeurs de la mer et les amènent sans relâche au-dessus des continents pour les vivifier en y déversant la pluie; remercions-le de la tempête et de l'ouragan, ces indomptables souffles qui remuent l'atmosphère de fond en comble et en dissipent les miasmes pestilentiels.

LXVI

LE SON

Au milieu d'une nappe d'eau bien tranquille, laissons tomber une pierre. Aussitôt, autour du point atteint, un rond se forme, puis deux, trois, quatre, cent, indéfiniment; et tous, s'élargissant sans cesse, courent avec une parfaite régularité à la file l'un de l'autre, jusqu'à ce qu'ils se dissipent à une distance considérable du point de départ commun, si rien n'entrave leur propagation. Mille fois vous avez vu ce curieux spectacle de l'eau ébranlée en cercles concentriques dont la précision défierait le compas ; vous avez suivi d'un regard étonné la singulière évolution de ces ronds, qui naissent un à un du même centre, se rangent avec ordre et fuient de plus en plus grands. Tout cela vous est connu, et vous vous demandez, sans doute, dans quel but j'appelle aujourd'hui votre attention sur ce fait, objet tout au plus d'un passe-temps puéril.

MARIE. — Lorsque tante Aurore parle, elle a toujours un but sérieux. Nous ne doutons pas que les ronds sur l'eau dont vous nous rappelez le souvenir n'aient leur importance.

AURORE. — Oui, certes; et une très-grande. A ces ronds se rattache d'une étroite manière la cause du son, de la voix, de la parole. C'est ce que je vais vous expliquer; mais avant, rendons-nous compte de ce qui se passe à la surface de l'eau mise en mouvement par la chute d'une pierre.

Un peu d'attention suffit pour reconnaître que les ronds formés autour du point où la pierre a plongé se composent alternativement d'une petite vague et d'un sillon circulaires; de sorte que la surface de l'eau, d'abord tranquille et plane, est maintenant soulevée, en certaines parties, au-déssus de son niveau primitif, et abaissée, en d'autres, au-dessous de ce niveau. Un léger corps flottant, un brin de paille, peut très-bien rendre sensible cette petite tempête, car chaque vague qui passe le soulève, et chaque sillon le fait redescendre. Il faut remarquer, en outre, que malgré la rapidité apparente des vagues qui devraient l'entraîner, le brin de paille ne change pas de place; preuve évidente que ces vagues ne courent réellement pas à la surface de l'eau, comme les apparences le font croire.

Si les vagues et les sillons ne courent pas en effet, que se passe-t-il donc? — Il s'effectue un simple mouvement de palpitation, c'est-à-dire qu'en chaque point l'eau se soulève et s'affaisse tour à tour sans changer de place. Ce mouvement de palpitation débute au point atteint par la pierre et se communique de proche en proche dans l'eau voisine, de telle sorte que les vagues et les sillons qui en résultent semblent se poursuivre réellement. Alternativement l'eau est refoulée sur elle-même, ce qui produit les vagues; puis affaissée, ce qui produit les sillons.

Dans l'air, à la suite d'un ébranlement convenable, a lieu un mouvement de palpitation semblable à celui de l'eau. Tour à tour, chaque couche d'air reflue sur elle-même et se condense, puis se détend et se dilate. On ne voit pas, il est vrai, les vagues concentriques engendrées par ce mouvement, à cause de l'invisibilité de l'air lui-même, mais on les entend, car elles sont la cause du son. Le nom d'ondes, que l'on donne aux couches d'air alternativement condensées et dilatées qui produisent le son, vous montre l'étroite ressemblance qu'on a su reconnaître entre le mouvement sonore de l'air et le mouvement qui fait naître, à la surface de l'eau, des vagues et des sillons, ou bien encore des ondes.

En l'absence de l'eau, les ondes liquides seraient impossibles ; c'est de pleine évidence. En l'absence de l'air, les ondes sonores le seraient également. Sans l'atmosphère, le son n'existerait pas ; la parole nous serait inconnue ; un morne silence régnérait perpétuellement sur la terre. Une expérience bien concluante le prouve. — Si l'on suspend, avec un fil, une clochette au centre d'un vase en verre, et qu'on agite le tout, on entend très-bien la clochette tinter, même quand le vase est exactement fermé. L'air contenu dans le vase transmet son mouvement à l'air extérieur par l'intermédiaire des parois du vase, et les pulsations sonores arrivent jusqu'à l'oreille. Mais si, à l'aide d'une pompe nommée pompe pneumatique, on retire tout l'air du vase, le son devient impossible. A chaque secousse imprimée au vase, on voit bien le battant frapper contre la clochette, mais on n'entend plus rien. Un complet silence s'est fait, parce que les pulsations sonores ne peuvent plus se former ; la clochette est devenue muette, parce qu'elle ne peut plus produire des ondes sonores, l'air manquant autour d'elle. Mais laissons l'air rentrer dans le vase : aussitôt le son renaît, tout aussi distinct qu'au début.

Pour entrer dans ce mouvement de palpitation qui produit le son, l'air doit être ébranlé par le choc d'un corps, de même que l'eau, pour se couvrir d'ondes, doit être ébranlée par la chute d'une pierre. Effectivement, tout corps, lorsqu'il engendre un son, est animé d'un rapide mouvement de va-et-vient qu'on peut reconnaître dans une corde de violon ou de piano qui résonne. Ces allées et venues rapides se nomment *vibrations*. Si, pendant qu'il résonne, on touche légèrement du doigt un corps sonore, on sent un vif frémissement causé par les vibrations ; mais en appuyant davantage, les vibrations sont arrêtées, et le corps ne résonne plus. Il suffit de faire tinter un verre pour s'assurer que le son a bien pour cause un mouvement vibratoire ; car, dès que ce mouvement est étouffé par le contact de la main, le son se tait à l'instant.

Pour se propager au loin, à partir de leur centre de formation, les ondes liquides mettent un certain temps ; le regard les voit cheminer et peut juger de leur rapidité. Les ondes sonores en font autant ; elles gagnent de proche en proche des points plus éloignés, avec une vitesse qu'il est assez facile de mesurer. Voici comment : si jamais vous avez prêté attention à la décharge d'une arme à feu, faite à une distance un peu considérable de vous, vous avez dû observer qu'on aperçoit d'abord la lueur de l'explosion, et que le bruit n'arrive qu'après, et d'autant plus tard que le lieu de l'explosion est plus éloigné. La lumière parcourt un immense trajet en un temps excessivement court, plus de 78,000 lieues par seconde. La lueur de l'explosion parvient donc à l'œil de l'observateur placé à distance à l'instant même où elle jaillit; si le son n'arrive qu'après, c'est qu'il est beaucoup moins rapide dans sa marche, et que, pour franchir une distance un peu forte, il met un temps assez long qu'on peut très-bien mesurer. Supposons que dix secondes s'écoulent entre l'instant de l'apparition de la lueur et l'instant de l'arrivée du son. Mesurons alors la distance qui sépare le point où l'explosion a eu lieu et le point où on l'a entendue. Nous trouverons 3,400 mètres; par conséquent, le son parcourt dans l'air, en une seule seconde, une distance de 340 mètres.

Revenons encore sur les ondes provoquées, à la surface d'une eau tranquille, par la chute d'une pierre. Si la nappe d'eau est barrée par un mur, ainsi que dans un bassin, par exemple, les ronds, en s'élargissant, finissent par atteindre cet obstacle. Arrivés là, ils rétrogradent, ils cheminent en sens inverse de leur première direction, sans altérer en rien la régularité de leur marche. Alors, en même temps, deux séries d'ondes courent à la surface de l'eau ; les unes s'acheminent vers le mur, les autres en reviennent; et toutes ces ondes, allant et revenant, se croisent sans se troubler, sans se confondre. On donne le nom d'ondes *réfléchies*, c'est-à-dire renvoyées, aux ondes qui reviennent en arrière après avoir frappé contre le mur.

Les ondes aériennes, cause du son, se réfléchissent aussi quand elles rencontrent un obstacle, comme un mur, un rocher, une colline. Alors, outre le son direct, formé par les ondes qui vont, il s'en produit un autre, nommé *écho*, par les ondes qui reviennent; le son est ainsi entendu deux fois. Plusieurs obstacles qui se renvoient de l'un à l'autre les ondes sonores et les font passer à diverses reprises par le lieu où se trouve l'auditeur produisent des échos multiples, c'est-à-dire qui répètent plusieurs fois la même syllabe. On en connaît qui la répètent jusqu'à quarante fois.

LXVII

LA LUNE

Sous les noisetiers du jardin, un soir, Aurore parlait du firmament. La Lune semblait courir dans le ciel au delà des nuages, qui, tantôt pénétrés de clarté prenaient le mol aspect d'une blanche toison, tantôt plus épais et ténébreux cachaient l'astre derrière leur mobile rideau. Puis, au milieu d'une éclaircie, la Lune reparaissait dans sa pleine sérénité.

AUGUSTINE. — Voyez donc comme la Lune court ! On dirait qu'elle joue à cache-cache d'un nuage à l'autre.

AURORE. — Ce n'est pas la Lune qui chemine ainsi; ce sont les nuages chassés par le vent. Il suffit de regarder à travers le branchage d'un arbre pour reconnaître que les nuées seules sont en mouvement et non l'astre lui-même ; on voit alors les nuages courir derrière les branches, tandis que la Lune reste au repos. Jugez-en vous-mêmes à travers la ramée des noisetiers.

Toutes regardèrent et reconnurent aussitôt que les nuages courent et non la Lune.

AUGUSTINE. — Voilà qui est singulier : à travers les branches, je ne vois plus la Lune courir. Ce sont les nuages, au contraire, qui changent bel et bien de place.

CLAIRE. — Vous devriez bien, tante Aurore, nous raconter l'histoire de la Lune, maintenant que nous avons assez regardé les beaux nuages blancs qui courent devant elle.

AURORE. — Bien volontiers, ma chère enfant. Informons-nous d'abord de la distance. De tous les astres du firmament, la Lune est notre plus proche voisin. Elle est éloignée de quatre-vingt-seize mille lieues seulement. C'est un peu plus de neuf fois le tour du globe terrestre, et un peu moins de dix fois.

MARIE. — C'est une belle distance, pour notre plus proche voisin.

AURORE. — J'en conviens, mais c'est bien peu par rapport à l'éloignement du Soleil. Une locomotive lancée avec la vitesse de 15 lieues par heure ferait en neuf mois un parcours égal à celui de la Terre à la Lune ; elle emploierait plus de trois cents ans, vous le savez déjà, pour franchir la distance de la Terre au Soleil.

MARIE. — Toute rapprochée qu'elle est, nous ne la voyons que comme un rond de deux pans de largeur au plus.

AURORE. — Cela prouve qu'elle est très-petite. Une cerise par rapport à une pêche, telle est à peu près en grosseur la Lune par rapport à la Terre. Qu'est-elle donc à l'égard du Soleil, en comparaison duquel la Terre elle-même n'est qu'un grain de blé mis en présence de quatorze décalitres ? Il faudrait 49 globes comme la Lune pour faire la boule terrestre ; il en faudrait 69 millions pour faire le Soleil. Malgré sa belle apparence, due à sa proximité, vous voyez que la Lune fait assez pauvre figure quand on la compare ; telle qu'elle est néanmoins, c'est un fort joli petit globe de 2,700 lieues de tour et d'une superficie égale à 41 fois environ l'étendue de la France.

Tandis que la Terre voyage autour du Soleil, la Lune l'accompagne et circule autour d'elle dans l'intervalle de quatre semaines environ. D'autre part, c'est un globe non lumineux par lui-même, qui brille d'un éclat d'emprunt lui venant des rayons du Soleil. A cause de sa position changeante, la Lune nous présente donc tantôt sa moitié éclairée, tantôt sa moitié obscure, tantôt une portion de l'une et de l'autre à la fois. Si elle tourne vers nous sa moitié illuminée, elle est visible en plein ; si elle nous présente sa moitié non éclairée, elle est totalement invisible, bien qu'aucun obstacle ne soit interposé entre elle et le regard ; enfin, si elle tourne de notre côté partie de la moitié obscure et partie de la moitié illuminée, elle se montre sous la forme d'un croissant plus ou moins large. Ces aspects variables, qui recommencent dans le même ordre toutes les quatre semaines, se nomment les *phases* de la Lune. Pour bien en comprendre la cause, d'autres explications sont nécessaires. Je vais vous les donner. Claire, allez chercher une lampe allumée.

La lampe fut apportée et mise au milieu de la pelouse du jardin. — Considérons comme Soleil, comme source de lumière, dit Aurore, la lampe que voilà. Vous, Claire, vous serez la Terre ; et Augustine, plus petite, représentera la Lune. Que Claire circule à distance autour de la lampe, en pirouettant sur les talons. La promenade autour de la lampe figurera le voyage de la Terre autour du Soleil ; les pirouettes représenteront la rotation du globe sur lui-même pour l'alternative du jour et de la nuit. Tout cela doit être fait sans précipitation, avec une extrême lenteur même, puisqu'une seule pirouette de la Terre dure vingt-quatre heures, et son voyage autour du Soleil un an.

Après quelques essais et non sans quelques éclats de rire provoqués par la valse autour de la lampe, Claire s'y prit comme il fallait. — Maintenant, à vous, dit Aurore ; faites votre office de Lune, ma petite Augustine ; tournez avec lenteur autour de Claire ; maintenez-vous toujours à la même distance, et progressez petit à petit, tout en tournant, pour l'accompagner à mesure qu'elle avance. Et surtout ne vous pressez pas : la Lune a quatre semaines pour faire un seul tour. — Voilà qui est bien ; nous y sommes ; les rouages de notre firmament marchent à souhait. Sans discontinuer ses mouvements, que Claire observe Augustine et nous dise ce que, dans sa compagne, elle voit d'éclairé par la lampe.

CLAIRE. — A présent, Augustine passe entre la lampe et moi. Je ne vois rien d'éclairé en elle, puisqu'elle me tourne le côté opposé à la lampe.

AURORE.—Pareillement, lorsqu'elle passe entre la Terre et le Soleil, la Lune tourne vers nous sa moitié non illuminée, et de la sorte n'est pas visible. C'est l'époque de la *nouvelle lune.*

CLAIRE. — Augustine est un peu de côté, à ma gauche. Je commence à voir le bord de sa figure éclairé.

AURORE. —C'est le croissant de la Lune en son début.

CLAIRE. — A présent qu'elle est tout à fait à ma gauche, je vois juste la moitié d'Augustine dans la lumière.

AURORE. — C'est l'époque du *premier quartier ;* la Lune apparaît comme un demi-cercle brillant.

CLAIRE. — Augustine a passé tout à l'opposé de la lampe ; je suis entre les deux. Je la vois maintenant en plein, parce qu'elle tourne vers moi précisément ce qui fait face à la lampe.

AURORE. — De même, lorsqu'elle se trouve, par rapport à la Terre, du côté opposé au Soleil, la Lune nous montre toute sa moitié illuminée. C'est l'époque de la *pleine lune.*

Claire.— Augustine est à ma droite. Je ne vois d'elle que la moitié.

Aurore. — Voilà l'époque du *second quartier*.

Claire. — A mesure qu'Augustine revient se mettre entre la lampe et moi, je vois décroître la portion illuminée.

Aurore. — De la même manière s'amoindrit le croissant à mesure que la Lune s'achemine vers la position entre le Soleil et la Terre. Quand elle y arrive, elle est de nouveau totalement invisible, et ses phases recommencent, de vingt-huit jours en vingt-huit jours, dans l'ordre invariable dont je viens de vous donner un aperçu. — J'espère que vous avez toutes compris ; le firmament improvisé peut alors se dissoudre.

Augustine et Claire cessèrent leurs évolutions autour de la lampe. En fidèles compagnes, la Terre et la Lune s'embrassèrent; et Marie, d'un souffle, éteignit le Soleil.

LXVIII

CÉ QU'ON VOIT DANS LA LUNE

Claire. — J'ai entendu dire que l'on voit dans la Lune comme le dessin d'une figure humaine. Vainement je regarde, je n'aperçois rien qui ait l'apparence de deux yeux, d'une bouche et d'un nez.

Aurore. — Cette figure n'a d'existence que dans l'imagination de ceux qui en parlent. Des taches grisâtres entremêlées de parties brillantes ont donné lieu à ce ridicule conte. Si vous n'avez pas encore sommeil, je vous raconterai ce qu'on voit réellement dans la Lune.

Claire. — Racontez, bonne tante Aurore; nous n'aurons pas sommeil tant que vous parlerez.

Aurore. — Si l'on dirige vers la Lune une lunette d'astronomie, le disque lumineux apparaît semé d'une multitude prodigieuse de taches rondes ou ovalaires, mi-partie éclairées, mi-partie obscures, et entourées d'un bourrelet ou rempart dont les crêtes brillent du plus vif éclat. A l'époque de la nouvelle lune ou du dernier quartier, alors que la partie visible de l'astre est réduite à un mince croissant, la netteté de ces détails est admirable, et l'on reconnaît, sans la moindre hésitation, que ces taches rondes sont des cavités, des cratère énormes. La pente intérieure du gouffre en face du soleil est éclatante de lumière ; la pente opposée, à l'abri des rayons solaires, est d'une obscurité profonde. Les pics du rempart circulaire semblent flamboyer, et la montagne en bloc projette en arrière, dans les plaines, son ombre d'un noir intense. Cela se répète partout à la surface de la Lune : partout le trait dominant de l'astre est un aspect tourmenté, qui rappelle, mais avec des proportions hors de toute comparaison, celui de certains cantons de l'Auvergne et du Vivarais, couverts de vieux volcans éteints. Sauf quelques grands espaces nivelés, qui d'ici nous apparaissent comme des taches grises, la surface de la Lune est donc hérissée de montagnes de configuration volcanique, c'est-à-dire excavées en cratère. Parmi cette infinité de cônes, il y en a de plus grands, de plus petits, d'isolés, d'assemblés en groupes. Ceux-ci, humbles taupinières, ouvrent leurs cratères à peine au-dessus de la plaine ; ceux-là rivalisent d'élévation avec les plus hautes cimes de la Terre, et leurs entonnoirs plongent si bas, que le soleil jamais n'en visite le fond. Il y en a qui, pour piédestal, ont un immense renflement du sol ; il y en a d'autres qui sont implantés au milieu de prodigieuses enceintes rondes dont on ne ferait pas le tour en plusieurs jours de marche. Puis, sur les flancs de ces cônes, à leur base, dans les vallées qui les séparent, c'est un pêle-mêle bizarre d'aspérités, de dentelures, de crêtes ébréchées, de boursouflures difformes.

La configuration la plus générale est celle de protubérances creusées, au sommet, d'une vaste enceinte circulaire ou cirque, dont le centre est fréquemment occupé par un piton élevé. Tel de ces cratères mesure 180 lieues de circuit; pour combler le gouffre de tel autre, trois des grandes montagnes de la Terre, le Chimborazo, le mont Blanc et le pic de Ténériffe, ne suffiraient pas avec l'ensemble de leurs matériaux. Le cirque nommé Tycho par les astronomes est particulièrement remarquable. Son contour est de 63 lieues, et la hauteur de ses murailles est en quelques points de 5,000 mètres et plus. Une plaine rugueuse constitue le fond du cirque. Elle brille, ainsi que les parois intérieures des remparts, d'un éclat particulier, comme si elle était vernissée d'une matière vitreuse.

MARIE. — Tous ces grands entonnoirs sont, sans doute, des volcans?

AURORE. — Non; les cirques de la Lune, malgré leurs apparences, ne sont pas comparables aux bouches volcaniques de la Terre. Leurs dimensions sont trop grandes. Nos volcans, le Vésuve et l'Étna, par exemple, ont des cratères qui mesurent de 500 à 600 mètres de tour; les cirques lunaires ont jusqu'à 180 lieues de circuit. D'ailleurs les astronomes n'ont jamais observé d'éruption dans ces prodigieuses bouches, ni rien qui dénote des coulées anciennes de laves. Ce ne sont donc pas des ouvertures volcaniques comme le Vésuve et l'Étna, mais des points où le sol de la Lune s'est soulevé, puis effondré au centre de la boursouflure, en laissant une enceinte de remparts verticaux. Ces immenses amphithéâtres rappellent plutôt certains effondrements circulaires, certaines vallées rondes et à parois verticales qui, dans nos Pyrénées, prennent le nom de cirques. Tel est celui de Héas, gouffre de plus de deux lieues de circuit. Ses remparts n'ont jamais moins de 800 à 900 mètres de haut. De nombreux troupeaux errent dans son enceinte, dont ils ont peine à trou-

Fig. 62. — Cirque de Tycho.

ver les limites. Trois millions d'hommes ne le rempliraient pas ; dix millions auraient place sur les gradins de ses remparts. Et pourtant le majestueux cirque pyrénéen n'est qu'une misérable fossette, comparé aux cirques lunaires, qui mesurent 150, 180 lieues de tour, et dont les murailles se dressent à 6 et 7 kilomètres.

CLAIRE. — C'est un singulier pays que la Lune, avec ses énormes montagnes creusées en entonnoir !

AUGUSTINE. — Puisqu'on voit aussi bien les montagnes, on doit voir également les mers.

AURORE. — On ne voit rien de pareil, et pour une raison toute simple : c'est qu'il n'y a pas de mer à la surface de la Lune. Il ne s'y trouve ni lac, ni étang, ni fleuve, ni rivière d'aucune sorte ; enfin il n'y a pas d'eau. La preuve en est manifeste. S'il y avait des nappes d'eau à la surface de la Lune, leur évaporation par la chaleur du soleil fournirait des nuages, que nous verrions errer sur le disque de l'astre, comme des taches à formes changeantes. Or on n'aperçoit jamais rien de pareil. La Lune nous apparaît constamment d'une parfaite sérénité ; aucune tache nuageuse, aucun voile vaporeux ne trouble, même de loin en loin, sa limpide clarté. Son éclat, que rien ne ternit, démontre également qu'il n'y a pas d'atmosphère.

En l'absence de l'eau et de l'air, ces deux conditions premières de la vie, la Lune est une solitude perpétuellement silencieuse, un désert d'une morne immobilité, d'où la plante et l'animal, tels que nous les connaissons, sont absolument exclus. La touffe de mousse et la plaque de lichen, pour végéter sur le roc, trouvent dans la rosée des nuits et dans les gaz de l'atmosphère la maigre nourriture qui leur suffit ; mais sur un rocher d'une éternelle sécheresse, qu'aucun souffle d'air ne baigne, ces robustes plantes seraient impossibles. Nos lichens, dont les croûtes coriaces se contentent pour sol de la pierre nue, nos mousses, qui trouvent à végéter sur la tuile du toit, sont donc incompatibles avec les conditions physiques de la

Lune. Que dire alors des végétaux supérieurs, de l'animal surtout, dont l'existence est bien plus délicate ? Rien d'analogue ne doit se trouver à la surface de l'astre.

CLAIRE. — Ainsi la Lune n'est qu'un affreux désert, tout hérissé de montagnes?

AURORE. — De fortes raisons le prouvent, sans que nous puissions encore nous en convaincre directement par la vue.

CLAIRE. — Comment ! les astronomes, avec leurs grandes lunettes, ne pourraient-ils voir d'ici un animal de la taille de l'éléphant, s'il s'en trouvait à la surface de la Lune ?

AURORE. — En aucune manière. Le plus fort télescope dont l'astronomie ait encore disposé a été construit par un savant de l'Angleterre, lord Ross. C'est un tube énorme de 17 mètres de longueur sur près de 2 mètres de largeur. Il pèse 66 quintaux métriques. Un miroir métallique concave, du poids de 3,809 kilogrammes, occupe le fond du tuyau. Il a pour effet de recueillir et de concentrer une grande quantité de lumière pour donner une image nette de l'astre observé.

CLAIRE. — Voilà une lunette qui ne doit pas être commode à manier !

AURORE. — La lourde machine est portée par de solides murs, véritables fortifications à créneaux. Une forêt de poutres et de cordages la mettent en mouvement et la tournent vers le point voulu du ciel. Eh bien, avec ce télescope, tout au plus distingue-t-on nettement sur la Lune les objets comparables en volume à nos cathédrales. Des êtres de la taille de nos bœufs et de nos éléphants resteraient donc des points invisibles si, contre toute possibilité à cause de l'absence de l'air et de l'eau, la Lune en possédait.

Mais il se fait tard; il est temps d'aller dormir. Demain, si cela vous intéresse, nous parlerons encore du firmament.

LIX

LES PLANÈTES

Si cela vous intéresse, je continuerai, avait dit Aurore, en parlant du firmament. Son auditoire, dont l'histoire de la Lune avait vivement piqué la curiosité, lui rappela le lendemain sa promesse, et Aurore, sous les noisetiers du jardin, continua ainsi :

— Autour du Soleil circulent, en compagnie de la Terre, divers globes analogues au nôtre, les uns plus grands, les autres plus petits, ceux-ci plus près, ceux-là plus loin. Tous sont obscurs par eux-mêmes; et, comme la Terre, ils reçoivent du Soleil leur part de lumière et de chaleur. On leur donne le nom de *planètes*.

MARIE. — La Terre est alors une planète ?

AURORE. — Oui. Le mot planète signifie errant. En effet, tandis que les étoiles conservent des positions invariables relativement l'une à l'autre, comme si elles étaient enchâssées sur une voûte se mouvant tout d'une pièce de l'est à l'ouest, les planètes, à cause de leur voyage autour du Soleil, se déplacent, errent pour ainsi dire dans le firmament, et, par rapport à notre point de vue, correspondent d'un jour à l'autre à des régions différentes du ciel étoilé. Aujourd'hui, telle planète se trouve au milieu d'un certain groupe d'étoiles; demain, déplacée par sa rotation autour du Soleil, elle se trouvera dans un autre. C'est à leur position changeante que les planètes se font reconnaître au milieu des étoiles dont l'arrangement reste toujours le même.

Pendant que ces astres voyagent autour du Soleil, d'autres globes, d'importance moindre, tournent autour de quelques-uns d'entre eux en les accompagnant, comme le fait la Lune à l'égard de la Terre. On les appelle des *satellites*.Ce mot fait allusion au rôle subalterne d'un astre circulant autour d'un autre. Il signifie garde, serviteur. Le globe satellite est effectivement le serviteur de celui qu'il accompagne, il lui réfléchit la lumière du Soleil. Je résumerai ces définitions en disant que la Terre est une planète et que la Lune est son satellite. Le Soleil, avec son cortége de planètes et de satellites, constitue ce que l'on nomme le *système solaire.*

On connaît huit planètes principales dont voici les noms rangés par ordre de distance à partir du Soleil : Mercure, Vénus, la Terre, Mars, Jupiter, Saturne, Uranus, Neptune. Il y a en outre, entre Mars et Jupiter, une centaine et plus de très-petites planètes, que l'on désigne par le nom général d'astéroïdes. La Terre, Jupiter, Saturne, Uranus et Neptune ont des lunes ou des satellites; les autres n'en ont point.

Une grande variété règne dans les grosseurs respectives des planètes. Il y en a dont il faudrait une paire de mille pour équivaloir en grosseur à la Terre. Ce sont les astéroïdes. Mercure est bien petit encore : le globe terrestre, s'il était creux, le contiendrait 17 fois pour se remplir. Puis vient Mars, de deux à trois fois plus grand que Mercure; puis Vénus, à peu près égale à la Terre. Jusqu'ici la suprématie du volume est en faveur de notre globe; mais plus loin sont des astres colosses. Jupiter a la grosseur de 1,414 globes comme le nôtre réunis en un seul. Une petite cerise comparée à une très-grosse orange, telle est à peu près la Terre comparée à Jupiter. Saturne équivaut à 734 fois le globe terrestre, Uranus à 82 fois et Neptune à 110.

La distance n'est pas moins variable. Il faut 30 fois la distance de la Terre au Soleil ou 30 fois 38 millions de lieues pour mesurer l'éloignement de Neptune, situé aux limites du système solaire; Mercure, au contraire, n'est éloigné du Soleil que de 15 millions de lieues environ. Entre ces deux extrêmes, les autres planètes sont espacées, chacune avec sa distance particulière.

Pour concevoir dans son ensemble le système solaire et mieux saisir les rapports des distances et des volumes, imaginons la disposition que voici. — Au milieu d'une grande plaine parfaitement unie, nous plaçons une boule de 1 mètre et 12 centimètres de hauteur. Cette sphère, presque de l'ampleur d'une roue de moulin, représentera le Soleil. Pour figurer Mercure, il faudra déposer sur le sol de la plaine, à 48 mètres de distance de la majes-tueuse boule, un petit grain de chènevis. Vénus et la Terre seront représentées par deux médiocres cerises, placées, la première à 84 mètres de distance, la seconde à 120. Un petit pois suffira pour la planète Mars, située à 192 mètres de la boule centrale. Les astéroïdes seront fi-gurés par une pincée de sable fin, disséminée çà et là sur un cercle de 336 mètres de rayon en moyenne. Le volu-mineux Jupiter aura sa place occupée, à 624 mètres d'éloignement, par une très-grosse orange; et Saturne, distant de 1,200 mètres, par une orange ordinaire. Uranus sera éloigné de 2,352 mètres, plus d'une demi-lieue. Son représentant sera un abricot. Enfin Neptune, distant de près d'une lieue, en nombre exact de 3,600 mètres, aura la grosseur d'une pêche.

A côté de la Terre, de Jupiter, de Saturne, d'Uranus et de Neptune, supposez un ou plusieurs menus grains de plomb pour figurer les satellites de ces planètes; puis imaginez que le tout circule en rond en des temps iné-gaux à l'entour de la grosse boule du centre, et vous aurez une représentation assez fidèle du système solaire. La prodigieuse grosseur du Soleil vous apparaît ici sous un nouveau jour. Remarquez combien sont petites, par rapport à la boule centrale, les planètes, les terres circu-lant à l'entour, pêche, orange, cerise et grain de chè-nevis.

Pour accomplir son voyage autour du Soleil, chaque

planète emploie une période différente, d'autant plus longue que la distance à l'astre central est plus grande. Cette période constitue l'année de la planète.

MARIE. — L'année, pour une planète, est alors le temps qu'elle met pour faire le tour du Soleil ?

AURORE. — Précisément. Mercure fait le tour du Soleil en 88 de nos jours, Vénus en 223, Mars en deux de nos ans, Jupiter en 12 ans, Saturne en 29, Uranus en 84, Neptune en 165. L'année de Mercure vaut donc en durée 88 de nos jours, ce qui donne des saisons de 22 jours, des saisons moindres qu'un seul de nos mois. Neptune emploie 165 de nos années pour son trajet autour du Soleil; son année équivaut à 165 des nôtres, et un seul de ses printemps, un seul de ses hivers, à 41 ans.

En même temps qu'elle voyage autour du Soleil, chaque planète tourne sur elle-même, ce qui produit, absolument comme pour la Terre, l'alternative du jour et de la nuit. La durée de cette rotation est à peu près de 24 heures pour Mercure, Vénus et Mars. Sur ces planètes, les jours et les nuits ont donc une très-grande analogie avec les nôtres. Jupiter, malgré son énorme volume, est beaucoup plus rapide. En dix heures, il expose à tour de rôle ses flancs aux rayons du Soleil, de sorte que chaque moitié de la planète est éclairée cinq heures, et cinq heures plongée dans l'obscurité. Saturne rivalise avec lui de vitesse : il tourne sur lui-même en dix heures et demie.

LXX

VÉNUS — MARS — JUPITER — SATURNE

Vénus est cette magnifique étoile [1], à lumière si vive et si blanche, qu'on voit précéder l'aurore ou suivre le coucher du Soleil. Il n'est pas rare même de l'apercevoir en plein jour, tant elle resplendit. Lorsqu'elle se montre à l'est, on lui donne vulgairement le nom d'*étoile du matin*, et celui d'*étoile du soir* quand elle se montre à l'ouest. Les anciens la nommaient *Lucifer* le matin et *Vesper* le soir. Enfin on l'appelle encore l'*étoile du berger*. Ces dénominations multiples prouvent combien, de tout temps, la brillante planète a frappé les regards même les plus inattentifs.

Le télescope montre à la surface de Vénus des montagnes d'une hauteur énorme. Nos Cordillières, nos Alpes, dont les cimes blanchies par les neiges plongent dans les nuages, ne sont que des collines en comparaison de certains pics vénusiens. Enfin on y distingue une atmosphère analogue à la nôtre.

Mars nous apparaît comme une étoile brillante qui se fait remarquer, entre toutes les autres, par une vive coloration rouge. Examinée au télescope, cette planète nous présente un des plus curieux spectacles du firmament. Son disque est moucheté de grandes taches à forme permanente, à contours très-nets, les unes rougeâtres, les autres d'un vert indécis. On croirait avoir sous les yeux un hémisphère d'une petite mappemonde dont les terres

---

1. Le mot *étoile* est pris ici dans une acception impropre, car il désigne les corps célestes lumineux par eux-mêmes, et non les planètes, qui ne brillent que d'une lumière venue du Soleil.

seraient teintées en rouge et les océans en vert. Tel serait à peu près l'aspect de la Terre s'il nous était possible de la voir de quelque planète voisine. On présume que les taches rouges correspondent à des continents et les espaces verdâtres à des mers.

Les taches apparaissent au bord occidental de la planète ; elles défilent peu à peu sous les yeux de l'observateur, puis disparaissent au bord oriental pour se montrer plus tard du côté opposé. Il s'écoule 24 heures et 37 minutes entre deux retours consécutifs de la même tache à l'un ou l'autre bord du disque. Mars tourne donc sur lui-même en 24 heures et 37 minutes. Nouveau trait de ressemblance avec la Terre, qui met 24 heures pour accomplir sa rotation.

En outre, une tache circulaire d'un blanc vif occupe chacun des pôles de la planète et se détache nettement, par son éclat, du fond rougeâtre ou vert des terres et des mers voisines. L'étendue de ces taches polaires est périodiquement variable. Pendant une moitié de l'année de Mars correspondant à la saison chaude de l'hémisphère nord, la tache boréale s'amoindrit graduellement et recule vers le pôle à mesure que le soleil visite ses bords. En même temps, la tache australe, pour laquelle sévit alors l'hiver, élargit ses limites et gagne sur les espaces verts et rouges. Dans la seconde moitié de l'année de la planète, les saisons sont interverties : l'hémisphère sud a l'été, l'hémisphère nord a l'hiver. Alors la tache boréale s'élargit, tandis que la tache australe s'amoindrit. Quelle peut être la signification de ce manteau blanc des deux pôles, qui, tour à tour, augmente d'étendue ou se rétrécit suivant que le soleil l'abandonne ou lui revient ?

Pour un observateur qui verrait notre globe de quelque point du ciel, la Terre, à ses deux pôles, présenterait absolument le même aspect. Une immense coupole de neige et de glace, qui ne fond jamais en entier, occupe l'extrémité arctique de la Terre ; une coupole pareille recouvre l'extrémité antarctique. Vues de l'espace, ces deux coupoles de neige doivent apparaître comme des taches rondes, d'un blanc éblouissant, de six mois en six mois plus grandes ou plus petites, suivant la saison. En ce moment, je suppose, là-haut, au pôle nord, la couche des neiges hivernales brille dans toute son extension. Les frimas dépassent les contrées arctiques et s'étendent jusque dans les régions tempérées. Là-bas, au pôle sud, les glaces se fondent, les mers congelées redeviennent libres, les neiges disparaissent, et le sol attiédi sourit au soleil, qui lui ramène la végétation. Six mois plus tard, ce sont les régions australes qui se couvrent de neige, et les régions boréales qui sont visitées par la chaleur, la lumière et la vie. Mars a donc, comme la Terre, ses neiges et ses glaces polaires, qui, tour à tour, s'amoncellent et s'étendent pendant l'hiver, ou se fondent en partie au soleil d'été et reculent vers le pôle.

Enfin Mars possède une atmosphère semblable à la nôtre. L'observation suivante le prouve. Les taches de la planète, rougeâtres ou vertes, continentales ou océaniques, ne sont bien visibles que lorsqu'elles occupent la partie centrale du disque ; près des bords, elles semblent noyées sous un rideau lumineux qui en affaiblit la netteté. Enfin le contour de la planète a parfois une telle prédominance d'éclat sur le reste du disque, que Mars paraît entouré d'un mince liseré resplendissant de lumière. Ces diverses apparences ne peuvent résulter que d'une atmosphère illuminée par le Soleil.

Le circuit de Mars est de 5,000 lieues, et son volume équivaut à la septième partie de celui de la Terre. Son moindre volume à part, Mars est la planète qui ressemble le plus à notre globe.

Jupiter est 1,414 fois plus gros que la Terre. La planète colosse nous apparaît cependant comme une simple étoile, d'un blanc jaunâtre, très-brillante, mais inférieure en éclat à Vénus. Les 200 millions de lieues qui nous en séparent, pour nos regards réduisent Jupiter presque à un point brillant; mais si le géant était plus près, il pourrait de son disque énorme nous masquer une grande partie du ciel. A la distance de la Lune, par exemple, il couvrirait douze cents fois l'espace occupé par celle-ci, et dix fois la largeur de son disque ferait le tour de la voûte céleste de l'orient à l'occident. La réduction par l'éloignement est réciproque; la Terre est amoindrie pour un astre dans le même rapport que cet astre l'est pour la Terre. Si Jupiter se montre à nous sous les apparence d'une étoile, comment donc apparaît la Terre aux yeux d'un observateur placé sur Jupiter? Comme une pauvre étincelle à grand'peine entrevue dans les ténèbres du ciel.

Le télescope nous montre sur le disque de Jupiter des bandes irrégulières, alternativement brillantes et sombres. On présume que les bandes brillantes sont des traînées nuageuses alignées par des courants aériens qui résultent de la rapide rotation de la planète. Je vous ai déjà dit que Jupiter tourne sur lui-même en 10 heures, de sorte que la nuit et le jour y ont chacun 5 heures de durée. Quant aux bandes obscures, elles correspondent au sol obombré par son enveloppe de nuages et vu à travers une portion limpide de l'atmosphère.

Nous avons nommé *satellites* des astres secondaires qui circulent autour de certaines planètes, et remplissent à leur égard le même rôle que la Lune à l'égard de la Terre. Mercure, Vénus et Mars n'ont pas de satellites; mais les nuits de Jupiter sont éclairées par quatre lunes, dont trois notablement plus grandes que la nôtre. Tantôt isolés, ou deux à deux, ou trois à trois, ou tous les quatre ensemble, les compagnons de la grosse planète montent au-dessus de l'horizon, vus en plein, à l'état de croissant ou de quartier, et amènent dans le ciel de Jupiter des magnificences d'illuminations inconnues sur la Terre.

Pour nous, les quatre lunes de Jupiter se réduisent à de petits points lumineux placés, en des situations incessamment changeantes, dans l'étroit voisinage de la planète. On les voit passer en avant de l'astre, traverser son disque, le quitter, s'avancer à gauche, puis revenir, disparaître derrière la planète et reparaître à droite quelque temps après. Au moment où il passe entre le Soleil et Jupiter, chaque satellite jette son ombre sur le disque brillant de la planète, en produisant une petite tache ronde et noire. Pour les régions de Jupiter que couvre cette tache, il y a éclipse de Soleil. Les lunettes astronomiques permettent de suivre aisément d'ici toutes les circonstances de ces lointaines éclipses.

Saturne, 734 fois plus gros que la Terre, ne produit à nos yeux qu'un assez pauvre effet. Nous le voyons comme une étoile pâle, d'apparence terne. Le télescope distingue sur le disque de la planète des bandes lumineuses, entremêlées de bandes sombres, pareilles à celles de Jupiter et dues apparemment encore à des traînées nuageuses.

De tous les globes planétaires, Saturne est le plus riche en satellites. Il en a huit pour desservir ses nuits. Il possède en outre un neuvième satellite, unique en son genre dans le système solaire. C'est un anneau circulaire, aplati, très-large et relativement fort mince, qui ceint la planète par le milieu sans la toucher nulle part. Il n'est pas continu, mais composé de trois zones concentriques, l'intérieure obscure et transparente, l'extérieure de teinte grisâtre, l'intermédiaire plus lumineuse que le disque même de la planète. Les deux dernières zones sont nettement séparées l'une de l'autre par un intervalle vide à travers lequel se voit le ciel étoilé. On présume que leur matière est de nature fluide, car on voit parfois des traces de subdivisions plus nombreuses annonçant des déchirures faciles. La largeur totale de l'anneau est de 12,000 lieues, et son épaisseur est évaluée à une centaine de

lieues au plus. L'espace vide qui sépare l'anneau de la
planète est de 7,500 lieues.

Cette couronne satellite accompagne Saturne dans sa

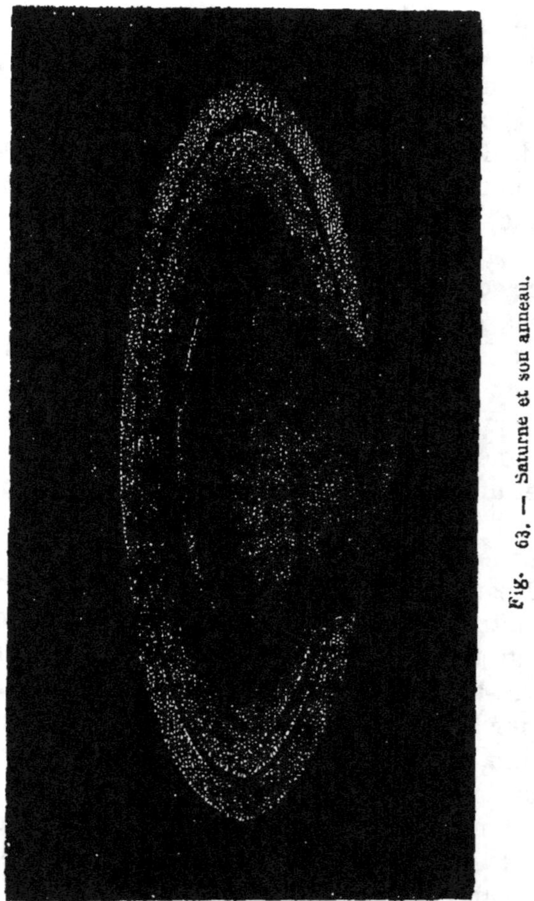

Fig. 63. — Saturne et son anneau.

rotation ; elle tourne autour de la planète dans le même
temps que celle-ci tourne sur elle-même, comme si les
deux faisaient un seul corps. Par lui-même, l'anneau
n'est pas lumineux, car on le voit projeter son ombre sur

la planète, de même qu'on voit la planète projeter son ombre sur lui. Il réfléchit simplement la lumière qui lui vient du Soleil. C'est donc pour Saturne une lune d'une forme exceptionnelle, embrassant le tour entier du ciel de sa majestueuse écharpe de lumière. L'imagination vainement chercherait à se figurer le féerique éclairage des nuits saturniennes quand les huit satellites, avec leurs phases variées, mêlent leurs clartés aux blanches irradiations de l'anneau, semblable à une arche immense de lumière jetée d'un bord à l'autre du ciel.

———

LXXI

L'ÉLECTRICITÉ

Qu'est-ce que le tonnerre? Qu'est-ce que la foudre? D'où provient ce trait de feu qui tout à coup serpente à travers les nuages et produit l'éblouissante lueur de l'éclair? Telles étaient les questions que Marie et Claire faisaient à Aurore après un orage, qui plus d'une fois les avait fait tressaillir de frayeur par ses violents coups de tonnerre.

AURORE. — Vous me demandez la cause de la foudre? Je veux bien vous en dire quelques mots, mais je vous avertis : c'est difficile pour vous, très-difficile, et je crains que vous ne me compreniez pas tout à fait.

CLAIRE. — Dites toujours, nous écouterons bien.

AURORE. — Soit. L'air n'est pas visible, on ne peut le saisir ; s'il était toujours en repos, vous n'en soupçonneriez peut-être pas encore l'existence. Mais quand un vent violent courbe les hauts peupliers et fait tourbillonner les feuilles, quand il déracine les arbres et enlève la toiture des habitations, qui peut douter de l'existence de l'air; car le vent n'est autre chose que de l'air coulant avec force d'un pays dans un autre. L'air, si subtil, si caché à nos regards, si paisible au repos, est donc bel et bien une chose matérielle, une chose même très-brutale quand elle se meut violemment.

C'est pour vous dire qu'une substance peut exister, dont rien parfois ne trahit la présence. Nous ne la voyons pas, nous ne la touchons pas, nous ne la sentons pas, et cependant elle est là, partout; nous en sommes entourées, nous vivons au milieu d'elle.

Eh bien, il y a une chose encore plus cachée que l'air, plus invisible que lui, plus difficile à soupçonner. Elle est partout, absolument partout, même en nous; mais elle se tient si tranquille, que jusqu'ici peut-être vous n'en avez pas entendu parler.

Augustine, Claire et Marie se parlaient du regard, cherchant à deviner ce que pouvait être cette chose qui se trouvait partout et qu'elles ne connaissaient pas encore. Elles étaient à cent lieues de soupçonner ce que la tante avait en vue.

AURORE. — Vainement vous chercheriez seules tout le jour, toute l'année, toute votre vie peut-être : vous ne trouveriez pas. C'est qu'elle est singulièrement cachée, voyez-vous, la chose dont je parle; il a fallu de la part des savants de bien délicates recherches pour entrer en connaissance avec elle. Servons-nous des moyens qu'ils nous ont appris pour la faire apparaître.

Aurore prit dans son bureau un bâton de cire d'Espagne et le frotta vivement sur un morceau de drap ; puis elle l'approcha d'une menue parcelle de papier. Voici que le papier s'élance et vient se coller contre la cire d'Espagne. A plusieurs reprises, l'expérience est recommencée. Chaque fois le papier se soulève seul, part et va se coller contre le bâton.

— Le morceau de cire d'Espagne, reprit Aurore, qui tantôt n'attirait pas le papier, l'attire maintenant. Le frottement sur le drap a donc développé en lui quelque chose qu'on ne peut voir, car le bâton n'a en rien changé d'aspect; et cette chose invisible n'est pas moins très-réelle, puisqu'elle soulève le papier, l'attire sur la cire et l'y maintient collé. Cette chose se nomme *électricité*. Vous pouvez aisément la faire apparaître en frottant contre du drap soit du verre, soit un bâton de soufre, soit de la résine, soit de la cire d'Espagne. Toutes ces matières, une fois frottées, auront la propriété d'attirer à elles les objets très-légers, comme de menus morceaux de paille, des parcelles de papier, des grains de poussière. Ce soir je vous en apprendrai davantage, quant j'aurai fait mes petits préparatifs.

Ces préparatifs consistaient à allumer le poêle, rendu d'ailleurs supportable, malgré la saison, à cause de la bise froide et sèche qui s'était élevée après l'orage. Le soir venu, Aurore prit sur ses genoux le chat, qui dormait sur une chaise à côté du poêle allumé; puis elle souffla la lampe. L'obscurité faite, elle se mit à passer et à repasser la main sur le dos du matou. Oh! oh! merveille! La fourrure de la bête ruisselle de perles lumineuses; de petits éclairs d'une lueur blanche apparaissent, pétillent et disparaissent à mesure que la main frictionne; on dirait que les étincelles d'un feu d'artifice jaillissent entre les poils. Toutes sont en admiration devant les magnificences du matou.

CLAIRE. — Ce feu brûle-t-il? Le chat ne dit rien et vous passez la main sans crainte.

AURORE. — Ces étincelles ne sont pas du feu. Vous vous rappelez le bâton de cire d'Espagne, qui, une fois frotté sur du drap, attire les parcelles de paille et de papier. Je vous ai dit que l'électricité, suscitée par la friction, est la cause qui fait s'élancer le papier sur la cire. Eh bien, en frottant le dos du chat avec la main, je fais apparaître encore de l'électricité, mais en plus grande abondance, si bien qu'elle devient visible, d'invisible qu'elle était d'abord, et jaillit en étincelles.

AUGUSTINE. — Puisque cela ne brûle pas, laissez-moi essayer.

Augustine passa la main sur la fourrure du chat. Les perles lumineuses et leurs craquements recommencèrent de plus belle. Marie et Claire en firent autant. Le matou fut alors lâché. L'expérience commençait d'ailleurs à l'ennuyer, et si Aurore ne l'avait tenu en respect, peut-être se serait-il permis un coup de griffe.

AURORE. — Puisque le chat menace de se fâcher, nous allons recourir à un autre moyen de produire de l'électricité.

On plie en deux, dans le sens de la longueur, une belle feuille de papier ordinaire ; puis on saisit la bande par chaque extrémité. On la chauffe alors aussi fortement que possible, mais sans la brûler, au-dessus d'un poêle ou devant un foyer ardent. Plus la chaleur sera élevée et le temps sec, plus l'électricité se développera en abondance. Une âpre soirée d'hiver, quand la bise souffle et que le poêle ronfle, est le moment le plus propice. Enfin, tenant toujours la bande rien que par les extrémités, on la frotte vivement, dès qu'elle est bien chaude, sur un morceau d'étoffe en laine préalablement chauffé et tendu sur le genou. La friction doit se faire avec rapidité, dans le sens de la longueur. Après une courte friction, la bande est brusquement soulevée d'une seule main, en ayant bien soin de ne pas laisser le papier toucher contre aucun objet, sinon l'électricité se dissiperait. Alors, sans tarder, on approche du centre de la bande l'articulation du doigt de la main libre, ou mieux le bout d'une clef ; et l'on voit s'élancer entre le papier et la clef, avec un léger pétillement, une brillante étincelle. Pour en obtenir de nouvelles, il faut chaque fois recommencer les mêmes opérations ; car, à l'approche du doigt ou de la clef, la feuille de papier perd en entier son électricité.

Au lieu de faire jaillir l'étincelle, on peut présenter à plat la feuille électrisée au-dessus de petites parcelles de papier, de menus débris de paille, de fragments de barbe de plume. Ces corps légers sont attirés et repoussés tour à tour ; ils vont et viennent rapidement de la bande électrisée à l'objet qui leur sert de support, et de celui-ci à la bande.

Joignant l'exemple au précepte, Aurore prit une feuille de papier, la doubla en une bande pour lui donner plus de résistance, la chauffa, la frictionna sur le genou et finalement en fit jaillir une étincelle à l'approche du bout d'une clef. Toutes étaient émerveillées du petit éclair qui s'élance du papier avec un craquement. Les perles lumineuses du chat frictionné sont plus nombreuses, mais elles sont moins fortes et moins brillantes.

LXXII

LE CERF-VOLANT ET LA FOUDRE

Aurore. — Vous vous demandez toutes les trois, j'en suis sûre, pour quels motifs, ayant à vous parler du tonnerre, je me suis mise à frictionner de la cire d'Espagne, une bande de papier et le dos du chat. Vous allez le comprendre, mais auparavant écoutez une histoire.

Un magistrat de la petite ville de Nérac, nommé de Romas, s'avisa, il y a un peu plus d'un siècle, de l'expérience la plus solennelle que la science ait enregistrée dans ses annales. On le vit s'acheminer vers la campagne, par un temps orageux, avec un grand cerf-volant

et un paquet de cordes. Plus de deux cents personnes
l'accompagnaient, vivement préoccupées. Qu'allait-il
donc faire, le célèbre magistrat? Oubliant ses graves fonctions, se proposait-il quelque divertissement
indigne de lui? Était-ce pour voir lancer un puéril cerf-
volant de papier que les curieux affluaient? Non, non ! de
Romas allait réaliser le plus audacieux projet que le génie
de l'homme ait jamais conçu : il allait témérairement provoquer la foudre au sein même des nuages et faire descendre le feu du ciel à ses pieds.

Le cerf-volant, qui devait recueillir la foudre au milieu des nuées orageuses et l'amener sous les yeux de l'intrépide expérimentateur, ne différait pas de ceux qui
vous sont connus ; seulement la corde en chanvre était
garnie d'un fil de cuivre dans toute sa longueur. Le vent
s'étant levé, on lança la machine de papier, qui atteignit
une hauteur d'environ deux cents mètres.

A l'extrémité inférieure de la corde, on attacha un cordon de soie ; et ce cordon fut fixé lui-même sous l'auvent
d'une maison, à l'abri de la pluie. Un petit cylindre de
fer-blanc était appendu en un point de la corde en chanvre, bien en rapport avec le fil métallique qui la parcourait. Enfin de Romas était armé d'un cylindre pareil,
emmanché à l'extrémité d'un long tube en verre. C'est
avec cet instrument ou cet excitateur, tenu à la main par
son manche de verre, qu'il devait faire jaillir le feu des
nuées, conduit par le fil de cuivre de la corde du cerf-
volant jusqu'au cylindre métallique terminant ce fil. Le
cordon de soie et le manche en verre avaient pour effet
de s'opposer à la propagation de la foudre, soit dans le
sol, soit dans le bras de l'expérimentateur, car ces matières ont la propriété de ne pas livrer passage à l'électricité, lorsqu'elle n'est pas trop abondante. Les métaux,
au contraire, la laissent parfaitement circuler.

Bientôt des nuées orageuses passent à proximité du
cerf-volant planant dans les airs. De Romas approche

l'excitateur du cylindre de fer-blanc suspendu au bout de la corde, et soudain une lueur jaillit : elle est produite par une éblouissante étincelle, qui s'élance sur l'excitateur, craque, jette un éclair et se dissipe à l'instant.

MARIE. — C'est tout juste ce que nous obtenions hier au soir en approchant le bout d'une clef de la bande de papier chauffée et frottée.

AURORE. — C'est, en effet, la même chose. La foudre, les perles de feu du chat, les étincelles du papier, sont également le résultat de l'électricité.

Mais revenons à de Romas. Voilà l'électricité, voilà la substance de la foudre dans la corde du cerf-volant. Elle est inoffensive encore, à cause de sa faible quantité ; aussi de Romas n'hésite-t-il pas à la faire jaillir avec le doigt. Chaque fois qu'il l'approche du cylindre, son doigt reçoit une étincelle. Les spectateurs, enhardis, viennent, à son exemple, provoquer l'explosion électrique. On s'empresse autour du cylindre merveilleux qui recèle maintenant le feu du ciel ; chacun veut en tirer des éclairs, chacun veut voir étinceler entre ses doigts la substance fulminante descendue des nuages. On joue ainsi impunément une demi-heure avec le tonnerre, lorsque tout à coup une étincelle violente atteint de Romas et le renverse à demi. L'heure du péril est venue : d'épais nuages planent au-dessus du cerf-volant.

De Romas rappelle toute sa fermeté ; il fait rapidement écarter la foule et reste seul à côté de son appareil, au centre du cercle des spectateurs, que l'épouvante commence à gagner. Alors, à l'aide de l'excitateur, il fait jaillir du cylindre métallique d'abord de fortes étincelles, capables de terrasser une personne sous la violence de la commotion, puis des lames de feu qui serpentent comme la foudre et éclatent avec fracas. Ces lames mesurent bientôt une longueur de deux à trois mètres. Celui qu'elles atteindraient périrait infailliblement. De Romas, qui redoute d'un moment à l'autre quelque accident mortel, fait élargir davantage le cercle des curieux, et cesse la périlleuse provocation du feu électrique. Mais, bravant une mort imminente, il continue de près ses redoutables observations, avec le même sang-froid que s'il eût procédé à l'expérimentation la plus inoffensive. Autour de lui, quelque chose bruit comme le souffle d'une forge; une odeur de soufre brûlé règne dans l'air; la corde du cerf-volant se couvre d'une enveloppe lumineuse, et figure un ruban de feu joignant le ciel à la terre. Trois longues pailles, gisant par hasard sur le sol, se dressent debout, sautillent, s'élancent vers la corde, retombent, s'élancent encore, et pendant quelques minutes égayent les spectateurs de leurs évolutions.

CLAIRE. — Hier au soir, les barbes de plume et les menus morceaux de paille sautaient de la même manière entre la feuille de papier électrisée et la table. La feuille de papier frottée recèle donc, mais en petit, la substance même de la foudre.

AURORE. — Je suis heureuse de vous voir saisir cette étroite ressemblance entre la foudre et l'électricité que nous faisons apparaître en frottant certains corps. De Romas faisait sa terrible expérience précisément pour constater cette ressemblance.

J'ai dit terrible expérience; vous allez voir, en effet, quel danger courait l'audacieux expérimentateur. Trois pailles, vous disais-je, sautillaient de la corde au sol et du sol à la corde, quand soudain tout le monde pâlit d'effroi : une violente explosion éclate, et la foudre tombe en creusant un large trou dans le sol et en soulevant un nuage de poussière.

AUGUSTINE. — Mon Dieu! de Romas était mort?

AURORE. — Non, de Romas était sauf; il rayonnait de joie. Il venait de prouver que la foudre peut être amenée des nuages à la portée de l'observateur; il venait de prouver que le tonnerre a pour cause l'électricité. Ce n'était pas là. mes chères enfants, un mince résultat, propre à satisfaire uniquement notre curiosité. La foudre étant connue dans sa nature, il devenait possible de se garantir de ses ravages, comme je vous le dirai en vous parlant du paratonnerre.

MARIE. — De Romas, qui faisait au péril de sa vie ces importantes expériences, dut être comblé d'honneurs et de richesses par ses contemporains?

AURORE. — Hélas! ma bonne Marie, ce n'est pas ainsi que d'habitude les choses se passent. La vérité, pour s'établir, trouve rarement la place libre; elle doit lutter contre les préjugés et l'ignorance. La lutte est parfois si pénible, que les personnes de bonne volonté succombent à la tâche. De Romas, voulant répéter son expérience à Bordeaux, fut accueilli à coup de pierres par la foule, qui voyait en lui un homme dangereux, évoquant la foudre par des maléfices. Il dut fuir à la hâte en abandonnant ses appareils.

LXXIII

LE PARATONNERRE

Un peu avant de Romas, Franklin faisait, aux États-Unis de l'Amérique du Nord, de semblables recherches sur la nature de la foudre. Benjamin Franklin était le fils d'un pauvre fabricant de savon. Il trouva dans la maison paternelle tout juste les ressources nécessaires pour apprendre à lire, à écrire et à compter; et cependant il devint par sa science l'un des hommes les plus remarquables de son époque. C'est à lui que nous devons l'invention du paratonnerre.

C'est une longue et forte tige de fer pointue, implantée

au sommet de l'édifice que l'on veut défendre de la foudre. De sa base part une grosse tringle, également en
fer, qui longe le toit et les murs, où elle est fixée par des
crampons, et plonge dans le sol humide ou mieux dans
l'eau d'un puits profond. Si la foudre éclate, elle tombe
sur le paratonnerre, qui est l'objet le plus voisin des
nuages et en outre le plus apte à laisser circuler l'électricité à cause de sa nature métallique. D'ailleurs sa forme
pointue est pour beaucoup dans son efficacité protectrice.
La foudre qui atteint le paratonnerre suit le conducteur
en métal, et va se dissiper dans les profondeurs du sol
sans produire de dégâts.

La décharge électrique, soit d'un nuage à l'autre, soit
entre un nuage et la terre, produit une longue étincelle
ou trait de feu sinueux que l'on nomme la foudre. Le
bruit résultant de cette explosion, c'est le tonnerre ; et la
subite illumination que jette l'étincelle électrique s'appelle
l'éclair. En général, vous ne connaissez que la lueur soudaine et le fracas de l'explosion, l'éclair et le tonnerre.
Pour voir la foudre elle-même, il faut vaincre une frayeur
que rien ne motive et regarder attentivement les nuées,
centre de l'orage. D'un moment à l'autre, on voit alors
serpenter un trait éblouissant, simple ou ramifié, et d'une
forme sinueuse très-irrégulière ; ce ruban de feu est l'étincelle électrique.

C'est bien le plus imposant spectacle que celui d'un
ciel orageux, rougi des feux de l'éclair et plein du roulement du tonnerre. Et cependant, lorsque, au sein des
nuées, flamboie la foudre et retentit le fracas de l'explosion, une folle frayeur vous domine ; l'admiration n'a
plus de place en votre esprit, et vos yeux terrifiés se
ferment à la magnificence des phénomènes électriques
de l'atmosphère, qui racontent avec tant d'éloquence la
majesté des œuvres de Dieu. De votre cœur, glacé de
crainte, aucun élan de reconnaissance ne monte, car
vous ignorez qu'en ce moment, aux lueurs de l'éclair, au

fracas de l'averse, du tonnere et des vents déchaînés, un grand acte providentiel s'accomplit.

La foudre, en effet, est une cause de vie bien plus qu'une cause de mort. Malgré les rares accidents qu'elle occasionne, obéissant en cela aux décrets impénétrables de Dieu, elle est un des plus puissants moyens que la Providence mette en œuvre pour assainir l'atmosphère, pour débarrasser l'air que nous respirons des exhalaisons malsaines. Nous brûlons des torches de paille et de papier dans les appartements dont il faut assainir l'air; avec ses immenses traits de feu, la foudre remplit un effet analogue dans l'étendue atmosphérique. Chacun de ces éclairs, qui vous font tressaillir de frayeur, est un gage de salubrité générale; chacun de ces coups de tonnerre, qui vous glacent de crainte, est une preuve du grand travail de purification qui s'opère en faveur de la vie. Et qui ne sait avec quelles délices, après un orage, la poitrine s'emplit d'un air plus pur, alors que l'atmosphère, assainie par les feux de la foudre, donne une nouvelle vie à tout ce qui respire ! Gardons-nous donc d'une folle terreur lorsqu'il tonne, mais élevons notre esprit vers Dieu, de qui le tonnerre et l'éclair ont reçu leur salutaire mission. Rien n'arrive, ne l'oublions jamais, sans la permission de notre Père, qui est dans les cieux. Une respectueuse crainte de Dieu doit en nous exclure toute autre crainte. Examinons alors de sang-froid le danger que la foudre nous fait courir.

Sachons d'abord que la foudre frappe de préférence les points les plus saillants du sol, parce qu'ils sont plus rapprochés des nuages orageux. Les édifices élevés, les tours, les clochers, les grands arbres, sont les points les plus exposés au feu du ciel. En rase campagne, il serait très-imprudent, pendant un orage, de chercher un refuge contre la pluie sous un arbre, surtout s'il est grand et isolé. Si la foudre doit tomber aux environs, ce sera de préférence sur cet arbre, dont la cime avoisine les

Fig. 64. — Le paratonnerre.

nuages. Les tristes exemples de personnes foudroyées qu'on déplore chaque année se rapportent, pour la plupart, à de malheureux imprudents abrités de la pluie sous un grand arbre. Essuyons vaillamment l'averse, si l'orage nous surprend dehors, et n'allons jamais chercher sous un arbre un refuge qui pourrait nous être fatal. Méfions-nous encore des édifices élevés, clochers et hautes tours, s'ils ne sont pas armés d'un paratonnerre.

Quant aux autres précautions qu'on est dans l'habitude de recommander, comme de ne pas courir lorsqu'on est surpris par un orage, pour ne pas déplacer l'air violemment, et de fermer les portes et les fenêtres afin d'empêcher les courants d'air, elles n'ont aucune espèce de valeur : la direction que suit la foudre n'est en rien influencée par les mouvements de l'air. Les convois des chemins de fer, qui marchent avec une si grande vitesse et déplacent l'air avec tant de violence, ne sont pas plus exposés à la foudre que les objets immobiles. L'expérience de chaque jour en fait foi.

AUGUSTINE. — Quand il tonne, beaucoup se hâtent de fermer toutes les fenêtres, ainsi que les portes.

AURORE. — Ces personnes se croient en sûreté dès qu'elles cessent de voir le péril. On s'enferme pour ne pas voir l'éclair, ne pas entendre le tonnerre ; mais cela ne diminue en rien le danger.

CLAIRE. — Il n'y a donc pas de précautions à prendre.

AURORE. — Dans les circonstances habituelles, aucune, si ce n'est cette précaution par excellence : avoir le cœur ferme et s'en remettre à la volonté de Dieu.

LXXIV

LES NIDS

Pour bâtir la charpente, l'extérieur du nid, les oiseaux emploient les méthodes et les matières les plus variées. L'un entrelace des bûchettes, l'autre tisse du crin et de fines racines ; celui-ci feutre des mousses, celui-là devient maçon et gâche de la terre ; en voici qui se font charpentiers, et du bec forent un trou dans la tige des arbres ; en voici d'autres qui grattent le sol et se creusent des conques dans le sable. Tout leur est bon pour le dehors du nid ; chacun, suivant sa spécialité, emploie les matériaux les plus divers et les met en œuvre d'une façon différente.

Mais pour l'intérieur, c'est autre chose : comme d'un commun accord, ils ne le composent qu'avec un petit nombre de matériaux choisis entre mille. Dans le matelas destiné à la jeune couvée, ils ne font entrer que le coton, la bourre, la laine, les plumes, le duvet, c'est-à-dire les corps aptes à conserver le mieux la chaleur. Pour entretenir dans le nid la douce température nécessaire à leurs petits nus et frileux, ils ont pour guide mieux que la science : ils ont la providentielle inspiration de l'instinct, qui dévoile au pinson les secrets de la chaleur et conseille à l'hirondelle de matelasser de duvet le nid de terre, maçonné sous le rebord du toit.

Le chardonneret est un des plus habiles parmi les habiles. Son berceau de coton est un petit chef-d'œuvre d'élégance et de solidité. Il l'établit dans l'enfourchure de quelques branches, et en compose l'extérieur avec des mousses et des lichens, qui le dérobent aux regards par leur couleur semblable à celle du tronc de l'arbre. Puis, au centre de cette charpente, avec la bourre cotonneuse

qui enveloppe les graines du saule et du peuplier, avec
les brins de laine que les épines des haies arrachent au
troupeau qui passe, avec les aigrettes plumeuses des semences des chardons, il construit, pour ses petits, un
matelas en forme de coupe, si moelleux, si chaud, si
douillet, que jamais fils de roi au maillot n'en a eu de
pareil.

Son talent de constructeur est cependant dépassé par
la mésange à longue queue et par la mésange penduline.
La mésange à longue queue se distingue, comme l'indique son nom, par le développement excessif de la
queue, qui fait plus de la moitié de la longueur totale
du corps. Elle habite les bois pendant la belle saison, et
ne vient que l'hiver dans nos jardins et nos vergers. C'est
un petit oiseau, gris rougeâtre sur le dos et blanc en
dessous ; sa nuque et ses joues sont blanches.

Le nid est tantôt placé dans l'enfourchure des hautes
branches d'un arbuste, tantôt dans l'épais fourré d'un
buisson, à quelques pieds de terre ; mais il est plus souvent accolé contre le tronc d'un saule ou d'un peuplier.
Sa forme est celle d'un ovale allongé, ou mieux d'un
énorme cocon élargi par la base. Il a son entrée sur le
côté, à un pouce environ du sommet de la voûte. La
couche extérieure se compose de mousses et de lichens
pareils à ceux qui viennent sur l'arbre servant de support, afin de se confondre avec l'écorce et de tromper le
regard des passants. Des filaments de laine en retiennent
toutes les parties enchevêtrées entre elles. Le dôme, pour
mieux résister à la pluie, est un feutre épais de mousse
et de fils d'araignée. L'intérieur ressemble à la cavité
d'un four dont le sol serait excavé et la voute très-élevée.
Cette forme est la plus favorable à la conservation de la
chaleur. Un lit très-épais de plumes soyeuses forme
l'ameublement du nid. Là reposent seize à vingt oisillons,
rangés avec ordre dans l'étroite conque, de la grandeur
au plus du creux de la main. Par quel miracle de paroi-

monieux emménagement ces vingtpetites créatures, avec

Fig. 65. — Le nid de la Mésange à longue queue.

leur mère, trouvent-elles place en ce logis? Comment

d'aussi longues queues peuvent-elles s'y développer ? On chercherait vainement plus belle application de l'économie de l'espace.

— Que j'aimerais à voir, fit Augustine, les vingt petites mésanges groupées en rond dans leur nid !

— J'ai eu dans le temps cette bonne fortune, reprit Aurore. Aujourd'hui encore l'émotion me gagne quand je songe aux vingt petites têtes qui se dressèrent du fond du nid, tremblotant et ouvrant le bec comme à l'approche de leur mère. Par l'orifice du four, un coup d'œil rapide fut donné à ce gracieux spectacle, et je me retirai. Les parents étaient déjà là, la plume ébouriffée d'anxiété. Ne craignez rien, petits oiseaux si vigilants pour votre famille ; ce n'est pas Aurore qui commettra le sacrilége de toucher à vos nids. — Nous autres non plus, se hâtèrent de dire Augustine, Claire et Marie.

— Je l'espère bien, répliqua Aurore, sinon nous ne serions plus amies.

Le nid de la mésange penduline est encore plus remarquable. Cette mésange n'habite guère que les bords du cours inférieur du Rhône. Elle suspend très-haut son nid à l'extrémité de quelque rameau flexible d'un arbre de la rive, de manière que sa famille est mollement bercée par la brise des eaux. C'est une sorte de bourse ovale de la grosseur à peu près d'une bouteille, percée vers le haut et sur le flanc d'un étroit orifice qui se prolonge en un court goulot d'entrée où l'on peut au plus engager le pouce. Pour franchir ce passage, la mésange, toute petite qu'elle est, doit forcer la paroi élastique, qui cède un peu, puis se rétrécit. Cette bourse est fabriquée avec la bourre cotonneuse qui s'échappe, en mai, des chatons mûrs des peupliers et des saules. La mésange assemble et consolide les flocons cotonneux par une trame de laine ou de chanvre. Le tissu obtenu ressemble au feutre de quelque chapeau grossier. Je cherche vainement à me rendre compte de quelle manière s'y prend l'oiseau pour

manufacturer, avec le bec et les pattes, une étoffe que n'obtiendrait pas l'industrieuse main de l'homme livré à ses
propres ressources; et cela, sans apprentissage aucun,
sans hésitation, sans jamais l'avoir vu faire à d'autres.
En son premier coup d'essai, la mésange dépasse l'art de
nos ouvriers tisserands et fouleurs.

Le haut du nid comprend dans son épaisseur l'extrémité du rameau et ses dernières divisions, qui servent de
charpente à la voûte. Enfin, pour plus de solidité dans
l'attache, un cordage de laine et de chanvre entortille ses
brins supérieurs autour du rameau, tandis que ses brins
inférieurs se distribuent dans la trame du feutre. L'intérieur de la demeure est rembourré de coton de peuplier
première qualité. Trois semaines du travail le plus assidu
sont nécessaires à un couple de mésanges pendulines pour
construire cette merveille. Le feutre en est si épais et si
serré que, par les pluies les plus fortes, il n'entre pas
une goutte d'eau dans la demeure de coton.

Comme les mésanges doivent être bien dans leur nid !
se disait Augustine. Le vent les balance doucement au-
dessus des eaux; de leur petite fenêtre, elles regardent
couler le fleuve.

———

LXXV

LES TEIGNES

On appelle teignes de petits papillons dont les chenilles
se fabriquent une demeure ambulante, un fourreau
qu'elles traînent après elles et qui les recouvre presque
en entier. Il y en a qui vivent dans nos greniers et se
construisent un logis avec des grains de blé agglutinés.

17.

entre eux; d'autres en veulent aux étoffes, aux fourrures,
aux plumes, au crin, dont elles se nourrissent en même
temps qu'elles s'en font un étui pour demeure. A l'état
parfait, ces destructeurs de nos étoffes, de nos habillements, de nos fourrures, sont de délicats papillons, généralement blanchâtres, qui viennent, le soir, se brûler les
ailes autour de la flamme des lampes, dont l'éclat les
attire. Voici les plus remarquables.

Fig. 66. — Teigne du drap.   Fig. 67. — Teigne des pelleteries.   Fig. 68. — Teigne des crins.

C'est d'abord la teigne du drap. Les ailes supérieures
sont noires avec l'extrémité blanche. La tête et les ailes
inférieures sont également blanches. La chenille se tient
sur les étoffes de laine ; elle se construit un fourreau
avec les débris du tissu rongé.

La teigne des pelleteries a les ailes supérieures d'un
gris argenté, avec deux petits points noirs sur chacune.
Sa chenille habite les fourrures, qu'elle tond poil par
poil.

La teigne du crin vit, à l'état de chenille, dans le crin
dont on rembourre les meubles. Elle est en entier d'un
fauve pâle.

Tous ces papillons, et en général toutes les teignes,
ont les ailes étroites, bordées d'une élégante frange de
poils soyeux, et couchées en long sur le dos pendant le
repos.

La plus à craindre est la teigne qui ronge le drap.
Pour se mettre à couvert et vivre en paix, sa chenille
se fabrique un fourreau avec des brins de laine coupés
et hachés du tranchant des mâchoires. En moissonnant
ainsi les brins un à un, la teigne rase le drap et fait place
nette jusqu'à la trame. Là se borne parfois le dégât;

mais il lui arrive aussi d'attaquer les fils du tissu et de trouer l'étoffe de part en part, de sorte que le drap n'est plus qu'un haillon sans valeur. Les brins de laine hachés servent en partie de nourriture à la chenille, en partie de matériaux de construction pour le fourreau. Celui-ci est artistement façonné au dehors de brins de laine fixés entre eux au moyen d'un peu de matière soyeuse bavée par la chenille ; au dedans de soie seule, de sorte qu'une fine doublure défend la peau délicate de la teigne de tout rude contact

L'habit de la chenille a la couleur du drap tondu ; il y en a de blancs, de noirs, de bleus, de rouges, suivant la teinte de l'étoffe. Il y en a même de bariolés de diverses couleurs, quand la chenille prend des brins de laine un peu par ci un peu par là sur une étoffe à plusieurs teintes. C'est alors une espèce d'habit d'arlequin.

Cependant la chenille grandit, et le fourreau devient trop court et trop étroit. L'allonger est facile : il suffit d'ajouter de nouveaux brins de laine à l'extrémité. Mais comment faire pour l'élargir ? Eh bien, l'industrieuse bestiole semble avoir pris conseil d'un tailleur : avec les dents pour ciseaux, elle fend son habit tout du long, et dans la fente elle ajuste une pièce neuve. La reprise est si bien faite, si bien cousue avec de la soie, que la couturière la plus habile ne conduirait pas mieux son propre travail.

Pour garantir des teignes les habillements de laine, on est dans l'usage de mettre dans les armoires qui les renferment des plantes odoriférantes, du tabac, du poivre, du camphre. On a recours encore aux fumigations de tabac, aux émanations de l'essence de térébenthine, des huiles de goudron. Mais le moyen le plus sûr et le plus efficace consiste à visiter fréquemment les étoffes, à les secouer et les battre à l'air, à les exposer à la lumière, car toutes les teignes aiment le repos et l'obscurité. C'est surtout de mai en juin qu'il faut prendre ces précautions.

Il convient aussi de détruire les petits papillons blancs
qu'on voit voltiger dans les appartements ; par eux-
mêmes ces papillons ne font aucun dégât, mais ils dépo-
seraient sur les étoffes des œufs, d'où proviendraient les
redoutables chenilles qui mettent en pièces nos habits.

LXXVI

LES ÉCLIPSES DE SOLEIL

Lorsqu'en circulant autour de la Terre la Lune passe
en droite ligne entre nous et le Soleil, elle nous masque
la vue de celui-ci, de même que la main interposée entre
notre regard et la flamme d'une bougie nous cache cette
flamme. On dit alors qu'il y a *éclipse de Soleil*. L'expérience que voici mettra en son jour le principe des
éclipses.

Tracez au tableau noir un cercle un peu grand dont
vous blanchirez l'intérieur ; puis prenez du bout des
doigts un petit disque de carton, ou mieux un sou, pour
le rapprocher plus ou moins d'un œil, l'autre restant
fermé ; placez-vous alors en face du cercle blanc. Si la
pièce de monnaie est assez près de l'œil, elle vous ca-
chera tout le cercle, si grand que soit ce dernier ; en
quelque sorte, il l'éclipsera. Mais cette espèce d'éclipse
totale n'a lieu que juste en arrière du sou interposé. Pour
une personne située à votre droite ou à votre gauche,
le rond blanc du tableau reste toujours visible.

Maintenant, sans déranger le sou de sa place, inclinez
un peu la tête, de manière à changer la direction du
regard. Voilà que le rond reparaît en partie, échancré
comme le croissant de la Lune. Dans ces conditions,
l'éclipse est partielle.

Inclinez davantage la tête; inclinez toujours. Le croissant s'élargit, et bientôt le cercle se montre en entier. L'éclipse n'a plus lieu.

Revenez enfin à la première position, de manière que l'œil, la pièce de monnaie et le rond blanc soient bien en ligne droite. D'abord le rond est totalement masqué. Mais éloignez peu à peu le sou de l'œil dans l'exacte direction du cercle blanc, et vous verrez celui-ci déborder tôt ou tard la pièce et apparaître sous l'aspect d'un anneau. Ce genre d'éclipse, qui masque la vue des parties centrales et laisse les bords visibles sous forme d'un anneau, porte, pour ce motif, le nom d'éclipse annulaire.

Dans cette expérience, évidemment, tout est subordonné à la position de l'œil. En arrière du sou, à une certaine distance, l'éclipse du cercle est totale ; un peu plus loin, sur la même droite, elle est annulaire ; de côté, elle est partielle ; plus à l'écart, elle est nulle. S'il y avait donc plusieurs observateurs en arrière du même sou, chacun, suivant sa position, verrait une éclipse différente, ou, plus fréquemment, n'en verrait pas du tout.

Dans les explications précédentes, substituez le disque du Soleil au rond blanc du tableau, la Lune à la pièce de monnaie, telle ou telle région de la Terre à l'œil de l'observateur, et vous aurez l'exacte théorie des éclipses solaires. La Lune est trop éloignée de nous relativement à sa grosseur pour cacher jamais le Soleil à toute la Terre; elle est comparable au sou de notre expérience, qui masque la vue du cercle blanc pour un observateur placé juste en arrière, et ne le fait qu'en partie ou même ne le fait pas du tout pour un observateur situé un peu de côté. Dans les circonstances les plus favorables, la Lune peut faire ombre à la surface de la Terre dans l'étendue d'un cercle de vingt-deux lieues de largeur. Pour tous les lieux compris dans l'intérieur de ce cercle, le Soleil est caché en plein et l'éclipse est totale. Au voisinage de cette limite, il est en partie visible et l'éclipse est partielle. Plus loin encore, il se voit en entier et l'éclipse n'a pas lieu.

Or, à cause de la rotation de la Terre sur elle-même et de la translation de la Lune autour de nous, ce cercle d'ombre court à la surface des continents et des mers, de même que se déplace l'ombre d'un nuage en mouvement. Pour toute l'étendue que parcourt ce cercle d'ombre, l'éclipse est totale de proche en proche. Dans le voisinage, elle est partielle ; et plus loin, il n'y a plus rien. Dans l'expérience que je viens de vous proposer, supposez des spectateurs rangés devant le rond blanc du tableau ; supposez aussi que la pièce de monnaie se déplace et vienne à tour de rôle intercepter leurs regards. L'invisibilité du rond n'aura pas lieu pour toute la rangée à la fois : elle se propagera d'une personne à l'autre. Au même instant, d'après la position de la pièce, l'éclipse du cercle sera totale pour un spectateur, partielle pour un autre, nulle pour d'autres encore. Ainsi des éclipses de Soleil.

Une éclipse totale de Soleil est bien un des spectacles les plus solennels qu'il nous soit donné de voir. Tout à coup, sans motif apparent, dans un ciel inondé de lumière, le bord occidental de l'astre est maculé de noir. C'est le disque invisible de la Lune qui, par rapport à notre point de vue, vient s'interposer devant le disque solaire. L'écran obscur s'avance toujours et la tache noire augmente. Bientôt le Soleil, à demi caché, semble, de ses rayons blafards, n'éclairer qu'à regret le paysage attristé. Enfin, de minute en minute plus mince, l'extrême bord de l'astre disparaît, et les ténèbres se font, soudaines, mais non complètes, car autour du cercle noir de la Lune rayonne une auréole de pâle lumière ou couronne, qui produit parfois de magiques effets.

Alors, dans le firmament obscurci, les étoiles, d'abord effacées par les clartés du jour, deviennent visibles, du moins les plus brillantes. La température baisse, la rosée se dépose, une brusque impression de fraîcheur vous saisit. Les plantes replient leur feuillage et ferment leurs fleurs comme pour le repos nocturne. Les chauves-souris, tristes amies du crépuscule, quittent leurs retraites pour voleter au grand air; les oiseaux, au contraire, mettent la tête sous la plume ou regagnent leur nid d'un vol incertain. Les bêtes de somme se couchent en chemin, indociles au fouet qui veut les faire avancer; les taureaux se rangent en cercle au pâturage, les cornes en dehors, comme pour repousser un ennemi commun; les poussins se réfugient sous l'aile de leur mère; le chien tremble d'effroi aux talons de son maître; l'homme lui-même, l'homme, qui connaît la cause de ces ténèbres insolites et calcule d'avance leur venue, ne peut se défendre d'une vague inquiétude. Chacun, devant le sombre phénomène, sent rouler au fond de ses pensées d'involontaires appréhensions. O beau Soleil! quel deuil, quels suprêmes épouvantements, si ta face jamais se voilait pour toujours! Quelques minutes, cinq au plus, s'écoulent dans cette anxieuse attente; puis un flot de lumière jaillit, l'astre radieux déborde de plus en plus l'écran noir de la Lune, et l'illumination du jour renaît par degrés.

LXXVII

ÉCLIPSES DE LUNE

CLAIRE. — J'ai bien compris la cause des éclipses solaires. La Lune se place entre nous et le Soleil; elle nous fait ombre, et les pays couverts par cette ombre cessent de voir le Soleil. Il y a aussi des éclipses de Lune. Comment se produisent-elles ?

AURORE. — La Lune, vous le savez, ne brille que de la lumière lui venant du Soleil. Si cette lumière ne peut lui parvenir, arrêtée en route par un obstacle, la Lune aussitôt cesse d'être lumineuse et par conséquent visible; elle est éclipsée. Cela arrive toutes les fois que la Lune se trouve en ligne droite en arrière de la Terre, à l'opposé du Soleil.

Jetez les yeux sur la figure que voici. La Terre est T;

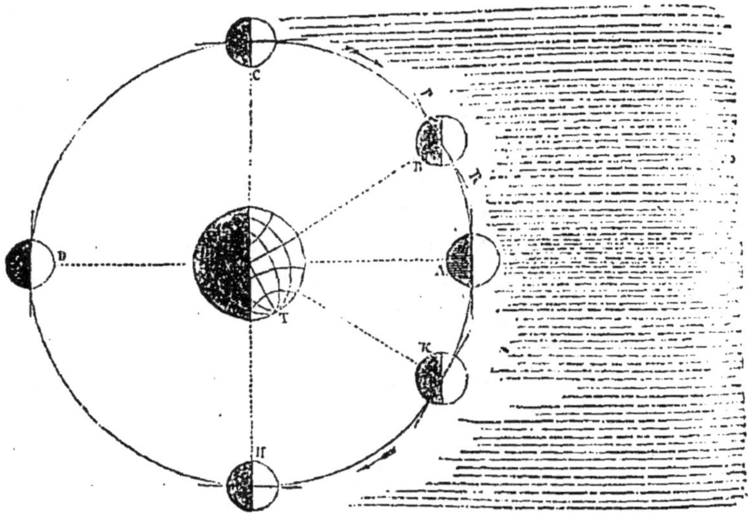

Fig. 69.

le Soleil est à droite, dans la direction S, à une distance très-grande ; la Lune tourne autour de nous et occupe successivement les positions A, B, C, D, H, K. Quand elle est dans la position A, exactement entre nous et le Soleil , elle nous cache celui-ci et il y a éclipse solaire. Quand elle est dans la position D, exactement en arrière de nous, elle cesse de recevoir la lumière du Soleil, à cause de la Terre qui l'arrête au passage. Ne recevant plus de lumière, elle cesse à l'instant d'être visible, bien qu'il n'y ait rien d'interposé entre elle et nos regards. Je vous ai déjà dit que, dans la position A, la Lune est nouvelle ; et que, dans la position D, elle est pleine. Les éclipses de soleil ont par conséquent lieu à l'époque de la nouvelle lune, et les éclipses de lune ont lieu à l'époque de la pleine lune.

CLAIRE. — Ainsi la Lune, interposée entre la Terre et le Soleil, est la cause des éclipses de soleil ; et la Terre, interposée entre le Soleil et la Lune, est la cause des éclipses de lune.

MARIE. — Il devrait donc y avoir éclipse de soleil toutes les nouvelles lunes, et éclipse de lune toutes les pleines lunes, c'est-à-dire tous les 28 jours.

AURORE. — Cela aurait lieu, en effet, si à ces deux époques les trois astres se trouvaient exactement en droite ligne ; mais ce n'est pas ainsi que d'habitude les choses se passent. Dans son voyage autour de nous, la Lune rarement se trouve en ligne droite avec la Terre et le Soleil ; elle passe tantôt au-dessus de l'alignement des deux globes, tantôt au-dessous ou par côté ; pas beaucoup, il est vrai, mais enfin assez pour ne pas donner lieu à des éclipses. Ce n'est que de loin en loin que les trois astres se trouvent alignés sur la même droite : il y a alors éclipse de soleil ou de lune, suivant que la Lune se trouve en avant ou en arrière de nous par rapport au Soleil.

L'éclipse est partielle si la Lune disparaît en partie seulement derrière la Terre, de manière qu'une portion de son disque cesse de recevoir la lumière du Soleil, tandis que l'autre portion continue d'être éclairée. Elle est totale, si la Terre cache en entier le Soleil à la Lune. La plus grande durée d'une éclipse totale est de deux heures environ ; c'est le temps que met la Lune à franchir l'espace dans lequel la Terre empêche les rayons du Soleil de pénétrer.

Une éclipse de lune, partielle ou totale, n'est pas un fait local, visible pour certaines contrées, invisible pour d'autres, commençant ici plus tôt, ailleurs plus tard. Au

même instant pour tous les points du monde, l'éclipse
commence; au même instant, elle finit. De plus, d'un
bout à l'autre de la Terre, à la condition seule que
l'astre soit au-dessus de l'horizon, toutes les contrées la
voient avec les mêmes aspects; et s'il nous était possible
de nous transporter hors de ce monde, en un point
quelconque de l'espace, nous verrions, comme d'ici, la
Lune s'obscurcir et disparaître. Une lampe qui s'éteint
dans un appartement obscur cesse au même instant d'être
visible de tous les points de la salle. De même la Lune,
qui s'éteint en quelque sorte en passant derrière la Terre,
c'est-à-dire ne reçoit plus les rayons solaires, cause de
sa clarté, s'éclipse au même instant pour tous les lieux
du monde. Elle n'est plus visible ni de la Terre, ni d'aucun autre point de l'univers. Les éclipses lunaires sont
donc générales et simultanées; les éclipses de soleil, au
contraire, ne sont visibles que de proche en proche et
pour certaines stations seulement, stations sur lesquelles
arrive l'ombre de la Lune.

En des siècles d'ignorance, les éclipses jetaient la terreur dans les populations : on voyait en elles les redoutables précurseurs des colères du ciel. Aujourd'hui, élevés
par la science à des idées plus saines, nous voyons dans
les éclipses l'expression des lois éternelles qui meuvent la
Lune et la Terre sur d'immuables orbites, et les ramènent à jour fixe sur la même droite avec le Soleil. Elles
ne sont plus pour nous le signe avant-coureur de fléaux,
mais la preuve évidente de l'ordre imprimé à jamais par
le Créateur au sublime mécanisme du ciel. L'astronome
calcule une éclipse aussi longtemps à l'avance qu'il le
désire. Il dit le jour, l'heure, la minute précise de son
arrivée; il dit en quels lieux elle sera totale, en quels
lieux partielle, et jamais les faits ne viennent démentir
ses prévisions.

Les éclipses se reproduisent dans le même ordre, tous
les dix-huit ans et onze jours. Dans cette période arrivent

environ 70 éclipses, dont 41 de soleil et 29 de lune. En une année, pour la Terre entière, il y a au plus sept éclipses, soit de lune, soit de soleil ; il y en a deux au moins et quatre en moyenne. Pour un lieu déterminé, il ne survient qu'une éclipse totale de soleil en deux cents ans. La dernière éclipse totale de soleil visible pour le midi de la France a eu lieu le 8 juillet 1842. Dans le reste de ce siècle, il y aura une éclipse totale de soleil, le 19 août 1887, pour le midi de la Russie et l'Asie centrale ; une seconde, le 9 août 1896, pour la Sibérie, la Laponie, le Groenland ; une dernière enfin, le 8 mai 1900, pour l'Espagne, l'Algérie, l'Égypte et les États-Unis. Qui sait si quelqu'une de nous, dépaysée par les exigences de notre vie remuante, n'assistera pas à quelqu'une de ces éclipses totales dont la science lit la date dans le livre de l'avenir ?

LXXVIII

L'ARC-EN-CIEL

Telle qu'elle est habituellement, la lumière est blanche ; mais elle peut se décomposer en rayons élémentaires dont les couleurs sont : *violet, indigo, bleu, vert, jaune, orangé, rouge.* La réunion de toutes ces couleurs forme le blanc.

Prenez le premier morceau venu de verre taillé à facettes, et, à travers ce morceau de verre, regardez le jour d'une fenêtre ou la flamme d'une lampe. Vous verrez là les sept couleurs de la lumière blanche ; vous aurez ramené la lumière de la lampe à ses rayons élémentaires, en lui faisant traverser une partie du verre façonné en coin.

L'arc-en-ciel nous présente, de temps en temps, le beau spectacle des sept couleurs de la lumière, disposées en forme d'arche immense, dont les pieds touchent à terre et dont la voûte monte dans les hauteurs du ciel. Ce pont merveilleux est un jeu de lumière; il est formé par les rayons du soleil qui se décomposent dans les gouttes de pluie, de même qu'ils se décomposent en traversant un verre à facettes.

L'arc-en-ciel se montre à la fin d'un orage, quand le soleil reparaît. Pour le voir, il faut se trouver entre le soleil qui brille et un nuage se résolvant en pluie. Alors les rayons solaires se rendent aux gouttes de pluie tombant à une distance quelconque en face de l'observateur, s'y décomposent en leurs éléments colorés, s'y réfléchissent et reviennent à l'observateur revêtus de splendeurs nouvelles par cette décomposition. L'arc-en-ciel ne peut être vu de toutes les positions indifféremment. En le contemplant, le désir ne vous est-il jamais venu d'accourir, pour l'observer de plus près, là où sa base paraît reposer sur le sol ?

Claire. — Un jour je le voyais tout près, et j'aurais bien voulu me rendre au pied du magnifique pont pour bien voir comment il est fait. La crainte de la pluie m'en empêcha.

Aurore. — Si vous obéissez un jour à ce désir, une déception vous attend. Quand vous arriverez sur les lieux où vous le voyiez d'abord, l'arc-en-ciel n'y sera plus ; vous ne trouverez qu'une fumée grise, pluvieuse. L'arc-en-ciel n'y sera plus et il y aura cependant tout ce qu'il faut pour le former, rayons de soleil et chute de gouttes de pluie ; mais vous ne pourrez plus le voir parce que vous ne serez pas à la place voulue.

Pour le voir, il faut de toute nécessité se trouver entre le soleil et le nuage pluvieux. L'arc-en-ciel apparaît alors de telle sorte que le soleil, la tête de l'observateur et le centre du cercle dont cet arc fait partie se trouvent exactement sur une même ligne droite. C'est vous dire que divers observateurs étant éloignés l'un de l'autre et placés dans des conditions favorables, chacun d'eux voit un arc-en-ciel différent, invisible pour les autres.

MARIE. — Pour voir l'arc-en-ciel, dites-vous, il faut absolument avoir derrière soi le soleil, et la pluie devant. Alors ceux qui se trouvent à côté du nuage pluvieux, ou sous le nuage même, ou par delà, ne le voient pas ?

AURORE. — En aucune manière. L'arc-en-ciel, pour se montrer, exige un point de vue particulier ; hors de ce point de vue, le superbe pont de lumière n'existe plus. Les couleurs de l'arc-en-ciel sont les sept couleurs de la lumière blanche. Le rouge est au dehors de l'arc ; le violet, à l'intérieur. Quelquefois l'arc est double. Le second arc, placé en dehors du premier, est plus faible, et ses couleurs sont disposées dans un ordre inverse, le rouge en dedans, le violet en dehors.

AUGUSTINE. — On dit que l'arc-en-ciel annonce la fin de la pluie.

AURORE. — La pluie cesse, en effet, habituellement lorsque l'arc-en-ciel se montre. Et il ne peut en être autrement, puisque l'apparition de l'arc lumineux n'a lieu qu'à la condition expresse que le soleil brille. Il est tout clair que si le soleil luit au moins dans une partie du ciel, la pluie s'en va plus loin et l'orage touche à sa fin pour le point où l'on est.

On peut aisément se convaincre par l'expérience que l'arc-en-ciel est réellement produit par les gouttes de pluie, qui renvoient la lumière solaire vers l'observateur après l'avoir décomposée. Il suffit de tourner le dos au soleil et de se mettre en face d'un jet d'eau ou d'une cascade retombant en pluie fine. Immédiatement on voit apparaître un arc plus ou moins complet, avec les sept teintes de la lumière.

LXXIX

LES ÉTOILES

Les étoiles occupent constamment, sur la voûte du ciel, la même position par rapport l'une à l'autre. Les planètes, au contraire, à cause de leur révolution autour du Soleil, se déplacent dans le ciel et traversent successivement divers groupes d'étoiles ou constellations. A ce caractère s'en joint un autre qui permet de distinguer une étoile d'une planète. La lumière des étoiles est douée d'élancements rapides, d'un tremblotement continu qu'on nomme *scintillation*. Les planètes, Vénus exceptée, scintillent peu ou point.

Les étoiles sont des globes lumineux par eux-mêmes, situés bien au delà de notre système solaire ; en un mot, ce sont autant de soleils analogues au nôtre, mais infiniment plus éloignés. Occupons-nous d'abord de leur distance. Ce que les astronomes nous enseignent à ce sujet est un des faits les plus frappants de l'histoire du ciel.

Ils nous disent que l'esprit s'égare dans la supputation des distances stellaires, tant les nombres deviennent énormes quand on prend pour unité la lieue ou toute autre longueur analogue ; ils nous disent qu'avec ces inconcevables distances, une mesure spéciale est nécessaire, grandiose comme les profondeurs qu'elle doit mesurer. C'est la lumière qui nous la fournit.

Je vous apprendrai d'abord que la lumière marche, progresse, mais avec une vitesse qui n'a rien de comparable au monde. Ainsi, pour nous venir du Soleil, c'est-à-dire pour franchir une distance de 38 millions de lieues, un rayon de lumière emploie 8 minutes environ. Rappelez-vous que, pour franchir la même distance, la locomotive la plus rapide mettrait de trois à quatre siècles.

Comparez les deux temps et jugez des vitesses. Eh bien, les astronomes nous affirment, sur la foi de leurs rigoureuses observations, que, pour nous arriver de l'une des étoiles les plus voisines, la lumière met trois ans et demi. Trois ans et demi , comprenez-vous bien ? trois ans et demi lorsque, dans la moitié d'un petit quart d'heure, dans 8 minutes, 38 millions de lieues sont franchis !

CLAIRE. — Ma pauvre tête s'y perd, ma bonne tante ; le ciel est donc bien grand !

AURORE. — Ecoutez encore. Toutes les étoiles ne sont pas à la même distance : il y en a de plus près, il y en a de plus loin. Une étoile nommée Wéga, cette magnifique étoile blanche qui en ce moment brille là-haut, tout au-dessus de nos têtes, met de 12 à 13 ans pour nous envoyer sa lumière ; une autre appelée Sirius met 22 ans ; une autre appelée la Polaire, 31 ans ; une autre appelée la Chèvre, 72 ans. Et il y en a de bien plus éloignées encore. La lumière qui en ce moment atteint notre prunelle, quoique dardée avec l'incompréhensible vitesse de 77,000 lieues par seconde , était en route depuis de longues années : depuis 31 ans si elle nous vient de la Polaire, depuis 72 ans si elle nous vient de la Chèvre. Vieillie en chemin, elle nous apporte, non les nouvelles présentes de l'étoile, mais les nouvelles du passé.

Par delà les étoiles qui mettent, comme la Chèvre, la durée d'une vie humaine à nous envoyer leurs rayons, d'autres plus nombreuses se trouvent encore dont la lumière emploie des siècles, des milliers d'années à nous parvenir. Pour les dernières étoiles vues avec les plus puissants télescopes, la distance est telle que la lumière met 2,700 ans à la franchir.

Jetez les regards vers la première venue des plus petites étoiles qui fourmillent au ciel. A l'époque où l'astre a dardé la lumière qui nous la rend visible en ce moment, personne de nous n'était au monde ; et personne de nous ne verra la lumière partie en ce moment même, car son voyage est d'une durée embrassant des siècles. Si, par impossible, cette étoile venait à s'anéantir, on la verrait encore pendant des centaines d'années, tant que la lumière, en route au moment de la destruction de l'astre, n'aurait pas achevé son trajet. Dupes d'une illusion occasionnée par la marche de la lumière, si lente eu égard à ces effrayantes distances, nous croirions voir réellement l'étoile alors que depuis longtemps elle n'existerait plus.

L'étoile la plus voisine de nous est distante de la Terre d'au moins 200,000 fois la longueur qui nous sépare du Soleil. Si nous étions transportées à cette distance, comment verrions-nous le Soleil ? Ou plutôt, car, avec un tel éloignement, le Soleil lui-même, le Soleil énorme devient néant, comment verrions-nous le cercle décrit par la Terre en son voyage annuel ? — Nous le verrions, le calcul le prouve, comme une pièce de cinq centimes placéeà 2,500 mètres de distance ? Oui, c'est dans ce petit rond que roule la Terre, à raison de 2,700 lieues par heure. Le disque d'un misérable sou, distant de l'œil de 2,500 mètres, nous masquerait son champ de course! Quant à voir la Terre elle-même, lorsque son orbite est si mesquinement rétrécie, il ne faut pas y songer. S'informe-t-on de l'atome de poussière qu'un coup de vent a soulevé au-dessus des nuées? Ne nous informons pas davantage de notre globe à la distance des étoiles, même les plus voisines. Tout au plus, au beau milieu du petit rond qui, à cette distance, représenterait l'orbite terrestre, distinguerait-on quelque chose de luisant, un point lumineux, une étincelle, un rien. Or cette étincelle, ce rien qui reluit, est pour nous la gloire de ce monde : c'est le Soleil ! Ainsi, à la distance de l'étoile la plus rapprochée de nous, le Soleil doit, tout au plus, faire l'effet d'une fort médiocre étoile.

Puisque la distance en plus ou en moins change, pour le regard, le Soleil en étoile ou l'étoile en soleil, de même qu'elle change un brasier en étincelle ou l'étincelle en

brasier, on est amené à conclure que les étoiles sont autant de soleils comparables au nôtre, foyers comme lui
de chaleur et de lumière, énormes comme lui, et comme
lui centres d'un cortége de planètes et de satellites,
mondes obscurs que la raison devine, mais que l'œil ne
verra peut-être jamais.

Ces lointains soleils sont de volume très-variable; les
uns dépassent le nôtre, d'autres l'égalent, d'autres lui
sont inférieurs. D'après les mesures d'Herschel, la Chèvre formerait un soleil que ne pourrait entourer, en manière de ceinture, le cercle annuel décrit par la Terre;
un soleil enfin égal à plus de 20 millions de fois le nôtre.
Le célèbre astronome s'est-il mépris? Ses instruments
l'ont-ils trompé? Qui pourrait affirmer que, dans les trésors du ciel, ne se trouvent pas des globes de ce volume?
— D'après la vivacité de son éclat, on présume que Sirius, la plus brillante étoile de notre ciel, équivaut à un
millier de fois le Soleil. — D'autre part, comme un éclat
plus faible résulte d'un plus grand éloignement, il peut
très-bien se faire que le moindre point stellaire, limite
de ce que l'œil perçoit, soit un géant par rapport à Sirius. La poussière lumineuse que le regard saisit à grand'-
peine dans les profondeurs du firmament est toujours
une poussière de soleils.

LXXX

LA VOIE LACTÉE

Par une nuit sereine, qui n'a remarqué cette écharpe
lumineuse, pareille à une traînée phosphorescente, qui
ceint le ciel d'un bout à l'autre? Les astronomes l'appellent la voie lactée; le vulgaire, le chemin de Saint-Jac-

ques. A la vue simple, la voie lactée a l'aspect d'un brouillard lumineux, disposé en bande très-irrégulière. Elle fait le tour entier du ciel, qu'elle divise en deux parties à peu près égales. Sur la moitié de sa longueur, elle se partage en deux arcs qui se rejoignent par leurs extrémités, de manière qu'elle peut être comparée à une bague dont le filet métallique se dédouble et laisse une place vide pour enchâsser une pierre précieuse.

Réduit à ses seules forces, l'œil ne peut nous en apprendre davantage sur la voie lactée. Le télescope va nous dire le reste. — Si l'instrument est dirigé vers un point quelconque de la bande lumineuse, aussitôt des milliers de points brillants apparaissent là où le regard ne percevait d'abord qu'une vague clarté. C'est à la lettre une fourmilière d'étoiles, un entassement de soleils. Lorsque Herschell étudiait cette merveille du ciel, le télescope lui montrait de deux mille à trois mille étoiles dans une étendue équivalente au plus au disque de la Lune. A peine en voyons-nous autant, sans lunette, sur la voûte entière du ciel. Dans le champ du télescope immobile, les étoiles se renouvelaient sans cesse, entraînées par la rotation apparente du firmament. Herschell essaya de les compter. Il estima que, en un quart d'heure, 116,000 étoiles défilaient sous ses yeux ! Il estima que le recensement total s'élèverait au moins à 18 millions !

Un exemple emprunté à des faits qui nous sont familiers nous aidera à comprendre la constitution de la voie lactée. — Supposons une fine brume qui repose sur le sol, tout autour de nous, avec une épaisseur d'une dizaine de mètres. Du milieu de ce brouillard, indéfiniment étendu dans le sens horizontal, d'une très-faible épaisseur dans le sens vertical, quelles sont pour nous les apparences ? — Au-dessus de nos têtes, le regard plonge presque sans obstacle, à cause de la faible épaisseur de la brume ; il ne rencontre qu'un petit nombre de particules de vapeur, et le bleu du ciel nous apparaît à peine terni. Dans le

sens horizontal, au contraire, la vue embrasse, suivant
toutes les directions, des files indéfinies de particules bru-
meuses, qui se superposent en perspective commune, et,
par cette superposition apparente, s'épaississent autour
du spectateur en un cercle nuageux plus ou moins opa-
que. Ainsi donc une couche uniforme de vapeur, invisible pour nous dans le sens de sa moindre dimension,
peut dessiner autour de nous, dans le sens de ses plus
grandes dimensions, une zone circulaire nuageuse. Le
cercle vaporeux que cerne d'ordinaire l'horizon n'a pas
d'autre origine. L'horizon n'est pas en réalité plus bru-
meux que le lieu où nous sommes, mais c'est là que se
superposent en perspective les vapeurs uniformément
répandues dans la couche inférieure de l'air.

Ainsi de la voie lactée. Des millions et des millions
d'étoiles, à peu près également distantes entre elles, sont
disposés en amas aplati, en couche ou meule de peu
d'épaisseur relativement à ses incommensurables dimensions dans les autres sens. C'est, pour me servir
d'une image empruntée à l'exemple qui précède, un
brouillard de soleils, bientôt limité dans son épaisseur, immense dans sa longueur et sa largeur. Notre
soleil est une des étoiles de la couche; nous occupons un
point intérieur de la meule stellaire. Alors tout s'explique. Si le regard est dirigé à travers la mince épaisseur
de la couche, il ne rencontre *qu'un petit nombre d'étoiles*,
et le ciel nous apparaît dégarni dans cette direction.
S'il plonge suivant la largeur de la couche, il rencontre, il
côtoie tant d'étoiles, *que celles-ci*, superposées en perspective, semblent se toucher et se confondent en une
lueur laiteuse continue. De la sorte, les plus grandes dimensions de la meule de soleils se trouvent dessinées
autour de nous sur le firmament par une ceinture d'étoiles
accumulées, de même que les plus grandes dimensions
d'une couche de brume sont accusées par une zone circulaire de brouillards.

Ainsi toutes les étoiles que nous voyons au ciel, absolument toutes, petites et grandes, visibles ou non visibles à la vue simple, au nombre d'une quarantaine de millions pour le moins, sont disposées en amas aplati, au sein duquel, avec son cortége de planètes, notre soleil se trouve, simple unité dans le prodigieux, amoncellement des soleils ses compagnons. Pour nous qui le voyons du milieu de son épaisseur, l'amas stellaire reste inaperçu dans un sens, parce qu'il est trop mince ; mais, dans l'autre, il se révèle par une condensation d'étoiles, enfin par la voie lactée. On donne à cette couche d'étoiles le nom de *nébuleuse*.

Dans le sens de sa largeur, dans le sens enfin de la voie lactée, la meule stellaire est environ cent fois plus étendue que suivant son épaisseur. Les dernières étoiles situées sur les confins de l'amas sont éloignées de nous d'au moins 500 fois la distance des plus voisines. Or, pour nous venir de celles-ci, la lumière emploie de 3 à 4 ans ; pour nous parvenir du fond de la voie lactée, elle met donc de 15 à 20 siècles ; et pour traverser de part en part la nébuleuse dans le sens de sa largeur, elle met de 3,000 à 4,000 ans pour le moins.

Si vous vous sentez, mes chères filles, quelque vigueur dans l'imagination, essayez maintenant de vous former une idée de la couche de soleils où nous sommes enfouis. Un rayon de lumière est dardé d'un bord de la nébuleuse. Il part : la foudre serait trop lente pour le suivre ; seule, la pensée peut rivaliser avec lui. Dans le temps que vous mettriez à épeler un de ces mots, dans une seconde, 77,000 lieues, sept à huit fois le tour de la Terre, sont franchies ; dans la seconde suivante, 77,000 lieues sont franchies encore, et toujours et toujours, car, une fois lancée, la lumière conserve une invariable vitesse. Les années s'écoulent, les siècles, les mille ans, et le rayon n'a pas atteint encore le but. C'est quatre, c'est cinq mille ans après son émission qu'il parvient au bout opposé ! Or,

pour combler de soleils ces inconcevables étendues, qu'a-
t-il fallu, mes enfants ? Dieu dit, et cela fut.

LXXXI

LES NÉBULEUSES

La couche d'étoiles ou la n´buleuse dont nous faisons
partie dessine autour de nous sur le firmament une zone
circulaire, parce que nous sommes placés au sein même de
l'amas. La voie lactée est un effet de notre point de vue
central; mais si nous étions placés bien loin hors de la
couche, l'aspect serait tout différent. Supposons-nous donc
en face de la meule stellaire, en dehors à une médiocre
distance. La nébuleuse est alors un immense disque de
points lumineux, couvrant tout le ciel de son orbe.

Éloignons-nous encore, éloignons-nous toujours. Le
disque stellaire s'amoindrit; ses points lumineux se rapprochent, se touchent, se confondent en une commune
lueur laiteuse. Enfin, quand la distance est suffisante, le
prodigieux amas de soleils n'est qu'une blanche nébulosité grande comme la paume de la main. Le calcul démontre qu'à une distance de 334 fois sa plus grande dimension, il serait vu comme une pièce de cinq francs à
une douzaine de mètres de distance.

Il ne nous est pas donné de contempler en réalité notre
nébuleuse, resserrée, par l'éloignement, dans un espace
aussi étroit; la raison, toutefois, aidée par le calcul, s'en
fait une juste image. Elle voit l'incommensurable couche,
où les soleils se comptent par millions et millions, perdue
insignifiante dans un coin de l'étendue ; elle l'aperçoit
comme une tache arrondie dont la vague clarté rappelle
les lueurs mourantes du phosphore.

Or, de la Terre, avec un bon télescope, on peut voir
réellement ce que la raison voit en esprit lorsqu'elle se
figure notre nébuleuse à distance. Dans une foule de régions du ciel, bien au delà de notre couche d'étoiles,
l'instrument nous montre des taches lumineuses, de

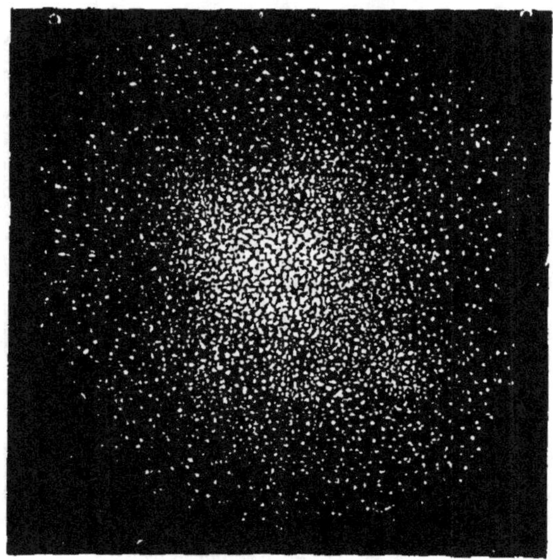

Fig. 70. — Aspect d'une nébuleuse.

faibles nuages d'aspect laiteux. Ce sont des amas d'é-
toiles comparables au nôtre. Dans les profondeurs explorées jusqu'ici par les astronomes, on en compte quatre
milliers et plus. Leur nombre, du reste, s'accroît à mesure
que l'on emploie des télescopes doués d'un plus grand
pouvoir de pénétration. Très-peu, à cause de la faiblesse
de leur éclat et de leurs dimensions apparentes, sont
perceptibles à la vue simple ; il faut les meilleures lunettes pour les apercevoir.

Avec un grossissement médiocre, ce sont de petits flocons de nuages d'une pâle et douce lueur. Malgré soi, on
retient son souffle de peur d'éteindre la délicate apparition. Mais que le grossissement augmente, et aussitôt la

réalité, se dévoilant, vous saisit de stupeur. Chacun de ces flocons lumineux, que l'on craindrait de voir s'évanouir sous le souffle, est un amoncellement de soleils ; la nébulosité, d'abord lueur continue, se résout en fourmilière de points brillants isolés, en étoiles, comme le

Fig. 71. — Nébuleuse ovalaire.

fait la voie lactée. Vainement on essayerait d'évaluer le nombre de ces soleils.

Notre nébuleuse, cause de la voie lactée, n'est donc pas la seule. Il y a çà et là dans les champs du ciel, en nombre que l'homme probablement ne déterminera jamais, d'autres amas stellaires séparés par d'immenses étendues vides; et l'univers est alors comparable à un océan sans rivages connus, ayant pour archipels d'insondables amas de soleils. Ces archipels célestes affectent toutes sortes de formes. Les uns sont globulaires, tantôt parfaitement sphériques, tantôt allongés en ovales. D'autres s'épanouissent en aigrette, se courbent en couronne, s'allongent en simples lignes lumineuses, droites ou serpentantes. Quelques-uns, autour d'un centre commun,

groupent leurs étoiles en épaisses traînées spirales. On
croirait voir des pièces d'artifice dont les spires de feu
lanceraient des soleils pour
étincelles. Quant à leur distance, elle est telle que la lumière met un million d'années
au moins pour nous parvenir
des plus rapprochées.

Mais je m'arrête : ce que
l'astronomie nous enseigne sur
la constitution de l'univers accable l'entendement et ne
laisse place en notre âme qu'à
un élan de religieuse admiration envers l'auteur de ces
merveilles, envers Dieu, dont
la puissance sans bornes a

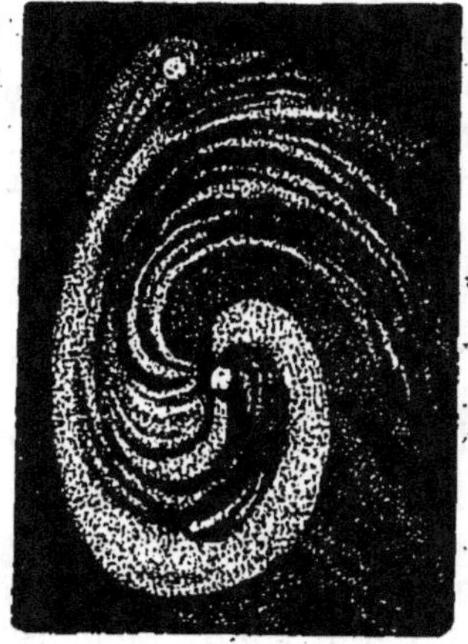

Fig. 72. — Nébuleuse spirale.

peuplé les abîmes de l'étendue d'incommensurables
amas de soleils.

LXXXII

LES SIX BOURGEOIS DE CALAIS

En 1347, Édouard, roi d'Angleterre, assiégeait Calais,
qui, pressé par la famine et n'espérant plus de secours,
fut obligé de se rendre. Avant d'ouvrir les portes à
l'ennemi, le gouverneur, Jean de Vienne, monte aux
créneaux des murs de la ville et fait signe de la main aux
Anglais qu'il désire entrer en pourparlers. Deux envoyés
d'Édouard accourent à portée de voix.

« Chers et vaillants seigneurs, leur dit Jean de Vienne,

vous savez que le roi de France, mon maître, nous a envoyés ici, moi et les miens, pour défendre cette ville et cette forteresse. Tout ce que l'on peut faire, nous l'avons fait. Maintenant le secours nous manque et nous n'avons plus de quoi vivre. Il faudra que nous mourions tous de faim, si le roi, votre seigneur, ne nous prend en pitié. Priez-le donc qu'il nous laisse sortir tels que nous sommes. »

« Monseigneur le roi, répondent les Anglais, n'entend pas que vous vous en alliez ainsi. Sa volonté est de rançonner les uns et de faire mourir les autres. »

« Nous sommes ici, réplique le gouverneur, un petit nombre de gens de guerre qui loyalement avons servi le roi de France, notre souverain sire, comme vous serviriez le vôtre en pareil cas. Nous avons supporté bien des maux, mais nous sommes résolus à tout souffrir encore plutôt que de consentir à ce que le plus petit de la ville soit autrement traité que le plus grand de nous. »

Les envoyés revinrent vers le roi d'Angleterre et lui rapportèrent les paroles du gouverneur. Édouard, irrité de l'opiniâtre résistance de la ville, voulait tout mettre à mort. Les barons et les chevaliers anglais qui étaient présents, redoutant les derniers efforts d'une population au désespoir et craignant d'ailleurs, pour l'avenir, de terribles représailles, conseillaient au roi la clémence.

« Eh bien ! seigneurs, dit Édouard cédant enfin à leurs conseils, je ne veux être seul contre vous tous. Allez dire au capitaine de Calais qu'il me livre six des plus notables bourgeois de la ville ; qu'ils viennent en chemise, la tête et les pieds nus, la corde au cou et les clefs de la ville en leurs mains. Je ferai d'eux à ma volonté ; le reste aura la vie sauve. »

Quand cette réponse lui fut connue, Jean de Vienne, qui attendait appuyé aux créneaux, fit sonner le beffroi ; et toute la population se rassembla sur la place, hommes et femmes, enfants et vieillards. Jean raconte alors ses

démarches, il fait connaître la volonté du roi. Le terrible
arrêt est accueilli d'abord par un morne silence ; chacun
cherche du regard les six victimes dont la mort doit
sauver la vie des autres, les six victimes à choisir parmi
ses amis, ses frères, ses parents. Bientôt, du sein de la
foule, mourante de faim, des gémissements s'élèvent,
des sanglots éclatent ; le vieux gouverneur se détourne
pour cacher à ses soldats les grosses larmes qui lui sillonnent les joues. Mais le temps accordé s'écoule, il faut
une prompte réponse. Un homme se lève, riche, considéré, réunissant les conditions requises par le roi d'Angleterre ; il est notable, il a le glorieux droit de mourir
pour les autres. Ce héros est Eustache de Saint-Pierre.
Il se lève et prononce ces saintes paroles :

« Ce serait grande tristesse que le peuple ici présent
pérît par famine ou par les armes, et celui-là ferait œuvre
bien agréable à Dieu qui empêcherait pareil malheur.
J'ai si grande espérance dans le pardon de Notre-Seigneur si je meurs pour sauver ce peuple, que je veux
être le premier. J'irai au roi d'Angleterre, la tête nue et
la corde au cou. »

Quand Eustache eut dit ces paroles, hommes et femmes se prosternèrent à ses pieds en pleurant. A peine
avait-il fini de parler que se levèrent, pour lui faire compagnie et partager sa mort, Jean d'Aire et les deux frères
de Wissant, Jacques et Pierre. Ces magnanimes exemples éveillèrent l'émulation du dévouement. Pour les
deux victimes qui restaient, il fallut tirer au sort parmi
plus de cent qui se proposaient. Deux sublimes inconnus,
car l'histoire n'a pas malheureusement conservé leurs
noms, vinrent s'adjoindre, choisis par le sort entre tous
leurs concurrents, aux quatre qui s'étaient offerts les
premiers.

Accablé d'ans, de blessures et d'angoisse, Jean de
Vienne accompagne les six notables jusqu'aux portes de
la ville. Eustache de Saint-Pierre et ses nobles compa-

gnons sont en chemise, la tête et les pieds nus, la corde au cou, ainsi que le veut Édouard. Ils portent les clefs de la ville ; chacun en tient une poignée. Leurs femmes et leurs enfants suivent, pleurant et se tordant les mains. Ils sont amenés à Édouard, à travers le camp ennemi.

Les comtes et les barons qui environnent le roi d'Angleterre, saisis d'admiration au récit de ce qui vient de se passer, invitent le roi à la générosité. Edouard reste muet et jette un regard cruellement courroucé sur les bourgeois. Il ordonne de les mettre à mort à l'instant.

« Ah ! sire, s'écrie l'un des barons, veuillez refréner votre colère. Ce serait cruauté inouïe que de faire mourir ces gens, qui se sont remis en vos mains pour sauver les autres. »

« Taisez-vous, réplique le roi, en grinçant des dents ; qu'on fasse venir le coupe-tête. »

Informée de ce qui se passe, la reine d'Angleterre accourt toute éplorée et se jette aux pieds de son mari.

« Ah ! sire, lui dit-elle, depuis que j'ai passé la mer, je ne vous ai encore demandé aucune grâce. Aujourd'hui je vous prie humblement, pour l'amour de Notre-Seigneur, d'accorder la vie à ces six hommes. »

Le roi ne répondit pas, mais regarda sa femme, qui se désolait à genoux devant lui. Devant les larmes et les supplications de la reine, il mollit enfin.

« Ah ! madame, fit-il, j'aimerais mieux que vous fussiez en ce moment autre part qu'ici. Prenez les six bourgeois, je vous les donne ; traitez-les comme il vous plaira. »

La reine se leva et fit lever les six bourgeois prosternés à terre. Leur ayant enlevé la corde du cou, elle les amena dans sa tente, où des vêtements et de la nourriture leur furent donnés. Enfin ils furent conduits en sûreté, chacun avec un présent.

Les Calaisiens durent ainsi la vie au magnanime dévouement d'Eustache et de ses compagnons ; mais ils

perdirent tout le reste, car Édouard les chassa, jusqu'au
dernier, de la ville, qui fut repeuplée par des Anglais.

LXXXIII

LA SENSITIVE

Les feuilles de certains végétaux sont douées de mouvements amples et brusques qui, dans une certaine mesure, rappellent ceux des animaux. Trois plantes surtout
sont renommées sous ce rapport : le sainfoin oscillant,
la dionée gobe-mouche et la sensitive.

Le sainfoin oscillant est originaire des plaines chaudes
et fangeuses situées à l'embouchure du Gange. Ses
feuilles sont, comme celles de notre trèfle, composées de
trois parties ou folioles attachées à l'extrémité d'une
commune queue, avec cette différence que les folioles de
la plante indienne sont très-inégales entre elles : celle du
milieu est grande, ovale, et atteint jusqu'à un décimètre
de longueur; les deux latérales sont très-petites en proportion et mesurent au plus une paire de centimètres.

La grande foliole est soumise à une alternative de re-
dressement et d'abaissement réglée sur la présence ou
l'absence du soleil. Dans la nuit, elle est pendante et appliquée contre le pétiole [1] par sa face inférieure. Aussitôt le jour paru, elle se meut lentement et se redresse
peu à peu à mesure que le soleil monte. A l'heure de
midi, par un jour bien vif, elle est en ligne droite avec
le pétiole. On la voit alors, si la chaleur est ardente, s'a-
nimer d'un tremblotement rapide. Puis le soleil décline
et la feuille baisse à mesure, pour reprendre, à la nuit,

---

1. On nomme *pétiole* la queue d'une feuille.

sa position pendante. Outre cette oscillation générale réglée par le cours de l'astre, elle en accomplit d'accidentelles d'après l'état du ciel. Un nuage vient-il à donner de l'ombre, la foliole descend; le jour reprend-il sa sérénité, la foliole remonte. Elle est enfin tellement sensible à l'in-

Fig. 73. — La Dionée gobe-mouche.

fluence de la lumière, qu'à toute heure du jour elle change de direction, s'élève ou s'abaisse suivant que l'éclat du ciel s'accroît ou s'affaiblit.

Les mouvements des deux folioles latérales sont bien plus remarquables et indépendants du soleil. Dans l'obscurité comme à la lumière, de nuit ainsi que de jour, pourvu qu'il fasse chaud, ces deux folioles s'abaissent et se relèvent à tour de rôle, sans discontinuer, semblables à deux petites ailes qui lentement battraient l'air en sens inverse. Dès que celle de droite est parvenue au terme de son ascension, la foliole de gauche descend, reste un moment en repos, puis remonte, tandis que la foliole opposée redescend. L'ascension est un peu plus lente que la descente et se fait par secousses pareilles à celle d'une aiguille de montre marquant les secondes. Le nombre de ces petits élans saccadés est d'une soixantaine par minute. Ce perpétuel jeu de balançoire, qui fait tour à tour descendre et remonter chacune des deux folioles, est d'autant plus actif que le temps est plus humide et plus chaud. Il ne cesse qu'à la mort de la feuille.

La dionée gobe-mouche est une petite herbe des marais de la Caroline, dans les États-Unis de l'Amérique du Nord. Ses feuilles se composent d'une queue dilatée sur les côtés en larges ailes, et d'une partie arrondie dont les deux moitiés peuvent jouer autour de la nervure du milieu et s'appliquer l'une contre l'autre, comme le feraient deux battants pivotant sur une charnière. Cette partie ronde est en outre bordée de longs cils raides et pointus. Si quelque insecte vient s'y poser, la feuille rapproche vivement ses deux moitiés et saisit la bestiole dans le filet de ses cils entre-croisés. Plus l'insecte s'agite pour se libérer, plus le piége végétal se resserre. La feuille ne se rouvre et ne lâche le prisonnier que lorsque l'animal ne bouge plus, exténué de fatigue ou tout à fait mort.

La sensitive est une plante herbacée de l'Amérique méridionale, recherchée à cause de son extrême irritabilité, qui l'a rendue célèbre et lui a valu son nom. On la cultive en pots dans nos jardins. Ses feuilles sont composées de nombreuses et petites folioles disposées de droite et de gauche d'un pétiole commun en plusieurs doubles rangées. Sa tige est armée d'aiguillons crochus, et ses fleurs forment de petites houppes globuleuses.

Supposons la plante au soleil, avec ses feuilles pleinement étalées. On touche très-légèrement une foliole, une
seule, au commencement, à la fin, au milieu d'une rangée, n'importe. Aussitôt cette foliole se redresse; sa compagne du côté opposé en fait autant, et les deux viennent
s'appliquer l'une contre l'autre par leur face supérieure.
L'impulsion donnée se propage plus loin. La seconde
paire de folioles se meut comme la première, la troisième
en fait autant, puis la quatrième, la cinquième, etc. ; si
bien que, de proche en proche et chacune à son tour, toutes se redressent et se couchent l'une sur l'autre.

Fig. 74. — La Sensitive. Une feuille est épanouie, l'autre est repliée.

Si l'événement a peu de gravité, les trois ou quatre
paires voisines du point touché se replient, les autres ne
remuent pas. Mais si le choc est plus rude, les folioles se
replient toutes d'un bout à l'autre de chaque rangée,
puis les diverses rangées se rapprochent et s'assemblent,
la queue commune pivote sur son point d'attache, et toute
la feuille s'infléchit vers la terre. Enfin, si la secousse est
violente, toutes les feuilles se replient à la hâte, prennent un aspect fané et pendent, comme mortes, le long
de la tige.

Le danger passé, la sensitive se rassure. Bientôt ses
folioles s'entr'ouvrent à demi, comme pour regarder,
craintives, si l'ennemi n'est plus là. Les pétioles tournent

lentement sur leur base, les feuilles se redressent et s'étalent de nouveau.

Dans les plaines brûlantes du Brésil, où la sensitive
vient naturellement et couvre de grandes étendues de
terrain, il suffit du galop d'un cheval ou même de la
marche d'un passant sur la route pour mettre tout le
feuillage en émoi. Le faible ébranlement que le pas du
voyageur imprime au sol fait refermer leurs feuilles aux
sensitives les plus rapprochées; celles-ci, en se mouvant,
secouent leurs voisines, et, de l'une à l'autre, l'impulsion
se propage à la ronde. Sans cause apparente, le tapis de
verdure, soudainement, s'agite et prend un aspect fané.

La sensitive n'est pas seulement impressionnée par le
choc ou l'ébranlement, elle est encore sensible aux divers excitants, comme le changement brusque de température, la chaleur et le froid, le contact des substances
corrosives. Étalée dans la tiède atmosphère d'une serre,
elle se replie brusquement si l'on ouvre le vitrage pour
faire entrer l'air frais du dehors. Elle se replie encore
quand, épanouie à l'ombre, elle reçoit tout à coup les
rayons du soleil. Il suffit d'un nuage qui rafraîchit l'air
en voilant un instant le soleil pour lui faire fermer son
feuillage.

Mais l'action la plus violente est celle de la chaleur ou
d'un corrosif. Si l'on concentre les rayons du soleil sur
une foliole avec un verre de lunette, ou bien si l'on brûle
légèrement cette foliole avec une mèche de papier, sans
la toucher en aucune manière, la plante, en quelques
instants, ferme et rabat toutes ses feuilles, à partir du
point brûlé. On obtient le même résultat en déposant sur
une foliole, avec toutes les précautions pour éviter le
moindre ébranlement, une gouttelette de liquide corrosif,
tel que l'eau forte ou l'huile de vitriol. L'une et l'autre
de ces deux épreuves, quoique ne blessant qu'un point
de la sensitive, sans aucune secousse, causent une impression très-profonde et durable, car la plante expéri-

mentée met très-longtemps pour revenir de son état fané et s'épanouir de nouveau. Si même l'épreuve est répétée plusieurs fois de suite, les pieds les plus vigoureux finissent par périr. De tels faits mettent en mémoire l'animal, qui revient vite d'une émotion légère, reste longtemps accablé par une douleur aiguë, et succombe enfin quand il est trop violemment éprouvé par la répétition de la souffrance.

MARIE. — La sensitive souffre donc?

AURORE. — Ma chère enfant, je ne peux rien vous dire sur ce mystérieux sujet. Nul ne sait si ces soudaines crispations du feuillage pour la moindre blessure sont signe ou non de sensibilité. Tout ce que je peux faire, c'est de vous raconter un bel apologue sur la sensitive.

LXXXIV

APOLOGUE

L'Inde, la grande amie des bêtes et des plantes, l'Inde, féconde en apologues, nous raconte ceci :

Un jour, les plantes, d'ordinaire si sages, murmurèrent contre le sort qui leur est fait. Une nouvelle étrange leur était venue : la nouvelle d'une existence supérieure, d'une vie mieux remplie, plus active, plus riche, la nouvelle enfin de la vie de l'animal. Comment le grand secret avait-il transpiré? Le Roseau l'avait-il confidentiellement reçu de la Fauvette babillarde, qui niche dans ses touffes, et le Roseau loquace l'avait-il propagé? On ne saurait le dire au juste.

Toujours est-il que, parmi les plantes, ce fut dès lors un sujet inépuisable de jalouses chuchoteries. Dans la retraite du Saule caverneux, le Champignon confiait ses peines à la Mousse. « L'animal, disait-il, comment est-ce donc fait? Voisine, en auriez-vous quelque chose à m'apprendre? On dit qu'il change de place, qu'il va et vient, s'attable où bon lui semble, mangeant ici, puis ailleurs, au gré de ses caprices. Nous sommes, vous et moi, fixés au tronc du Saule. L'arbre se fait vieux et avare; la nourriture est maigre. Je voudrais bien m'en aller d'ici. — Moi, répondait la Mousse, je sens tout à côté l'eau d'un frais ruisselet où je voudrais bien, comme l'animal, me désaltérer à l'aise, au lieu d'attendre, sur une plaque d'écorce, la goutte de pluie qui, de loin en loin, me vient du nuage. L'animal, croyez-m'en, est plus heureux que nous; la meilleure part lui est faite. » — Le Champignon, de ses feuillets, laissait tomber une larme d'amère jalousie.

Le Mouron, à son tour, maugréait dans la haie : — « Ne sortirai-je donc jamais de cet affreux buisson où je m'étouffe à l'ombre? Que ne puis-je aller là, seulement là, dans ce rayon de jour! Que ton sort est meilleur, Linot, qui viens gruger mes graines, et d'un coup d'aile repars pour la vallée ou la colline, l'ombre ou le soleil, à ton choix! »

Et la Pariétaire se plaignait du mur qui la salit de ses poussières; le Chiendent, du sable où ses tiges s'allongent sans trouver de quoi vivre; la Renoncule, du fossé dont les eaux tarissent l'été; la Ronce, des pierrailles qui lui meurtrissent les racines. Toutes enfin, grandes et petites, lasses d'une existence sédentaire, enviaient le sort trois fois heureux de l'animal, qui se transporte où bon lui semble. Les arbres de haute futaie surtout poussaient à la révolte. Ils avaient le plus à y gagner. Quel bonheur pour le Sapin d'arpenter les montagnes par enjambées de géant, de se rapprocher des neiges pendant l'été, de s'en éloigner pendant l'hiver. Le Chêne n'avait-il pas à lier connaissance avec l'Olivier du Midi et le Mélèze du Nord? Le Peuplier ne quitterait-il pas volontiers les bords vaseux du fleuve pour voir un peu le pays? De proche en proche, à l'instigation du Houx malintentionné et consorts, le mécontentement prit des caractères sérieux. Ce fut une explosion générale : il fallait à la plante la faculté de l'animal, la faculté de se mouvoir.

Or ces doléance montèrent jusqu'à Dieu, à Dieu dont l'oreille s'incline à l'appel d'une mousse en détresse comme aux suprêmes crépitations d'un soleil qui s'éteint; et le Maître envoya la grande Fée des plantes rappeler les séditieux à la raison. La céleste envoyée parut, et tout fit silence, dans les bois, dans les prés, la haie, le marécage.

Comme chez nous en pareille circonstance, les plus ardents à la plainte furent les plus craintifs au moment décisif. Le Houx, qui s'était démené pour faire tourner à l'insurrection une innocente effervescence, prétexta des affaires et ne dit mot. Le Chêne, pour ne pas porter la parole, allégua son défaut d'éloquence et tourna les talons. Le Hêtre se trouva empêché, il avait à mûrir ses faînes. Et ainsi des autres grands seigneurs des forêts. Bref, pour s'expliquer devant la divine messagère, il ne resta que les herbes et quelques généreux arbustes. Les prétentions furent exposées.

La bonne Fée sourit du vœu insensé des plantes. — « Vous voulez, dit-elle, imiter l'animal, vous mouvoir à votre gré! Se mouvoir, pauvres folles, savez-vous ce que c'est? D'abord, de sa vie, c'est faire deux parts, l'une pour amasser des forces, l'autre pour les dépenser. C'est abréger son existence de moitié. La machine animale est trop délicate pour fonctionner toujours. Elle acquiert son activité par le repos; elle se remonte par une mort apparente, par le sommeil, où l'on est comme si l'on n'était pas. Voulez-vous remplacer votre vie continue, d'une lenteur prudente, et qui dure des siècles, par une vie intermittente, qui renaît de jour, retombe au néant de nuit, ressuscite le lendemain et s'épuise en peu d'années? Voulez-vous seulement essayer du sommeil? »

Un très-grand nombre consentirent, alléchées par l'appât du nouveau. La Fée, de sa droite, traça un signe dans l'air. Et voilà que les plantes qui avaient accepté furent prises d'une profonde torpeur. La mort sembla les visiter. Les feuilles se replièrent, qui d'une manière, qui d'une autre, à peu près comme elles l'étaient dans le bourgeon; les pétioles s'abaissèrent vers le rameau, les fleurs se fermèrent, tout enfin prit un tel aspect fané, qu'on eût dit la plante expirant sous un coup de soleil. Ce que voyant, le Chêne, le Houx, le Laurier et les autres gardaient plus que jamais un silence obstiné.

La Fée ordonna, et les endormies se réveillèrent. Elles étiraient à la hâte leurs feuilles chiffonnées par le sommeil, déplissaient leurs corolles, relevaient leurs pétioles, confuses d'être surprises dans une aussi piteuse toilette.

La Fée reprit : — «Pour se mouvoir, remonter la machine, dormir ne suffit pas. Il faut encore, il faut surtout posséder l'expérience qui met en garde contre les embûches du mouvement. Il faut connaître le péril de la chute pour ne pas se casser les branches, le péril du caillou anguleux pour ne pas s'y meurtrir les racines; le péril de l'obstacle pour ne pas aller le heurter du front, le péril du précipice pour ne pas y rouler. Cette expérience, l'animal l'acquiert à ses risques et périls, guidé par une rude conseillère. Beaucoup se brisent les os avant de la posséder. Qu'ils le disent maintenant, ceux qui veulent ressembler de plus près à l'animal. »

Personne ne répondit. L'impitoyable conseillère dont la Fée parlait, cette conseillère qui instruit l'animal par les chairs meurtries et les os fracassés, leur donnait à réfléchir. Tous auraient bien voulu savoir ce que c'est, mais pas un n'osait en faire personnellement l'épreuve. Ils étaient donc là, muets, s'excitant l'un l'autre du coude, comme des poltrons qui cherchent à décharger sur autrui l'honneur du danger à courir. Déjà la Fée, croyant tout fini, perdait terre pour remonter au ciel, lorsqu'une vaillante petite herbe se dévoua, décidée à tenter l'épreuve qui les faisait tous trembler. Or la vaillante petite herbe fut depuis appelé Sensitive.

Du bout du doigt, la Fée la toucha. Prodige! la plante se fait animal. Un frisson court parmi les feuilles, qui soudain s'agitent, se meuvent, cheminent. Mais voilà que, du sein du feuillage convulsionné, un cri de terreur s'élève, entendu de la Fée seule, dont l'ouïe est si fine: La Sensitive se refuse à continuer l'épreuve. Elle vient de toucher à l'animalité, et, sur le seuil de la nouvelle vie, elle vient d'entrevoir, de pressentir la rude conseillère qui instruit l'animal, la *douleur!*

Et, revenue de son épouvante, la Sensitive raconta à ses compagnes des choses si terribles sur la douleur, que toutes promirent d'être sages. Elles renonçaient à tout jamais aux prérogatives de l'animal. La Fée s'envola, laissant après elle une traînée de paquerettes, de bleuets et

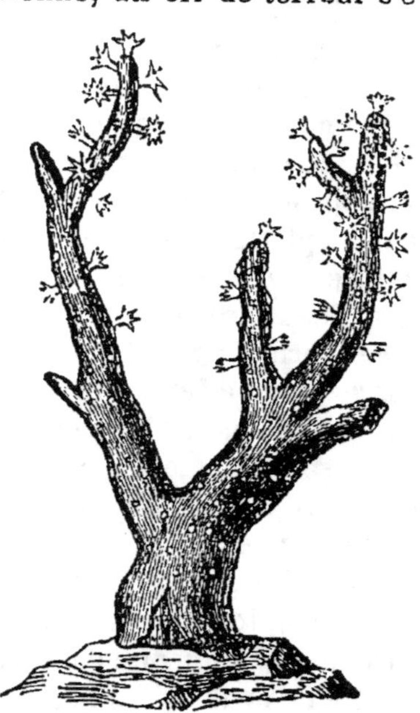

Fig. 75. — Un polypier (le Corail) avec ses habitants.

de coquelicots. Mais, depuis, les plantes qui ont dormi dorment; et la Sensitive, qui a presque connu la souffrance, au moindre attouchement se crispe de frayeur.

La douleur caractérise l'animalité. Si l'on vous demandait en quoi la plante diffère de l'animal, vous croiriez peut-être à une sotte demande. Qui peut confondre un chat avec un chou, un bœuf avec un chêne? C'est juste; mais si nous considérions les êtres inférieurs, croyez-vous que la différence fût aussi tranchée ? Il y a dans la mer, par exemple, une infinité de petits animaux qui ont tout à fait la forme d'une fleur épanouie; ils habitent en colonies sur des supports pierreux qui ressemblent à des arbrisseaux. On les appelle des polypes, et leur demeure se nomme polypier. La ressemblance est telle entre un polypier couvert de ses habitants épanouis et un arbuste couvert de ses fleurs, que, des milliers d'années durant, on a pris les polypiers pour des plantes marines. Il a fallu tout ce que la science apporte aujourd'hui de scrupuleuse exactitude en ses observations pour décider de la nature de ces êtres problématiques.

Et puis, dans les mers, que d'autres espèces animales qui prennent, à s'y méprendre, les apparences de la plante! Les unes s'épanouissent isolément sur les rochers en rosaces pourprées; les autres se groupent en gracieuses guirlandes, en gerbes de fleurs voguant au gré des flots. Il en est qui ressemblent à des champignons de cristal, liserés de carmin et d'azur, qui mollement flottent au sein de l'eau sans jamais prendre pied; on en connaît qui revêtent la forme d'une lanière gélatineuse, d'une frange foliacée, d'une bulle d'écume, d'un noyau de gelée. Est-ce bien là de la gelée, de l'écume, un champignon, une fleur, une plante, un animal? Qui décidera? La douleur.

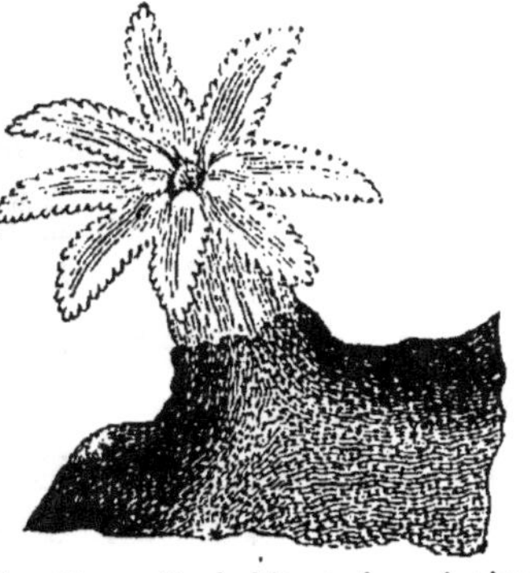

Fig. 76. — Un habitant du polypier appelé Corail.

La chair, pour être chair, avant tout doit souffrir. Tout ce qui frémit, tout ce qui se crispe au contact douloureux de la pointe d'une aiguille vit d'une vie supérieure, de la vie de l'animal; tout ce qui reste impassible vit d'une vie moins parfaite, de la vie du végétal.

Chose étrange ! ici-bas douleur et perfection s'appellent l'une l'autre. Et quel plus bel exemple pourrions-nous en trouver autre part qu'en nous-mêmes? L'homme, comme toutes les espèces animales, est assujetti à la douleur physique, la rude conseillère qui lui fait connaître le péril et le met sur ses gardes pour l'éviter plus tard. La douleur de la brûlure lui enseigne les dangers du feu, la douleur de la chute lui apprend les périls de la pesanteur.

Fig. 77. — Est-ce un champignon? Non, mais un animal de la mer la Méduse.

Marmot inexpérimenté qui, de ta petite main, t'escrimes à saisir la flamme de la lampe, attends, attends : la brutale va venir, la douleur, et ton éducation sera faite sur les perfidies de la flamme. Désormais tu n'y toucheras plus.

L'homme est donc soumis à la sévère éducation de la souffrance physique, comme l'exige la sauvegarde de son corps menacé de tant de dangers. Il a de plus, noble et terrible privilége, il a de plus la souffrance morale, qui nous soumet au creuset de l'épreuve et nous sort de là transfigurés, comme le métal précieux dégagé par le feu de son vil alliage. Courage donc, mes chères enfants, au milieu des tribulations de la vie, car vous en aurez certainement votre part; supportez-les résignées et confiantes en Dieu : de grandes choses sont au bout. Pour avoir reculé devant la douleur, la plante, nous dit l'apologue, n'a pu s'élever à une vie supérieure. Serions-nous aussi faibles devant l'épreuve, nous qu'attendent d'immortelles destinées?

LXXXV

SOMMEIL DES PLANTES

MARIE. — En terminant l'apologue sur la Sensitive, vous avez dit : — « Et depuis lors, les plantes qui ont dormi dorment. » — Est-ce que les plantes dorment en effet, tante Aurore?

AURORE. — Beaucoup ont pendant la nuit une attitude différente de celle qu'elles ont pendant le jour; elles ferment leurs fleurs, elles replient leur feuillage comme pour le repos. Cette attitude nocturne se nomme *sommeil des plantes*. Voici à quelle occasion elle fut observée pour la première fois.

Linné, le grand naturaliste de la Suède, avait reçu de Sauvages, célèbre professeur de Montpellier, une plante méridionale, le lotier pied-d'oiseau, dont il désirait étudier la floraison. La délicate plante, transportée du chaud littoral de la Méditerranée au milieu des froides brumes de la Suède, parvint cependant à fleurir dans les serres d'Upsal. C'était pour la botanique un précieux événement que l'apparition des premières fleurs, toutes petites, jaunes et groupées trois par trois au milieu d'un faisceau de feuilles ; aussi quelle ne fut pas la pénible surprise de Linné lorsque, revenant le soir visiter encore une fois le lotier, il ne trouva plus les fleurs aperçues quelques heures avant ! Cette floraison tant désirée lui échapperait donc, toutes les fleurs ayant disparu, coupées sans doute par une main jalouse ou détruites par les insectes ! Le mal paraissait sans remède lorsque, le lendemain, allant une dernière fois aux informations, Linné retrouva le lotier aussi fleuri qu'il l'avait vu d'abord : les mêmes fleurs, d'une fraîcheur parfaite, étaient présentes aux places primitives. Le mystère ne tarda pas à s'expliquer. Il fut reconnu qu'à l'approche de la nuit, le lotier relève ses feuilles étalées et les rassemble autour de chaque groupe de fleurs, qui deviennent ainsi invisibles. Tel fut le point de départ de la découverte du sommeil des plantes.

Les plantes dorment, non toutes, non celles à feuilles coriaces comme le chêne, le houx, le laurier, le buis, le lilas, que nous avons vu rester à l'écart au moment de s'expliquer devant la Fée, mais celles à feuilles tendres, à feuilles surtout composées de nombreuses folioles, comme le sont celles de la sensitive et de l'acacia. Elles dorment, c'est-à-dire que de nuit elles disposent leur feuillage d'une autre façon que de jour.

L'animal, suivant son espèce, varie d'attitude pour le repos nocturne. La poule monte au perchoir, soulève une patte dans le duvet et se cache la tête sous l'aile ; le chat recherche la cendre de l'âtre, où il se roule en cercle ; le mouton s'accroupit sur le ventre ; le bœuf se couche sur le flanc ; le hérisson se met en boule ; la couleuvre se contourne en spirale serrée. De même, chaque espèce végétale a sa manière de dormir.

L'épinard, au déclin du jour, redresse ses feuilles vers le haut de la tige et les applique contre la sommité encore tendre de la pousse, pour lui faire une tente qui s'ouvrira d'elle-même au retour du soleil. — L'impatiente, frêle balsamine du bord des ruisseaux, fait tout le contraire : elle infléchit ses feuilles vers le bas de la tige. La raison, ne me la demandez pas : vous me prendriez en flagrant délit d'ignorance. A moins que ce ne soit pour protéger les fruits : l'impatiente ne souffre pas qu'on y touche. Au plus léger attouchement, ils éclatent, lancent leurs graines et roulent leurs valves à la manière d'un morceau de parchemin qui se tord devant le feu. De là provient le joli nom donné à la chatouilleuse plante : *Impatiente ne me touchez pas.* Je viens de dire que les feuilles s'abaissent peut-être pour défendre les fruits mûrs. Je me hâte d'ajouter que je n'en suis pas du tout persuadée. Savons-nous pourquoi la poule dort sur une patte, l'autre dans la plume? Savons-nous pourquoi le chat se roule en manchon ? Ces détails de la vie intime des bêtes nous échapperont toujours dans leurs causes. N'espérons pas de l'impatiente, ni de l'épinard, ni des autres, le secret de leurs poses nocturnes. Une plante dort comme ceci; une autre tout au rebours. Pourquoi? Demandez-le à la Fée des plantes, si jamais vous vous levez assez matin pour la rencontrer. Elle seule pourrait le dire.

C'est principalement dans les feuilles composées que la disposition pour le repos nocturne est frappante. Examinez de jour un acacia, une mimose, enfin un de ces arbres à feuilles composées si fréquemment cultivés dans les jardins. Examinez-le de nouveau à la tombée de la nuit. Quel curieux changement s'est opéré dans le feuillage ! L'arbre n'a plus la même physionomie. De jour, les folioles, étalées de droite et de gauche de leur support commun, donnent au feuillage un aspect touffu, un air de vigueur qui charme le regard. Le soir arrive, et les folioles, comme abattues de fatigue, se couchent l'une sur l'autre. Le feuillage semble maintenant dégarni; il est d'aspect triste, souffreteux. On le dirait fané par la soif,

frappé à mort par le hâle du jour. Mais le lendemain
matin, au retour de la lumière, les feuilles se déplieront,
et s'épanouiront aussi fraîches que jamais.

La sensitive, quand vient la nuit, relève ses folioles, et
les couche l'une sur l'autre en deux rangées. Les diverses
rangées de la feuille totale se rapprochent en un faisceau,
le pétiole commun tourne sur
son point d'attache, et la
feuille, régulièrement pliée, se
rabat de haut en bas. Cette
attitude est précisément celle
que prend la sensitive soumise
à une excitation. Le même fait
se reproduit dans les diverses
plantes chez lesquelles on peut
exciter des mouvements : toutes
prennent de nuit la pose qu'elles
affectent quand on provoque
d'une manière ou de l'autre
leur excitabilité. Une mauvaise
petite herbe de nos jardins, l'o-
xalis corniculé, nous en donne
un exemple. Trois folioles en
forme de cœur, groupées au
sommet du pétiole, composent
ses feuilles. Si l'on bat quelque
temps l'oxalis à très - petits

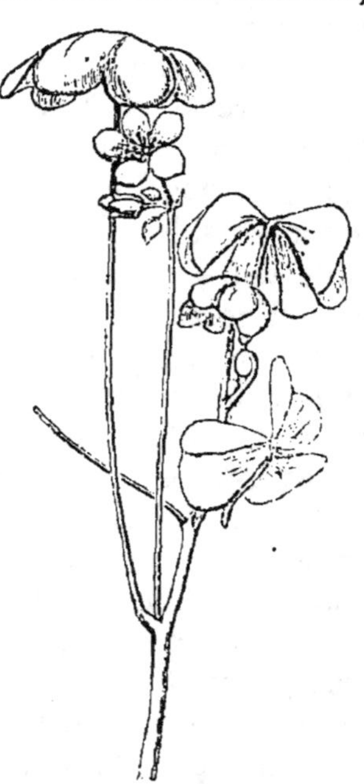

Fig. 78. — Oxalis corniculé.

coups redoublés, les folioles se plient en long et pendent
au bout du pétiole. C'est exactement la disposition
qu'elles auraient prise d'elles-mêmes aux approches de
la nuit. Ainsi encore un rameau d'acacia, longtemps et
rudement secoué, replie ses feuilles comme il l'aurait
fait pour le repos nocturne. Telle est la cause du changement d'aspect qu'un vent prolongé peut amener dans
le paysage. Divers arbres à feuillage difficilement im-
pressionnable finissent par céder aux secousses continues
du vent et prennent en plein jour l'attitude nocturne.

LXXXVI

ORIGINE DES VÉGÉTAUX CULTIVÉS

Vous vous figurez peut-être que, de tout temps, en vue de notre alimentation, le poirier s'est empressé de produire de gros fruits à chair fondante ; que le navet, pour nous faire plaisir, a gonflé sa racine de pulpe savoureuse ; que le chou-cabus, dans le désir de nous être agréable, s'est avisé de lui-même d'empiler en tête compacte de belles feuilles blanches. Vous vous figurez que le froment, le potiron, la carotte, la vigne, la pomme de terre, la betterave et tant d'autres encore, épris d'un vif intérêt pour l'homme, ont de leur propre gré toujours travaillé pour lui. Vous croyez que la grappe de la vigne est pareille maintenant à celle d'où Noé retira le premier vin ; que le froment, depuis qu'il a paru sur la terre, n'a pas manqué de produire tous les ans une récolte de grains ; que la betterave et le potiron avaient aux premier jours du monde la corpulence qui nous les rend précieux. Il vous semble enfin que les plantes alimentaires nous sont venues telles que nous les possédons aujourd'hui. Détrompez-vous : la plante sauvage est en général pour nous une triste ressource alimentaire ; elle n'acquiert de la valeur que par nos soins.

Dans son pays natal, sur les montagnes du Chili et du Pérou, la pomme de terre à l'état sauvage est un maigre tubercule, de la grosseur d'une noisette. L'homme donne accueil dans son jardin au misérable sauvageon ; il le plante dans une terre substantielle ; il le soigne, il l'arrose. Et voilà que, d'année en année, la pomme de terre prospère ; elle gagne en volume, en propriétés nutritives, et devient enfin un tubercule farineux de la grosseur des deux poings.

Sur les falaises océaniques exposées à tous les vents

croît naturellement un chou, haut de tige, à feuilles rares, échevelées, d'un vert cru, de saveur âcre, d'odeur forte. Qu'attendre d'un pareil sauvageon ? Il n'a certes pas bonne mine ! Qui sait ? Peut-être, sous ses agrestes apparences, recèle-t-il de précieuses aptitudes ? Pareil soupçon vint apparemment à l'esprit de celui qui le premier, à une époque dont le souvenir s'est perdu, admit le chou des falaises dans ses cultures. Le soupçon était fondé. Le chou sauvage s'est amélioré par les soins incessants de l'homme ; sa tige s'est affermie ; ses feuilles, devenues plus nombreuses, se sont emboîtées, blanches et tendres, en tête serrée ; et le chou cabus a été le résultat final de cette magnifique transformation. Voilà bien, sur le roc de la falaise, le point de départ de la précieuse plante ; voici, dans nos jardins potagers, son point d'arrivée. Mais où sont les formes intermédiaires qui, à travers les siècles, ont graduellement amené la plante à l'état actuel ? Ces formes étaient des pas en avant. Il fallait les conserver, les empêcher de rétrograder, les multiplier, et tenter sur elles de nouvelles améliorations. Qui pourrait dire tout le travail accumulé qui nous a valu le chou cabus ?

Et le poirier sauvage, le connaissez-vous ? C'est un affreux buisson, hérissé de féroces épines. Ses poires, détestable fruit qui vous serre la gorge et vous agace les dents, sont toutes petites, âpres, dures, et semblent pétries de grains de gravier. Certes celui-là eut besoin d'une rare inspiration qui, le premier, eut foi dans l'arbuste revêche, et entrevit, pour un avenir éloigné, la poire beurrée que nous mangeons aujourd'hui.

De même, avec la grappe de la vigne primitive, dont les grains ne dépassent pas en volume les baies du sureau. l'homme, à la sueur du front, s'est acquis la grappe juteuse de la vigne actuelle ; avec quelque pauvre gramen aujourd'hui inconnu, il a obtenu le froment ; avec quelques misérables arbustes, quelques herbes d'aspect peu engageant, il a façonné ses races potagères et ses arbres fruitiers. La terre, pour nous engager au travail, loi suprême de notre existence, est pour nous une rude marâtre. Aux petits des oiseaux elle donne abondante pâture ; à nous elle n'offre de son plein gré que les mûres de la ronce et les prunelles du buisson. Ne nous en plaignons pas, car la lutte contre le besoin fait précisément notre grandeur. C'est à nous, par notre intelligence, à nous tirer d'affaires ; c'est à nous à mettre en pratique la noble devise : « Aide-toi, le ciel t'aidera. »

L'homme s'est donc étudié de tout temps à démêler, parmi les innombrables espèces végétales, celles qui peuvent se prêter à des améliorations. La plupart sont restées pour nous sans utilité ; mais d'autres, prédestinées sans doute, créées plus spécialement en vue de l'homme, se sont faites à nos soins, et ont acquis par la culture des propriétés d'une importance capitale, car notre nourriture en dépend.

L'amélioration obtenue n'est pas cependant si bien fixée que nous puissions compter sur sa permanence, nos soins venant à faire défaut. La plante tend toujours à revenir à son état primitif. Que le jardinier, par exemple, abandonne le chou cabus à lui-même, sans engrais, sans arrosage, sans culture ; qu'il laisse les graines germer au hasard où le vent les aura chassées, et le chou s'empressera d'abandonner sa pomme serrée de feuilles blanches pour reprendre les feuilles lâches et vertes de ses parents sauvages. La vigne pareillement, affranchie des soins de l'homme, donnera dans les haies des pousses vigoureuses, mais dont toute la grappe ne vaut pas un seul grain de raisin cultivé ; le poirier reprendra, sur la lisière des bois, ses longs piquants et ses petits fruits détestables ; le prunier et le cerisier réduiront leurs fruits à des noyaux recouverts d'une pellicule amère ; enfin toutes les richesses de nos vergers s'appauvriront jusqu'à devenir pour nous sans valeur.

Ce retour à l'état sauvage s'effectue même dans nos cultures, malgré tous nos soins, quand on a recours au semis pour reproduire la plante. On sème, je suppose, des pépins pris dans une excellente poire. Eh bien, les poiriers issus de ces graines ne donnent pour la plupart que des poires médiocres, mauvaises, très-mauvaises même. Un autre semis est fait avec des pépins de seconde génération. Les poires dégénèrent encore. Si l'on continue ainsi les semis en puisant toujours les graines dans la génération précédente, le fruit, de plus en plus petit, âpre et dur, revient enfin à l'immangeable poire du buisson.

Pour quelques plantes enfin, le blé par exemple, les améliorations acquises par la culture sont plus stables et persistent malgré le semis, mais à la condition expresse que nos soins ne leur feront jamais défaut. Toutes donc, abandonnées à elles-mêmes et propagées par semences, reviennent à l'état primitif, après un certain nombre de générations chez lesquelles s'effacent peu à peu les caractères imprimés par l'intervention de l'homme.

LXXXVII

BOUTURAGE — GREFFE

Puisque nos arbres fruitiers et nos plantes ornementales retournent par le semis à l'état sauvage, comment faire alors pour les propager sans crainte de les voir dégénérer? Il faut recourir à la greffe, au marcottage, au bouturage, inappréciables ressources qui nous permettent de stabiliser dans le végétal la perfection obtenue par de longues années de travail, et de profiter des améliorations déjà obtenues par nos devanciers, au lieu de recommencer

nous-mêmes une éducation à laquelle une vie humaine
ne suffirait pas.

On nomme *bouturage* le procédé de multiplication qui
consiste à détacher un rameau de la plante mère et à le
placer dans des conditions où il puisse développer des racines et vivre à ses propres frais. Le rameau détaché
prend le nom de *bouture*. Par son extrémité amputée, la
bouture est mise en terre, en un lieu frais, ombragé, où
l'évaporation soit lente et la température douce. L'abri
d'une cloche en verre est souvent indispensable, pour
maintenir l'air, autour du rameau, dans un état convenable d'humidité, et empêcher la bouture de se dessécher
avant d'avoir acquis les racines qui lui permettront de
réparer ses pertes. Pour plus de sûreté, si le rameau est
très-feuillé, on enlève la majeure partie des feuilles inférieures, afin de réduire autant que possible les surfaces
d'évaporation, sans compromettre la vitalité du plant,
qui réside surtout dans la partie supérieure. L'extrémité
plongée dans le sol humide ne tarde pas à s'enraciner
désormais le rameau se suffit à lui-même et forme un
plant indépendant. L'abri de la cloche doit être alors
supprimé.

Les végétaux à bois tendre, gorgé de suc, sont ceux
qui prennent bouture avec le plus de facilité ; tel est
le pélargonium, habituel ornement de nos parterres. Les
végétaux à bois compact et dur sont, au contraire, de
reprise très-difficultueuse, impossible même. Ainsi le bou-
túrage échouerait avec le chêne et le buis.

Quelques plantes, et de ce nombre est l'œillet, poussent,
à la base de la tige mère, des ramifications droites et
souples qui peuvent servir à obtenir autant de plants
nouveaux. On couche ces rameaux en leur faisant décrire
un coude que l'on fixe dans la terre avec un crochet ;
puis on redresse l'extrémité, que l'on maintient verticale
avec l'appui d'une baguette ou tuteur. Le coude enterré
pousse tôt ou tard des racines, et d'ici là la souche mère

nourrit les rameaux. Lorsque les parties enterrées sont suffisamment enracinées, on tranche les ramifications, et chacune d'elles, transplantée à part, est désormais un plant distinct. Cette opération se nomme *marcottage*, et les divers plants détachés de la souche première se nomment *marcottes*. Le succès par ce procédé est mieux assuré que par le bouturage, qui, sans préparation aucune, prive brusquement le rameau de la nourriture fournie par la tige, et l'oblige à se suffire immédiatement à lui-même.

D'autres végétaux, le laurier-rose, par exemple, n'ont pas assez de flexibilité dans leurs ramifications pour se prêter au couchage en terre, tel que je viens de vous le décrire ; la branche casserait si l'on essayait de la couder. Quelquefois enfin la ramification est située trop haut. Alors un pot fendu en long ou bien un cornet de plomb est appendu à l'arbuste, et la branche à marcotter est placée dans le pot ou le cornet suivant son axe. Le pot est ensuite rempli de terreau ou de mousse, que l'on maintient humide par de fréquents arrosements. Dans ce milieu toujours frais, des racines, tôt ou tard, apparaissent. On procède alors au *sevrage* du rameau, c'est-à-dire qu'on fait au-dessous du pot ou du cornet une légère entaille

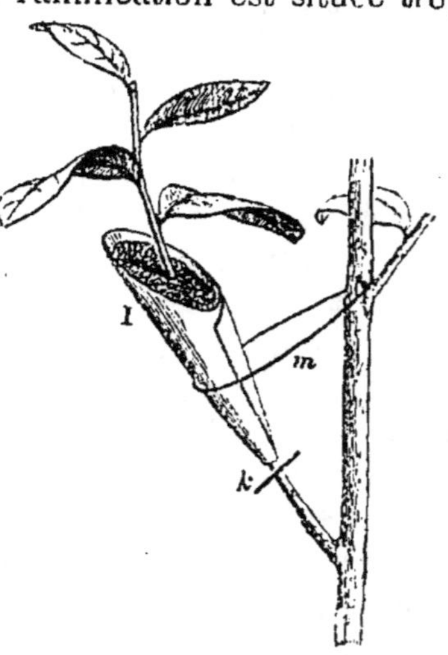

Fig. 79. — Marcottage à l'aide d'un cornet de plomb.

qu'on approfondit davantage chaque jour. On a ainsi pour but d'habituer peu à peu la plante à se passer de la tige mère et à vivre par elle-même. Enfin on achève la séparation. Ce sevrage graduel est pareillement utile

pour les marcottes couchées en terre; il assure le succès
de l'opération.

Greffer, c'est transplanter un bourgeon ou un rameau
d'un végétal sur un autre. L'arbre sur lequel se fait la
transplantation prend le nom de *sujet;* et le rameau ou
le bourgeon qu'on y implante celui de *greffe*. Examinons
en quoi consiste la précieuse opération.

Un mauvais poirier est dans votre jardin, venu de semis ou apporté de son bois natal. Vous voulez lui faire
produire de bonnes poires. On tranche net la tête du sauvageon, et dans le tronçon en terre on fait une profonde
entaille. Puis on prend, sur un poirier d'excellente qualité, un rameau muni de quelques bourgeons. On taille
son extrémité inférieure en biseau et l'on implante la
greffe dans la fente du sujet, bien exactement écorce contre écorce, bois contre bois. Enfin on lie le tout et l'on
recouvre les plaies de mastic, ou, à son défaut, d'argile
maintenue en place avec quelques linges. A l'abri du

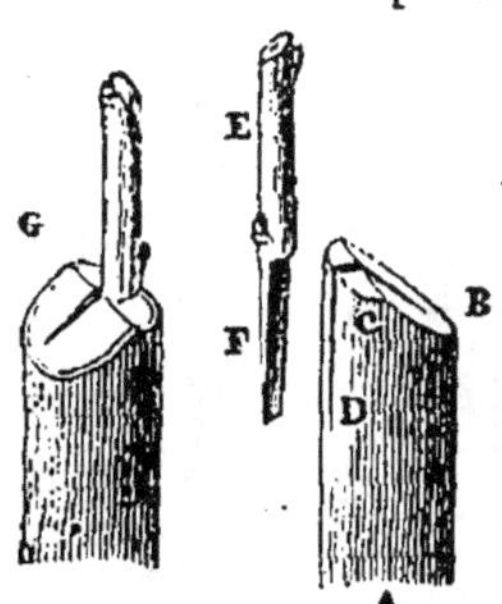

Fig. 80. — Greffe en fente.

mastic qui les préserve du contact
de l'air, les plaies se cicatrisent, le
rameau soude son écorce et son bois
à l'écorce et au bois de la tige amputée. Bientôt les bourgeons de la
greffe, alimentés par le sujet, se développent en ramifications; et, au
bout de quelques années, la tête de
poirier sauvage est remplacée par
une tête de poirier produisant de
bonnes poires, comme l'arbre qui a
fourni la greffe. Telle est la *greffe en fente*.

Vous avez donné asile dans votre parterre à un églantier, le vulgaire rosier sauvage, qui végétait pauvrement
au bord du chemin en compagnie de la ronce. L'arbuste
n'est pas beau. Au fond, c'est bien le rosier pour la tige,
les épines, les feuilles, les fruits; mais quelles tristes roses !
cinq pétales, ni plus ni moins, pâles, à peine teintées d'in-

carnat, sans odeur. Il s'agit de faire produire à l'arbuste la splendide rose à cent feuilles. Au printemps ou en automne, on incise l'écorce du sauvageon d'une double entaille en forme de **T**, pénétrant jusqu'au bois ; et l'on soulève un peu les deux lèvres de la blessure. On détache alors, sur un rosier à belles fleurs, un lambeau d'écorce munie d'un bourgeon, lambeau qu'on nomme *écusson*. On a le soin de bien enlever le bois qui pourrait adhérer à la face intérieure de l'écusson, tout en respectant l'écorce, la couche verdâtre surtout. Enfin l'on introduit l'écusson entre l'écorce et le bois du sujet; on rapproche les lèvres de la plaie au moyen d'une ligature, de manière que l'écusson soit bien appliqué contre le bois du sujet; et c'est fini. Dans peu de temps, l'églantier se couvre de roses à cent feuilles. C'est ce qu'on nomme la *greffe en écusson*.

La greffe ne peut se faire qu'entre végétaux de même espèce, ou d'espèces très-rapprochées, afin que le bourgeon et le rameau transplantés trouvent, auprès de la nouvelle branche nourricière, l'alimentation qui leur convient. On perdrait son temps à vouloir greffer le lilas sur le rosier, le rosier sur l'oranger. Il n'y a rien de commun entre ces trois espèces végétales, ni dans les feuilles, ni dans les

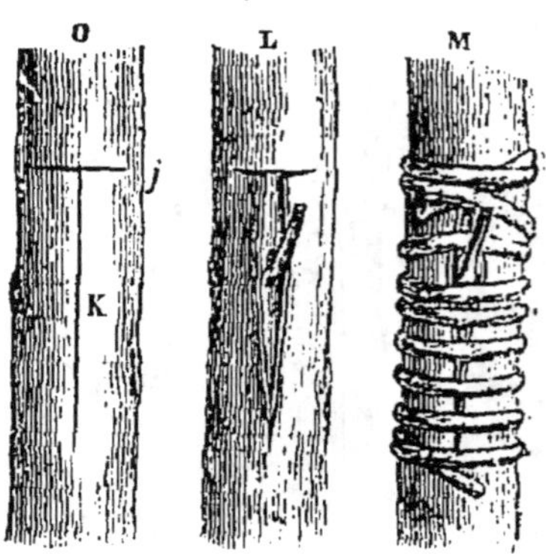

Fig. 81. — Greffe en écusson.

fleurs, ni dans les fruits. De cette différence de structure résulte infailliblement une différence profonde de nutrition. Le bourgeon de rosier périrait donc affamé sur une branche de lilas, le bourgeon de lilas en ferait autant sur une branche de rosier. Mais on peut très-bien greffer lilas sur lilas, rosier sur rosier, oranger sur oranger.

Il est possible encore de faire nourrir un bourgeon d'oranger par un citronnier, un bourgeon de pêcher par un abricotier, un bourgeon de cerisier par un prunier, et réciproquement; car il y a entre ces végétaux, pris deux à deux, une étroite ressemblance. Il faut en somme, pour la réussite de la greffe, la plus grande analogie possible entre les deux végétaux. On est loin d'avoir toujours des idées nettes sur cette absolue nécessité de la ressemblance d'organisation. J'ai entendu parler de rosiers greffés sur le houx pour obtenir des roses vertes, de vignes greffées sur le noyer pour avoir des raisins à grains énormes, pareils en volume à des noix. De telles greffes, et d'autres encore entre végétaux non semblables, n'ont jamais existé que dans l'imagination de ceux qui les ont rêvées.

LXXXVIII

LES COMÈTES

A notre système solaire, composé du Soleil, des planètes et de leurs satellites, viennent de loin en loin s'adjoindre des astres étranges, énormes, errants, accourus on ne sait d'où et replongeant bientôt dans des profondeurs où ils cessent d'être visibles. Ce sont les *comètes*.

Dans une comète, on distingue le *noyau*, la *chevelure* et la *queue*. Le noyau est la partie la plus centrale de l'astre. L'éclat y est plus vif qu'ailleurs, par suite apparemment d'une concentration plus grande de matière. Il est enveloppé d'une nébulosité volumineuse, d'une sorte de brouillard lumineux appelé chevelure. Les comètes doivent leur nom, signifiant astre *chevelu*, à cette particularité. Enfin on nomme queue une traînée lumineuse plus ou moins longue et de forme variable, dont la plupart des comètes sont accompagnées.

L'astre étranger, visitant peut-être notre coin de ciel pour la première fois, apparaît un soir à l'improviste. C'est d'abord une nébulosité blanche, indécise, à contour arrondi, d'un éclat plus vif au centre que sur les bords. Mais en se rapprochant du Soleil, le corps nébuleux s'altère dans sa forme et, de rond qu'il était, devient ovalaire. Puis il s'allonge encore, il épanche une partie de sa nébulosité en sens inverse des rayons solaires qui le frappent; et finalement la comète traîne après elle une immense queue. L'astre, dans sa position la plus rapprochée du Soleil, atteint son plus grand éclat et le plus complet développement de sa traînée lumineuse. Bientôt le Soleil est contourné, la comète s'éloigne. Maintenant la queue, dirigée encore en sens inverse du Soleil, précède la comète au lieu de la suivre; de jour en jour aussi elle perd en éclat; enfin elle se dissipe. La *tête* elle-même, c'est-à-dire le noyau enveloppé de sa chevelure, disparaît tôt ou tard, rendue invisible par la distance. Ainsi, d'une part, la queue d'une comète n'est pas chose permanente : elle se forme à un certain moment, aux dépens du noyau et de la chevelure, dont la matière nébuleuse s'épanche en gigantesque fusée. En second lieu, la queue n'apparaît qu'au voisinage du Soleil. Elle est probablement un effet de la chaleur émanée de cet astre, car elle est toujours dirigée à l'opposite des rayons solaires, suivant la comète quand celle-ci s'approche du Soleil, la précédant quand elle s'en éloigne.

La queue des comètes affecte des configurations variées. Tantôt elle rappelle une écharpe rectiligne, tantôt elle se recourbe en cimeterre, tantôt elle s'épanouit en éventail. Ses dimensions sont quelquefois prodigieuses. La queue de la grande comète de 1842 mesurait 60 mil-

lions de lieues de longueur, et 1,320,000 lieues de largeur Elle aurait pu, la tête étant supposée près du Soleil, dépasser la Terre et atteindre Mars. Ces énormes
traînées fluent du corps de la comète, de même que la
gerbe d'étincelles s'écoule d'une fusée. La matière cométaire, refoulée, ce semble, par quelque puissance répulsive
émanée du Soleil, s'épanche par la queue et se dissipe en
brume invisible dont chaque flocon poursuit désormais
isolément sa route dans les abîmes de l'étendue. Quel est
alors le volume des comètes, pour suffire à de pareilles
déperditions? La comète de 1842 avait un volume comparable à celui de Jupiter, la planète colosse ; celle de
1811 dépassait en volume le Soleil lui-même.

La tête d'une comète comprend, vous disais-je, une
partie centrale, plus brillante, le noyau, et une enveloppe
nébuleuse, la chevelure. Si par ce mot de noyau on entendait un corps solide, comparable au globe des planètes et sur lequel s'enroulerait la nébulosité, on serait
dans une complète erreur. Un fait décisif nous prouve,
en effet, l'extrême subtilité de la matière cométaire. A
travers l'épaisseur des comètes, même à travers le noyau,
les plus faibles étoiles restent visibles et brillent comme
si rien n'était interposé. Le brouillard le plus léger, la
fumée la plus délicate sont donc comparativement choses
très-grossières ; car, sous une épaisseur de quelques centaines de mètres, ils forment un écran impénétrable à la
lumière des étoiles ; tandis que la matière des comètes,
en amas volumineux comme Jupiter ou le Soleil, nous
laisse arriver sans déperdition les rayons les plus faibles.
La matière des comètes est tellement subtile, qu'aucune
substance terrestre ne peut en donner une idée.

Longtemps les comètes, par leurs apparitions impré-
vues et leurs formes bizarres, ont jeté l'épouvante dans les
populations. On voyait en elles les signes avant-coureurs
de la peste, de la famine, de la guerre. Le bon sens, cette
haute faculté qui consiste à voir les choses telles qu'elles

sont, a fait justice, la science aidant, de ces folles terreurs de la superstition. Le sublime mécanisme des astres ne se règle pas sur les misères de l'homme. Un soleil ne s'éteint pas parce qu'un roi se meurt; une comète n'accourt point étaler dans le ciel une menaçante aigrette pour annoncer la guerre, fruit de notre sottise. On est d'accord aujourd'hui sur ce point, pour peu qu'on ait eu part aux bienfaits de l'instruction. Mais un autre motif d'appréhension se présente, qui paraît assez fondé au premier abord. Les comètes se meuvent dans toutes les directions imaginables, sans aucune règle fixe; il peut alors se faire que l'une d'elles vienne un jour à rencontrer la Terre. Qu'y a-t-il de sérieux dans cette crainte?

Imaginez quelques grains de poussière disséminés au hasard dans l'immensité de l'air et chassés par le vent dans toutes les directions. Est-il raisonnable d'admettre que deux de ces grains s'entre-choqueront? Non, l'extrême ampleur de l'atmosphère ne laisse à cet événement qu'une probabilité sans valeur. Or, par rapport à l'étendue où elles se meuvent, la Terre et les comètes, que sont-elles, si n'est d'autres grains de poussière? Se préoccuper de leur rencontre possible, ce serait donc folie.

Admettons d'ailleurs la rencontre. Nous savons que la matière cométaire est subtile au point que la brume la plus délicate est substance très-grossière en comparaison. Si, par impossible, une rencontre avait donc lieu, nous traverserions la comète sans nous en apercevoir. L'énorme nébulosité n'opposerait pas plus de résistance à la Terre qu'une toile d'araignée à la pierre lancée par la fronde.

A cause de l'immensité des espaces célestes, la rencontre de la Terre et d'une comète est si peu vraisemblable, que c'est déraison que de s'en préoccuper : enfin l'excessive subtilité de la matière cométaire s'oppose à un choc désastreux. Haut le cœur! mes enfants, si jamais viennent à vos oreilles les prédictions de quelque

visionnaire annonçant le choc prochain d'une comète.
Le ciel est grand. La Terre et la comète y trouveront
largement place sans se heurter front contre front.
D'ailleurs, que craignez-vous? Le doigt de Dieu les
guide.

LXXXIX

LES ÉTOILES FILANTES

Nous nous rappelons toutes ces étincelles soudaines,
qui, de nuit, semblent se détacher du firmament, et,
pareilles à des fusées, sillonnent l'espace de traînées lumineuses, aussitôt évanouies qu'apparues. On dit vulgairement que ce sont des étoiles qui tombent, ou du moins
changent de place sur la voûte du ciel. De là leur nom
d'*étoiles filantes*.

MARIE. — Ces étincelles ne peuvent être des étoiles, si
prodigieusement grosses, comparables au Soleil, et dont
une seule, en tombant, mettrait la terre en poussière?

AURORE. — Ce ne sont pas, en effet, des étoiles, tant
s'en faut. Laissons-leur le nom d'étoiles filantes, consacré
par l'usage, mais gardons-nous de les confondre avec les
étoiles réelles. Je vais vous apprendre le peu que l'on
sait sur leur compte.

Il n'y a pas de nuit où ne se voient quelques étoiles
filantes ; mais à certaines époques de l'année, spécialement vers le 10 août et le 12 novembre, leur nombre s'accroît dans des proportions étonnantes. Ce sont alors parfois de véritables averses d'étoiles filantes. Je me borne
à vous citer un exemple de ces apparitions extraordi-
naires.

Le 12 novembre 1833, de neuf heures du soir au lever

du soleil, on aperçut, le long des côtes orientales de l'A-
mérique du Nord, une des plus mémorables averses d'étoiles filantes. Pareilles à des fusées, elles rayonnaient par
milliers d'un même point du ciel pour se porter dans
toutes les directions, tantôt en ligne sinueuse, tantôt en
ligne droite. Beaucoup faisaient explosion avant de disparaître. Les compter n'était guère possible : elles tombaient de moitié aussi dru que les flocons de neige pendant une bonne averse d'hiver. Cependant, lorsque le
nombre assez affaibli permit de se reconnaître un peu, un
observateur de Boston essaya un dénombrement appro-
ché. En quinze minutes, dans le dixième du ciel, il
compta 866 étoiles filantes ; ce qui revient à 8,660 pour
tout le ciel visible, et à 34,640 pour la durée d'une heure.
Or l'averse dura sept heures ; en outre elle ne fut observée que dans son déclin, pour obtenir les bases de
ce calcul. On voit donc que le nombre des étoiles filantes
qui se montrèrent à Boston seulement dépasse 240,000.
Faut-il s'étonner après si l'on évalue à des millions le total des étoiles filantes qui apparaissent annuellement pour
la terre entière ?

Quelquefois des globes de feu se montrent solés. On
leur donne le nom de *bolides*. Ce sont des corps de forme
généralement ronde, parfois d'une grosseur apparente
égale à celle de la Lune ou même supérieure, qui subitement traversent notre ciel, en projetant une vive lumière, et, après quelques secondes, disparaissent avec la
même soudaineté. Fréquemment ils laissent sur leur
trajet une queue d'étincelles ; quelquefois enfin ils éclatent avec un épouvantable fracas et lancent leurs débris
fumants sur le sol. Ces débris prennent le nom d'*aérolithes* ou de pierres tombées du ciel. Les astronomes se
sont efforcés, autant que le permet la rapidité de l'apparition, de calculer la grosseur réelle et la vitesse des bolides. Les résultats diffèrent beaucoup de l'un à l'autre.
On signale des bolides d'une trentaine, d'une centaine de

mètres de diamètre ; on en signale d'autres de deux à quatre kilomètres; d'autres de la grosseur du poing, d'une orange, d'un melon. Mais le trait le plus frappant, c'est leur prodigieuse vitesse, égale ou même supérieure à celle qui chasse les planètes autour du Soleil. Cette vitesse varie de 3 à 8 lieues par seconde.

Pour l'explication des étoiles filantes et des bolides, les astronomes admettent que, autour du Soleil, circulent divers tourbillons, divers anneaux de très-petites planètes, véritable poussière planétaire dont les grains sont comparables en volume à un quartier de montagne, un bloc de rocher, un boulet, une noix. Ces corps de tout volume, ces *astéroïdes*, comme on les appelle, volent par incalculables myriades autour du Soleil en divers essaims de forme annulaire, dont l'un, au moins, se trouve à notre proximité. Courbez en rond par la pensée la bande lumineuse où flotte, dans une chambre obscure, un tourbillon de poussière; puis supposez à cette couronne un mouvement de rotation autour de son centre, et vous aurez l'image de l'un de ces essaims.

La Terre est à proximité de l'un de ces amas annulaires. Lorsque, dans sa course autour du Soleil, l'un des astéroïdes vient à se rapprocher de notre globe, il plonge obliquement dans notre atmosphère avec la foudroyante vitesse qui l'anime. Le frottement de l'air, exalté à l'excès par la rapidité de la course, produit une élévation de température, et soudain le corps céleste, jusque-là invisible, entre en incandescence, flamboie et laisse derrière lui une traînée d'étincelles. D'ordinaire la résistance toujours croissante de l'air, combinée avec l'obliquité de sa chute, l'arrête à son premier plongeon. Alors il rebondit en ricochet, comme une pierre obliquement lancée à la surface de l'eau, et s'élance hors de l'atmosphère, pour continuer autour du Soleil sa course un moment troublée. Eh bien, ces astéroïdes, qui, détournés de leur voie par l'attraction de la Terre, abandonnent leur essaim et viennent effleurer l'atmosphère en s'y enflammant, constituent ce que nous appelons étoiles filantes et bolides. La Terre, à diverses époques de l'année, particulièrement le 10 août et le 12 novembre, s'engage au sein même du tourbillon des astéroïdes. Ainsi s'explique le retour périodique des averses d'étoiles filantes.

Le ricochet sur les premières couches de l'atmosphère n'est pas toujours possible, faute d'une assez grande obliquité dans la direction de l'astéroïde égaré. Alors celui-ci traverse toute l'épaisseur de l'air; à une certaine hauteur, quand la température développée par le frottement atteint assez de violence, il détone avec le fracas du tonnerre, se brise en mille éclats et tombe enfin à terre en pluie de pierres brûlantes ou aérolithes. La force de projection de ces débris est telle, qu'ils s'enfoncent dans le sol mieux que ne le ferait un boulet de canon. Leur surface noirâtre, comme vernissée, porte des signes manifestes d'un commencement de fusion. Leur poids est très-variable : tel aérolithe est un simple corpuscule, un grain de poussière; tel autre pèse des centaines de kilogrammes.

Aucun aérolithe n'a présenté jusqu'ici de substance différente de celles qui composent notre globe. Du fer comme le nôtre, du soufre et du phosphore comme les nôtres, de la chaux, de l'argile, du cuivre, de l'étain, etc., en tout pareils aux nôtres, tels sont les matériaux constituants de ces échantillons minéralogiques descendus du ciel. Le fer y domine. On connaît des blocs énormes de fer pur, pesant jusqu'à 20,000 quintaux métriques, qui sont d'origine céleste. Ces blocs roulaient un jour, grains de poussière, autour du Soleil; ils faisaient partie du tourbillon des astéroïdes. Aujourd'hui ces astres gisent à terre, et sont livrés aux outils des mineurs comme un trivial filon.

XC

JEANNE D'ARC

L'héroïne dont je vais vous raconter la merveilleuse histoire n'a jamais eu sa pareille au monde; aucun peuple ne peut rien comparer à notre Jeanne d'Arc. — Il faut vous dire qu'après un règne des plus malheureux, la France, déchirée par la guerre civile et envahie par les Anglais, touchait à sa ruine, malgré les efforts d'un petit nombre de braves. Paris était occupé par le duc de Bedfort, régent d'Angleterre. L'infortuné roi de France, Charles VII, errait de ville en ville, sans espérance et bientôt sans royaume. A peine quelques places fortes arrêtaient encore pour quelques jours les progrès de l'ennemi. La France périra-t-elle? Non. Voici que Dieu suscite un secours en dehors de toutes les prévisions humaines, le secours d'une jeune fille de dix-sept ans, qui abandonne sa quenouille et son troupeau pour délivrer Orléans assiégé, faire sacrer le roi à Reims qu'occupent les Anglais, et chasser de la France les armées ennemies, si longtemps triomphantes.

Le village de Domrémy, près de Vaucouleurs, en Champagne, est le pays de l'héroïne. L'âme pleine de patriotiques inspirations, Jeanne la bergère se présente un jour au gouverneur de Vaucouleurs, et dit : — « Messire capitaine, sachez que Dieu m'a plusieurs fois ordonné d'aller vers le dauphin, qui doit être le vrai roi de France. Avec les hommes d'armes qu'il me donnera, je ferai lever le siége d'Orléans et je mènerai le dauphin à Reims pour y être sacré roi. » — A ces mots, le gouverneur se crut devant une pauvre folle; il congédia Jeanne sans vouloir l'écouter. Mais elle revint un autre jour et dit : — « Vous tardez trop à m'envoyer, messire. Aujourd'hui

même le Dauphin a éprouvé de grands dommages près
d'Orléans, et il en éprouvera de plus grands encore si
vous ne m'envoyez pas à lui. »

Ce jour-là, effectivement, à plus de cent lieues de distance, se livrait, non loin d'Orléans, un combat favorable
aux Anglais. Le gouverneur en eut la nouvelle longtemps
après. Frappé alors des paroles de Jeanne, annonçant la
défaite le jour même du combat, et vaincu d'ailleurs par
ses instances, il consentit au départ, non sans crainte
de se couvrir de ridicule en cédant peut-être aux folles
imaginations d'une visionnaire.

Jeanne part accompagnée de deux graves gentilshom-
mes, qui hésitent à se mettre en route à travers un pays
infesté d'ennemis. La faible jeune fille rassure ses rudes
compagnons, blanchis au métier des armes : ils sont sous
la sauvegarde de Dieu, rien de fâcheux ne doit leur arriver. Et les choses se passent comme elle l'avait dit. Cent
cinquante lieues sont franchies en onze jours, par des
chemins entrecoupés de rivières profondes, dans la plus
mauvaise saison de l'année, à travers des provinces occupées par l'ennemi, sans qu'un seul obstacle se présente. En pleine paix, le voyage ne se fût pas fait avec
plus de sécurité.

Elle est introduite auprès du roi, entouré des grands
de sa cour. Ce jour-là, Charles était vêtu fort simplement
et n'avait rien dans son costume qui le distinguât des
personnes lui faisant compagnie. Néanmoins Jeanne va
droit à lui, sans hésitation, comme si les traits du roi lui
eussent été familiers. Avec une noble assurance, en des
paroles pleines de candeur et de force, de modestie et
d'autorité, elle expose l'objet de son voyage. Sa physionomie convaincue prévient en sa faveur; cependant ce
qu'elle raconte est si extraordinaire, qu'on n'ose y ajouter foi. Elle dit au roi : — « Croirez-vous à ma mission,
monseigneur, si je vous dis un fait connu de vous seul? »
— Charles accepte l'épreuve, et se retire à l'écart avec

son confesseur et quatre personnes de sa cour pour té-
moins de la confidence. Jeanne parle. Le roi, au comble
de la surprise, affirme par serment que le fait cité est
vrai et n'a jamais été connu que de Dieu et de lui seul.

Désormais la mission de Jeanne est certaine pour le
roi ; néanmoins il est prudent de prendre conseil du par-
lement, réuni alors à Poitiers. L'humble villageoise com-
paraît devant la haute assemblée, conseil de la nation.
Aux questions qui se pressent, elle oppose des réponses
si raisonnables et parfois si sublimes, que chacun est
bientôt convaincu. Quelqu'un lui demande des miracles
comme preuve de sa mission. — « Je ne suis pas venue,
dit-elle, pour faire des miracles ; mais envoyez-moi devant Orléans qu'assiégent les Anglais, et vous aurez des
preuves certaines de ma mission. » — Qu'est-il besoin
d'armées pour sauver la France, objecte un autre ; s'il
est avec nous, Dieu ne suffit-il pas ? » — De sa modeste et
douce voix, elle répond : — « Les hommes d'armes
combattront, mais le Seigneur gagnera la victoire. »

Revenue de Poitiers, elle fut reçue avec de très-grands
honneurs par le roi, qui lui fit faire une armure complète
et lui donna le rang et l'autorité d'un chef de guerre.
La jeune fille est désormais un capitaine consommé, dur
à la fatigue, expert dans les choses des armes, et digne
de combattre à la tête des plus vaillants. Suivant sa promesse, elle doit d'abord délivrer Orléans. Elle entre dans
la ville aux acclamations enthousiastes de la population.
Le commandement lui est remis, tout se fait en son nom
et sous ses ordres.

Le camp des Anglais était protégé par des forts qu'on
n'avait pas encore osé attaquer et dont il importait de se
rendre d'abord maître. Quelques jeunes seigneurs, n'é-
coutant que leur bouillante impatience, en attaquent un
sans se concerter avec Jeanne. Ils sont mis en déroute.
Le bruit de la défaite arrive à Jeanne, qui s'arme à la
hâte, accourt au lieu du combat et par sa présence ra-

nime le courage. Les fuyards se groupent autour d'elle,
reviennent à l'attaque, et le fort est emporté. Quelques
jours après, un fort plus considérable est cerné ; mais, en
plein assaut, une terreur panique s'empare des soldats,
qui reculent devant une grêle de flèches. Jeanne, au
milieu de la nuée de traits, escalade fièrement la brèche
et plante son étendard à la cime des murs. Tant d'audace rassure les soldats, qui remontent à l'assaut et, d'un
élan irrésistible, culbutent l'ennemi.

Les fortifications les plus importantes des Anglais
étaient de l'autre côté de la Loire et commandaient l'entrée du pont. Le jour marqué pour l'attaque, Jeanne entend la messe de grand matin, communie, et marche à
l'assaut qui doit décider de la victoire. Une flèche l'atteint
au cou. Elle l'arrache de ses mains, se fait légèrement
panser et court à l'ennemi, superbe de vaillance. Son enthousiasme se communique aux soldats, qui emportent
les fortifications. Après ce rude échec, les Anglais lèvent
le siége et se retirent. Cependant l'héroïne fait jeter
quelques poutres sur le pont rompu, traverse le fleuve et
rentre dans la ville au milieu des bénédictions des habitants, qu'elle venait de délivrer. Orléans souffrait déjà
beaucoup de la famine ; et qui sait si l'ennemi, une fois
maître de la ville, n'aurait pas renouvelé ici les terribles
épreuves de Calais ! La sublime gardeuse de moutons de
Domrémy venait de mettre fin à ces calamités.

Ce premier succès en appelle d'autres qui doivent faci-
liter l'entrée de Charles à Reims pour le sacre. Il faut
chasser l'ennemi des villes voisines d'Orléans. Jeanne
combat à côté des plus valeureux ; on la voit toujours au
plus fort de la mêlée, agitant son étendard et frappant à
grands coups, mais seulement du plat de l'épée, pour
étourdir plutôt que tuer et ne pas répandre le sang, dont
elle est très-avare. A l'assaut d'une place forte, au moment où elle plante sa bannière sur la brèche, une grosse
pierre l'atteint à la tête, heureusement protégée par le

casque, et Jeanne roule du haut de l'échelle au pied des
murailles. Elle se relève aussitôt et remonte, s'écriant :
« Sus, sus aux Anglais, mes amis ! La victoire est à
nous ! » Peu après, la ville était en son pouvoir.

Plein de confiance dans les paroles de Jeanne, Charles
cependant met à exécution le projet le plus opposé à
toutes les règles de la prudence humaine ; malgré la
présence de l'ennemi occupant les provinces qu'il faut
traverser, il se rend à Reims pour y être sacré roi. Jeanne
règle la marche ; elle pourvoit aux besoins d'une armée
qui s'avance sans bagages, sans vivres, comme pour un
rendez-vous de fête. La terreur de son nom est telle, que
nulle troupe anglaise ne se présente pour disputer le
passage ; à la seule apparence d'un assaut, les villes se
rendent. Enfin le sacre se fait ; Jeanne assiste au couron-
nement, en habit de guerre et son étendard à la main.

Désormais les populations des pays parcourus se portent
au-devant de Charles VII avec des chants d'allégresse,
qui font venir à l'héroïne des larmes d'une douce joie.
Elle sent la patrie renaître ; elle voit la domination des
Anglais chancelante et sur le point de succomber. Son
rôle héroïque est fini. Jeanne supplie donc le roi de lui
permettre de se retirer dans son pays, pour y reprendre
la quenouille et le soin des troupeaux. On l'exhorte à
continuer ses services ; mais, après quelques nouveaux
prodiges de valeur, elle est faite prisonnière par un capitaine bourguignon, qui la vend aux Anglais dix mille
livres.

Ce fut un sujet de féroce joie parmi les Anglais, hon-
teux de leurs défaites, que la prise de la noble fille ; ils
crurent tenir la France entière entre leurs mains. Le régent Bedfort fit célébrer l'événement à Paris par des
réjouissances et des actions de grâce ; il envoya dans
toutes les provinces en porter la nouvelle. Jeanne fut
amenée à Rouen dans une cage de fer. Un odieux tribu-
nal, voué à l'exécration des siècles, lui fit subir un in-

terrogatoire plein d'embûches auquel la pauvre fille,
elle qui savait au plus son *Pater* et son *Ave*, répondit
avec une présence d'esprit qu'aucune astuce ne décon-
certait, et parfois avec une sublimité qui remuait jusqu'à la conscience de ses assassins. Elle fut condamnée à
être brûlée vive comme sorcière.

La sentence s'exécuta le 30 mai 1431. Le bûcher s'élevait sur la place du Vieux-Marché à Rouen, en face de
deux estrades où siégeaient les infâmes qui l'avaient
condamnée. Jeanne fit à genoux une courte prière, se
recommanda à Dieu et monta sur le bûcher. Elle demanda une croix. Un soldat en fit une avec un bâton
rompu et la lui présenta. La condamnée la prit comme
elle put de ses mains garrottées et la baisa dévotement ;
puis elle demanda que la croix fût attachée au mur en
face du bûcher, afin que, pendant son agonie, elle eût
les yeux fixés sur ce signe du salut. Comme on avait
voulu la donner en spectacle au peuple, le bûcher était
très-élevé ; le feu ne montait que lentement et le supplice
traînait en longueur. Aux premières atteintes des flammes, la glorieuse fille ne put contenir quelques cris de
douleur ; mais bientôt, dans le tourbillon dévorant, on
n'entendit que le nom de Jésus, le divin consolateur des
affligés. Le silence se fit. Quand on écarta les tisons ardents, tout se trouva consumé. Les Anglais étaient rassurés.

<hr>

XCI

LES CHAMPIGNONS

L'histoire des plantes vénéneuses amena celle des
champignons, dont quelques-uns sont une nourriture
exquise et d'autres des poisons redoutables. Aurore conduisit ses amies dans un bois de hêtres du voisinage.

Les arbres, plusieurs fois séculaires, rejoignant leurs
ramées à une grande hauteur, formaient une voûte de
feuillage à travers laquelle glissait, de loin en loin, un
rayon de soleil. Leurs troncs lisses, à écorce blanche,
faisaient l'effet de colonnes énormes soutenant le faix
d'un immense édifice plein d'ombre et de silence. Sur
les hautes cimes, des corneilles jasaient en se lissant les

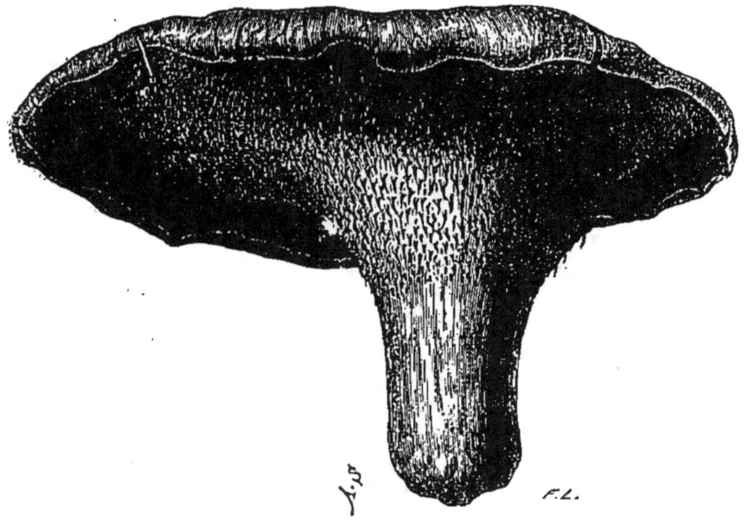

Fig. 82. — Hydne.

plumes. Parfois un pic-vert à tête rouge, surpris dans
son travail, qui consiste à cogner du bec le bois ver-
moulu pour en faire sortir les insectes dont il se nourrit,
jetait son cri d'alarme et partait comme un trait.

Du milieu de la mousse dont le sol était matelassé
sortaient, de çà de là, de nombreux champignons. Il y
en avait de ronds, lisses et blancs. Augustine ne se las-
sait pas de les admirer; elle les comparait, en son
imagination, à des œufs déposés dans un creux de la
mousse par quelque poule vagabonde. D'autres étaient

d'un rouge vernissé, d'autres d'un fauve ardent, d'autres
d'un jaune vif. Ceux-ci, commençant à sortir de terre,
étaient enveloppés d'une sorte de bourse qui se déchire
à mesure que le champignon grossit ; ceux-là, plus avan-
cés, s'étalaient à la manière d'un parapluie ouvert.
Beaucoup enfin tombaient en décomposition. Dans leur
fétide pourriture grouillaient d'innombrables vers, qui
plus tard deviennent des insectes. Quand on eut fait pro-

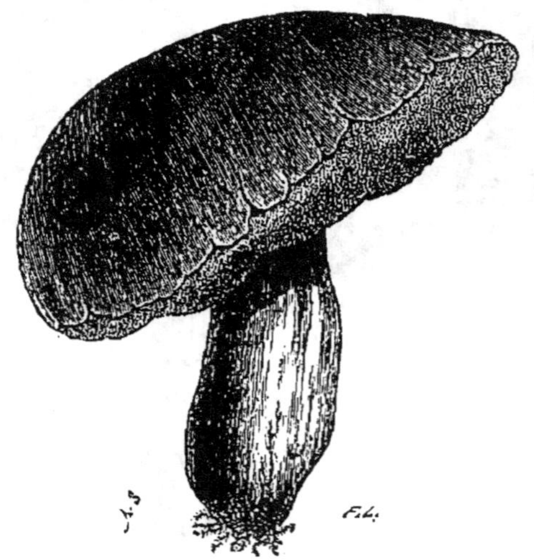

Fig. 83. — Bolet.

vision des principales espèces, on s'assit au pied d'un
hêtre, sur le moelleux tapis de mousse, et Aurore parla
ainsi :

AURORE. — Les champignons ont habituellement la
forme d'une espèce de dôme supporté par un pied. Ce
dôme prend le nom de chapeau. Le dessous du chapeau
présente diverses configurations, dont voici les principales :

Tantôt il est composé de minces lames, très-nom-
breuses, disposées avec régularité l'une à côté de l'autre
et rayonnant du centre au bord. Les champignons dont

le dessous du chapeau est formé de lames rayonnantes
se nomment *agarics*.

Tantôt le chapeau est percé en dessous d'une infinité
de petits trous, qui sont les orifices d'autant de tubes ac-
colés les uns aux autres en une masse commune. Les champignons qui présentent cette structure s'appellent *bolets*.

Tantôt encore le dessous du chapeau est hérissé de fi-

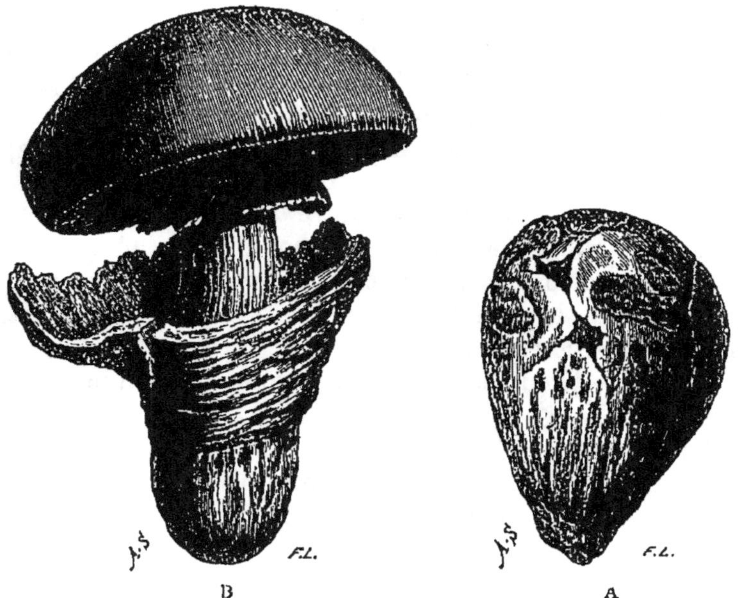

B   A

Fig. 84. — Oronge vraie. — A, l'Oronge renfermée dans son volva avant
l'épanouissement. — B, la même épanouie.

nes pointes pareilles à celles de la langue du chat. Le
champignon prend alors le nom d'*hydne*.

Tantôt enfin le dessous du chapeau est parcouru par
des veines saillantes, des plis, qui se joignent l'un à l'autre, se séparent et se rejoignent encore, à peu près
comme les nervures d'une feuille. Les champignons de
cette catégorie se nomment *chanterelles*.

Les espèces les plus remarquables et les plus nombreuses appartiennent aux champignons à lames et aux champignons criblés de petits trous en dessous, c'est-à-dire aux agarics et aux bolets.

Voyez d'abord celui-ci. C'est un agaric. Le dessus du chapeau est d'un beau rouge orangé ; les lames de dessous sont jaunes. Le pied s'élève du fond d'une sorte de bourse blanche à bords déchirés. Cette bourse, appelée *volva*, enveloppait d'abord en entier le champignon ; en grossissant et s'élevant de terre, le champignon l'a crevée. Enfin une collerette, fine et blanche, entoure le pied vers le haut. Cette collerette prend le nom d'*anneau*. Le champignon que je vous montre est le meilleur de tous, le plus apprécié. On le nomme l'oronge vraie.

Regardez maintenant cet autre agaric. Il est également d'un rouge orangé, également muni d'un anneau dans le haut du pied et d'une bourse ou volva à la base. On l'appelle la fausse-oronge. Ne dirait-on pas néanmoins la même espèce?

CLAIRE. — Pour ma part, je n'y vois pas grande différence.

AUGUSTINE. — Ni moi non plus.

MARIE. — Moi j'en vois une, mais bien légère. Le second agaric a les feuillets blancs, tandis que le premier les a jaunes.

AURORE. — Marie a l'œil clairvoyant. J'ajouterai que dans la fausse-oronge le dessus du chapeau est parsemé de lambeaux de peau blanche, débris du volva déchiré. La première oronge n'a pas ces lambeaux, ou bien en a très-peu.

Si l'on ne tenait compte de ces légères différences, on commettrait une très-fatale erreur. Le premier champignon est un mets délicieux; le second, ou la fausse-oronge, est un poison atroce. Vous voyez qu'il est bien difficile, sans des études spéciales dont bien peu ont le loisir et le goût de s'occuper, de distinguer les espèces bonnes des espèces mauvaises. Voilà deux champignons

qui se ressemblent presque comme deux gouttes d'eau :
l'un tue, l'autre est excellent. Il ne se passe pas d'année
où il n'y ait des empoisonnements à déplorer par suite de
la confusion entre les deux espèces. Retenez bien leurs
caractères pour ne pas vous exposer un jour à quelque
terrible méprise.

MARIE. — Les deux oronges ont le chapeau d'un rouge
orangé et possèdent un volva ou bourse blanche. L'o-
ronge bonne à manger a les feuillets jaunes, l'oronge
vénéneuse a les feuillets blancs. De plus, l'oronge vénéneuse a sur le chapeau de nombreux lambeaux de peau
blanche.

AURORE. — Il faut être aussi d'une extrême circon-
spection avec tous les agarics dont le pied sort d'une
bourse ou volva, bourse tantôt épanouie librement à l'air
et tantôt plus ou moins cachée sous terre. C'est dans
cette catégorie que se trouvent les champignons les plus
à craindre. J'appellerai surtout votre attention sur l'o-
ronge ciguë, l'une des espèces les plus communes, en
automne comme au printemps, dans les parties humides
et ombragées des bois. C'est elle qui cause le plus d'accidents, car, même en petite quantité, elle est un poison
rapidement mortel. Le chapeau est tantôt de couleur
blanche, tantôt de couleur citron pâle, tantôt encore de
couleur vert olive ou grisâtre. De cette diversité de coloration proviennent les noms multiples qu'on lui donne :
oronge ciguë blanche, oronge ciguë verte, oronge ciguë
jaune. Toutes ces variétés sont également vénéneuses.
J'ajoute que le chapeau est souvent moucheté d'écailles
blanches, que le pied est blanc, renflé en bulbe à la base et
entouré dans le haut d'une large collerette membraneuse,
rabattue, jaune ou blanche. Les lames sont blanches.

Voici un autre agaric, mais totalement dépourvu de
volva. C'est l'agaric champêtre ou champignon de couche, espèce d'un usage très-répandu. Son chapeau est
lisse, satiné, le plus souvent blanc. Le pied est entouré

d'un anneau ; les lames sont d'abord d'une couleur rose
tendre ou vineuse, puis brunes et finalement noires. L'a-
garic champêtre croît dans tous les terrains : dans les
bois peu couverts, les friches, les pâturages, les jardins,
les tas de terreau. C'est l'espèce la plus employée comme
aliment, et la seule que l'on soit parvenu à cultiver.
Dans les vieilles carrières des environs de Paris, on fait
des tas ou couches de fumier de cheval et de terre lé-

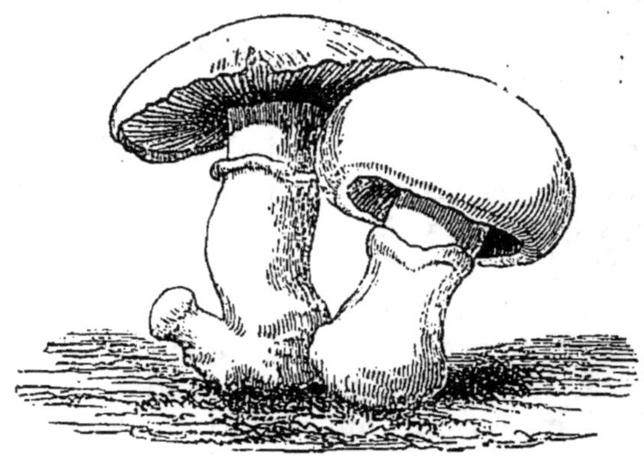

Fig. 85. — Agaric champêtre ou champignon de couche.

gère. On met dans ces couches des fragments de champignon connus des horticulteurs sous le nom de blanc,
et de nombreux pieds d'agaric champêtre ne tardent
pas à se montrer.

Pour terminer, disons un mot des bolets. Ils se reconnaissent, vous le savez, à la face inférieure de leur chapeau criblée d'une infinité de petits trous. Le bolet le plus
estimé se nomme bolet comestible ou ceps. C'est un gros
champignon, épais, voûté, d'un brun plus ou moins
rougeâtre, à chair blanche et d'odeur agréable. Le dessous
du chapeau débute par être blanc, et devient plus tard
légèrement jaune. Le pied est gros, ventru, marqué de
fines lignes qui figurent un peu les mailles d'un filet. Ce

bolet devient parfois énorme et pèse jusqu'à trois kilogrammes.

D'autres bolets, excessivement communs, ont une chair
qui, froissée, devient aussitôt bleue ou verte. Aucun d'eux
n'est bon à manger.

Fig. 86. — La Truffe.

La truffe est le plus renommé des champignons alimentaires. Elle croît sous terre, où son odeur la fait décou-
vrir. On mène dans les bois un animal à flair très-dé-
veloppé, soit le chien, soit le porc. Affriandé par le fumet
des champignons souterrains, le porc fouille, de son groin,
aux points qui recèlent des truffes. On détourne l'animal;
pour dédommagement on lui jette une châtaigne, et l'on
achève de déterrer le précieux champignon. Dans sa
forme, la truffe ne rappelle en rien les champignons ordinaires. C'est un corps grossièrement arrondi, tout ru-
gueux, à chair noire marbrée de blanc.

XCII

PRÉCEPTE DE CUISINE

AURORE. — Comme les champignons sont extrêmement nombreux en espèces, les unes comestibles, les
autres vénéneuses, il nous est impossible, à nous qui ne
sommes pas du métier, de distinguer un champignon
bon d'un champignon mauvais, car aucun n'a de marque
qui puisse dire : Ceci se mange, et ceci ne se mange
pas. Ni la nature du terrain, ni les arbres au pied
desquels ils viennent, ni leur forme, ni leur coloration, ni leur goût, ni leur odeur, ne peuvent en rien
nous renseigner et nous permettre de distinguer, à première vue, ceux qui sont inoffensifs de ceux qui sont vénéneux. J'en conviens : une personne qui passerait de
longues années à étudier les champignons avec le minutieux coup d'œil qu'y met la science, parviendrait à distinguer fort bien ce qui est vénéneux de ce qui est inoffensif, de même que l'on arrive à connaître toutes les
autres plantes.

CLAIRE. — Vous venez fort bien de nous apprendre à
reconnaître l'oronge comestible et la fausse-oronge,
l'agaric champêtre et le bolet comestible.

AURORE. — D'accord, mais tout le monde n'a pas une
tante Aurore qui mène à travers bois pour de telles études.
Et puis, en prendrait-on bien la peine, en aurait-on le
temps ? On est donc, le plus souvent, dans l'impossibilité
absolue de décider des propriétés des champignons, si
nombreux en espèces, si ressemblants entre eux.

Je me hâte d'ajouter que, dans toute localité, l'usage
a de longtemps appris de quelles espèces on peut sans

danger se nourrir. Il est excellent de se conformer à cet usage, qui nous fait profiter de l'expérience des autres, à la condition, bien entendu, d'être au courant des espèces usitées. Ce n'est pas assez, cependant, pour être sauvegardé de tout péril. Une erreur est si facile à commettre ! Et puis, changez de localité, et vous rencontrerez d'autres champignons qui, tout en ayant un air de famille avec ceux que vous connaissiez comme bons, seront d'un emploi dangereux. Ma règle de conduite est, vous le voyez, absolue : il faut se méfier de tous les champignons ; un excès de prudence est ici nécessaire.

MARIE. — On dit cependant qu'il y a des moyens de distinguer les espèces bonnes à manger des espèces vénéneuses. Par exemple, les champignons vénéneux pourrissent sans pouvoir sécher ; les bons se conservent.

AURORE. — Erreur. Tous les champignons, bons et mauvais indifféremment, se conservent ou pourrissent, suivant leur état plus ou moins avancé, et suivant le temps qu'il fait au moment de la préparation. Ce caractère est sans valeur aucune.

MARIE. — Les vers se mettent aux bons champignons ; ils ne se mettent pas aux mauvais, qui les empoisonneraient.

AURORE. — Ce caractère ne vaut pas mieux que l'autre. Les vers se mettent dans tous les champignons vieux, dans les mauvais comme dans les bons, car ce qui est mortel pour nous est inoffensif pour eux. Leur estomac est fait pour se nourrir impunément de poison. Certains insectes mangent l'aconit, la jusquiame, la belladone ; ils se régalent de ce qui nous tuerait.

MARIE. — On dit qu'une cuiller en argent, une pièce de deux francs, une bague d'or, mises dans la casserole où les champignons cuisent, noircissent s'ils sont mauvais, et conservent leur luisant s'ils sont bons.

AURORE. — Le dire est une sottise et le mettre en pratique une folie. L'argent et l'or ne changent pas plus de couleur en présence des champignons mauvais qu'en présence des champignons bons.

Marie. — Il ne reste plus alors qu'à renoncer aux champignons?

Aurore. — Mais non. Je voudrais, au contraire, qu'on en fît plus fréquemment usage, car les champignons sont une excellente nourriture et une précieuse ressource, surtout dans la campagne. Le tout est de s'y prendre convenablement.

Ce qui est vénéneux, dans les champignons, ce n'est pas la chair : c'est le suc dont elle est imprégnée. Faisons partir ce suc, et les propriétés malfaisantes disparaîtront du coup. On y parvient en faisant cuire dans l'eau bouillante, avec une bonne poignée de sel, les champignons coupés par tranches, frais ou secs indifféremment. On les met alors égoutter dans une passoire, et on les lave à diverses reprises avec de l'eau froide. Cela fait, on les prépare de telle façon qui nous convient.

Si au contraire les champignons sont préparés sans être préalablement cuits à l'eau bouillante et salée, nous nous exposons aux dangers d'un suc vénéneux.

La cuisson à l'eau bouillante, additionnée de sel, est si efficace que, dans l'intention de résoudre cette grave affaire, des personnes ont eu le courage de se nourrir, des mois entiers, avec les champignons les plus vénéneux, mais préparés comme je viens de le dire.

Marie. — Et que leur est-il advenu ?

Aurore. — Rien du tout. Il est vrai que ces personnes apportaient à la préparation de leurs champignons une scrupuleuse attention.

Marie. — Il y avait de quoi. D'après vous, alors, on pourrait faire usage de tous les champignons indistinctement?

Aurore. — A la rigueur, oui. Mais ce serait aller trop loin, beaucoup trop loin. Il y aurait à craindre une pré-

paration incomplète, une cuisson insuffisante. J'affirme
seulement qu'il faut soumettre à la cuisson préalable, dans
l'eau bouillante et salée, les champignons réputés bons
dans le pays. Si l'on a fait erreur, si par hasard il s'en
trouve de vénéneux dans le nombre, le poison sera de
la sorte écarté, et aucun accident n'arrivera, j'en ai la
plus complète certitude. Ce fait est mis hors de doute tant
par les usages adoptés en certaines provinces que par les
expériences tentées sur eux-mêmes par de courageux
observateurs. Je résume ainsi cet important précepte de
cuisine :

1° *A moins de connaissances botaniques certaines, n'admettre que les espèces reconnues bonnes dans le pays que
l'on habite.*

2° *Pour se prémunir contre toute chance d'erreur, faire
macérer les champignons coupés par tranches dans de l'eau
salée ou vinaigrée; puis les faire cuire à l'eau bouillante
additionnée de sel. Le liquide provenant de ces traitements
doit être rejeté, car il contient la substance vénéneuse des
champignons mauvais.*

3° *Les champignons cuits doivent être lavés à diverses
reprises à l'eau froide, ce qui les raffermit, et achève d'enlever les substances malfaisantes. On les laisse égoutter, et
finalement on les prépare comme l'on juge à propos.*

Avec ces précautions scrupuleusement suivies, j'affirme, en toute certitude, que ne se reproduiront plus ces
lamentables accidents dont on a, toutes les années, des
exemples à déplorer.

XCIII

LES TROIS FIOLES A POULARDES

Un jour Aurore raconta ce qui suit à son jeune auditoire.

Il me souviendra toujours de quelle rude manière un mien ami fut éconduit par un cuisinier de renom. Un jour de gala, il trouva l'artiste aux sauces en méditation gastronomique devant ses fourneaux. Face épanouie, menton à cascades, nez florissant flanqué de bourgeons, ventre majestueux, serviette retroussée sur la hanche, toque de percaline : tel était l'homme.

Les casseroles bruissaient doucement sur les fourneaux. Par la jointure des couvercles, des bouffées s'exhalaient délicieusement odorantes et sapides. On eût dîné rien qu'à les respirer. L'âtre flambait devant la poularde truffée et le dindonneau chamarré d'aiguillettes de lard. A côté, la grive grassouillette et aromatisée de genièvre distillait ses entrailles sur la tartine beurrée.

— Eh bien, fit mon ami après les compliments d'usage, à quel chef-d'œuvre en sommes-nous ?

— Râble de lièvre au coulis de vanneaux, répliqua l'artiste en se léchant le doigt avec les signes d'une profonde satisfaction ; et il souleva le couvercle d'une casserole. Aussitôt, dans la salle, un fumet se répandit à éveiller chez les plus sobres le démon de la sensualité.

Mon ami loua fort, puis :

— Vous êtes habile, tous en conviennent, dit-il ; mais, parbleu ! la belle affaire que de cuisiner bon avec de bonnes choses, que de faire un excellent rôti avec une poularde, un mets de haut goût avec un coulis de vanneaux ! L'idéal du métier serait d'obtenir le rôti et le contenu de cette casserole, dont vous êtes justement fier, sans poularde, sans râble de lièvre et sans vanneaux. Le précepte : « Pour faire un civet de lièvre, prenez un lièvre » est trop exigeant. Ne prend pas de lièvre qui veut. Il serait mieux de prendre autre chose de très-commun, à la portée de tous, et d'obtenir tout de même le civet.

Le cuisinier écoutait ahuri, tant mon ami parlait avec un air de sincère conviction.

— Un vrai civet de lièvre sans avoir de lièvre, un vrai rôti de poularde sans avoir de poularde ? Et vous feriez cela, vous ?

— Non, pas moi : je n'ai pas, tant s'en faut, l'habileté voulue. Mais enfin, je sais quelqu'un qui le fait et auprès duquel vous et vos confrères n'êtes encore que d'ineptes fricoteurs.

La prunelle du cuisinier s'alluma d'un éclair. L'amour-propre de l'artiste était blessé au vif.

— Et qu'emploie-t-il, s'il vous plaît, votre maître parmi les maîtres, car je suppose qu'il ne tire pas ses poulardes de rien ?

— Il fait usage d'assez pauvres ingrédients. Voulez-vous les voir ? Les voici au complet.

Mon ami sortit trois fioles de sa poche. Le cuisinier en prit une. Elle contenait une fine poussière noire. L'artiste aux coulis palpa, goûta, flaira.

— C'est du charbon, fit-il ; vous me la donnez belle ! Vos poulardes au charbon doivent être fameuses ! Voyons la seconde fiole. C'est de l'eau, ou je me trompe fort.

— C'est de l'eau, en effet.

— Et la troisième ! Tiens, il n'y a rien ?

— Si, il y a quelque chose : de l'air.

— Va pour de l'air. Dites donc : ça ne doit pas être lourd à l'estomac, vos poulardes à l'air. Parlez-vous sérieusement ?

— Très-sérieusement.

— Vrai ?

— Tout ce qu'il y a de plus vrai.

— Votre artiste fait ses poulardes avec du charbon, de l'eau, de l'air, et rien de plus ?

— Oui.

Le nez du cuisinier tournait au bleu.

— Avec de l'eau, du charbon et de l'air, il ferait cette brochette de tourdes ?

— Oui, oui !

Du bleu, le nez du cuisinier passait au violet.

— Avec du charbon, de l'air et de l'eau, il ferait ce pâté de foie gras, cette étuvée de pigeons ?

— Oui, cent mille fois oui !

Le nez montait à sa dernière phase : il devenait cramoisi. La bombe éclata. Le cuisinier se crut devant un maniaque qui se moquait de lui. Il prit mon ami par les épaules et le mit à la porte, en lui jetant aux jambes les trois fioles à poulardes. Le nez irascible redescendit par degrés du cramoisi au violet, du violet au bleu, du bleu au ton normal, mais la démonstration de la poularde au charbon, à l'air et à l'eau, resta inachevée.

MARIE. — Votre ami plaisantait, sans doute, avec ses trois fioles ?

AURORE. — Il ne plaisantait en aucune manière ; ses trois fioles contenaient réellement de quoi faire tout ce que préparait le cuisinier.

MARIE. — Je vous crois, mais je ne comprends pas.

AURORE. — Vous comprendrez tout à l'heure.

CLAIRE. — Vous allez nous continuer cette curieuse histoire ?

AURORE.—Oui, je vais la continuer pour vous, mes enfants, à la condition que vous m'écouterez attentivement, car, voyez-vous, être distraites, bâiller quand on vous parle, c'est éconduire les gens tout aussi impoliment que le fit le cuisinier à l'égard de mon ami.

AUGUSTINE. — Nous serons très-attentives.

AURORE. — Il est une catégorie de savants qui, du matin au soir, se creusent la cervelle pour savoir d'une

chose le fin et le superfin. On leur donne le nom de chi-
mistes. Pour eux un grain de sel n'est pas seulement un
grain de sel, une miette de pain n'est pas seulement une
miette de pain. Ils veulent en savoir plus long et connaître de quelles substances sont formés ce grain de sel
et cette miette de pain.

Leur lieu de travail se nomme laboratoire. Ils ont là,
dans de grandes vitrines, toutes les drogues imaginables.
Si vous ouvriez tel flacon pour en respirer l'odeur, vous
tomberiez à la renverse; si vous mettiez sur la langue
une parcelle de telle autre, vous croiriez mâcher des
charbons ardents. Il y a là des liquides qui rongent les
métaux et en un instant les mettent en purée; il y en a
qui, mélangés, font rage, se mettent à bouillir tout seuls
et projettent avec fracas de redoutables éclaboussures.
Il y a là des poudres qui prennent feu en apparaissant à
l'air, d'autres qui explosionnent rien qu'en y soufflant
dessus. Malheur à la main novice qui toucherait au contenu de ces vitrines!

Puis ce sont des fourneaux de tout genre, de ronds, de
carrés, de hauts, de courts, à longs tuyaux, sans tuyaux,
en tôle, en terre cuite, en chaux, où se fait un feu d'enfer
pour cuire un grain de sable, un rien. Ce sont des grils
pour étendre la chose étudiée sur la braise, des marmites
de bronze pour la soumettre au bain d'huile bouillante
ou du plomb fondu; des ustensiles de forme bizarre pour
la plonger dans des vapeurs corrosives; des cages de
verre où l'on fait arriver une épouvantable atmosphère
où pas un ne résisterait le quart d'une minute. Le froid
vous prend aux os la première fois qu'on visite un pareil
arsenal; on se sent dans un monde nouveau, plein d'embûches. Comment la matière garderait-elle ses secrets,
quand tous ces engins, toutes ces drogues la travaillent?

Le chimiste soumet la miette de pain à ses recherches pour savoir de quelles substances elle se compose.
Il l'enferme dans un tube de verre avec des poudres qui

doivent la brûler, puis il met le tube sur la braise ardente. C'est bientôt fait, allez ! Dès que le pain sent la chaleur, surtout les morsures de la drogue avec laquelle il est emprisonné, le secret de sa composition est connu. On reconnaît que le pain, nourriture par excellence, renferme trois choses dont aucune n'est bonne à manger, trois choses et rien de plus : du charbon, de l'air et de l'eau.

MARIE. — Précisément les mêmes ingrédients avec lesquels votre ami prétendait qu'un grand artiste fait les poulardes.

AURORE. — Exactement les mêmes. La viande est interrogée à son tour par le chimiste. Sa réponse est celle de la miette de pain. La viande renferme du charbon, de l'eau, de l'air, et plus rien, entendez-vous ? plus rien.

MARIE. — Toujours les ingrédients aux poulardes.

AURORE. — Commencez-vous à comprendre ce que voulait dire mon ami avec ses trois fioles ? Il y avait là juste de quoi faire de la chair. Or chair de poularde, chair de mouton, de bœuf ou de tout autre animal, au fond, c'est même chose. C'est toujours du charbon, de l'air et de l'eau en même quantité.

Augustine et Claire commençaient à regarder Aurore avec un certain ébahissement, qui d'un peu plus aurait fait tourner leur nez au cramoisi, comme celui du cuisinier.

— Ne me regardez pas ainsi d'un air d'incrédulité, fit Aurore. Le cuisinier, ahuri par de pareils propos, pouvait croire à une plaisanterie de mon ami ; mais vous savez bien que je ne plaisante pas. Ce que je dis là est pour tout de bon.

CLAIRE. — J'en suis persuadée, tante Aurore ; cependant un morceau de pain tendre et blanc, une appétissante côtelette, ne me font guère l'effet de charbon, d'air et d'eau.

AURORE. — Vous ne croyez donc pas un mot de ce que

je vous dis là ! Je ne vous en veux pas : ce que je vous raconte est si étrange ! Aux gens qui ne veulent pas croire, on fait voir et toucher. Je vais vous faire voir et vous faire toucher. Si nous n'avons pas l'arsenal du chimiste, nous pouvons du moins disposer de l'épreuve par le feu. C'est assez pour vous convaincre.

Nous mettons un morceau de pain sur un poêle rouge. Le pain fume, se grille, noircit. Si nous attendons assez, la fin ce n'est plus... Dites-le vous-même ; je ne veux pas influencer votre réponse.

CLAIRE. — Ce n'est plus que du charbon.

AURORE. — Bouche-d'Or n'eût pas mieux parlé. Mais dites-moi : ce charbon, d'où vient-il ? Est-il sorti du poêle à travers le couvercle, pour se substituer au pain ? Vous ne le pensez pas, bien sûr, ni Marie, ni Augustine.

MARIE. — Il ne peut provenir que du pain lui-même.

AURORE. — Il provient du pain, c'est tout clair ; et comme l'on ne peut donner que ce que l'on a, le pain, qui donne du charbon, en avait au début, mais blotti, dissimulé au milieu d'autres choses qui nous empêchaient de le voir. Ces autres choses sont parties, chassées par la chaleur, et voilà que le charbon, dépouillé de son entourage, apparaît noir, craquant, en vrai charbon qu'il est. Quand on soupçonne le loup embusqué dans un fourré, invisible à tous les regards, pour le faire sortir, on met feu aux broussailles. Nous venons de mettre feu au pain pour en déloger le charbon et le forcer d'apparaître. Etes-vous convaincues ? Le pain, si blanc, si savoureux, si nourrissant, renferme-t-il ou non du charbon, tout noir, sans saveur, immangeable ?

MARIE. — Il en renferme, et même beaucoup.

CLAIRE. — Voilà pour la première fiole aux poulardes. Et les autres ?

AURORE. — Pour la seconde, c'est tout aussi facile. Au-dessus de la fumée que répand le pain en voie de se griller, nous exposons une lame de verre, et cette lame ne tarde pas à se couvrir de fines gouttes d'eau, absolument comme si l'on soufflait dessus son haleine humide. Cette eau provient de la fumée, et celle-ci du pain. Le pain renferme donc de l'eau, en abondance même. Si nous pouvions la recueillir toute dans notre modeste expérience, vous seriez étonnées de la quantité d'eau que nous mangeons avec une bouchée de pain.

CLAIRE. — Mais l'eau ne se mange pas; elle se boit.

AURORE. — Je dis que nous mangeons, car telle qu'elle est dans le pain avant l'épreuve du feu, l'eau ne coule pas, ne mouille pas, ne désaltère pas. C'est de l'eau solide, de l'eau sèche, de l'eau qui se mâche sous la dent au lieu de se boire. Ou plutôt ce n'est plus de l'eau, mais quelque autre chose de même nature, qui fait corps avec l'air et le charbon, et forme un tout, le pain.

CLAIRE. — J'accorde la seconde fiole aux poulardes, puisque enfin on trouve de l'eau sur la lame de verre exposée aux fumées du pain grillé. Reste la troisième, celle de l'air.

AURORE. — Ici la démonstration n'est plus possible avec les moyens si élémentaires dont nous disposons. Des trois substances annoncées, je vous en montre deux, le charbon et l'eau. Admettez de confiance la troisième.

CLAIRE. — Admis à l'unanimité : il y a de l'air dans le pain. Après?

AURORE. — Voilà qui est reconnu. Le pain se compose de charbon, d'air et d'eau, qui s'unissent d'une certaine façon, se fondent l'un dans l'autre et cessent d'être charbon, air et eau, pour devenir une autre substance, ne rappelant en rien les matériaux qui l'ont produite. Le blanc est né du noir, le savoureux de l'insipide, le nutritif du non-nutritif.

La chair soumise à l'action du feu donne la même réponse. Elle devient charbon, comme le prouvent les côtelettes laissées trop longtemps sur le gril ; elle dégage enfin une fumée où se trouvent de l'air et de l'eau.

N'allons pas plus loin : les résultats seraient toujours les mêmes. Toute chose que nous mangeons ou que nous buvons, toute chose qui nous sert d'aliment, sans en excepter une, se ramène à de l'eau, du charbon et de l'air. Toute chose qui fait partie du corps de l'animal, toute chose qui fait partie de la plante, se ramène, à très-peu d'exceptions près, à de l'eau, du charbon et de l'air.

CLAIRE. — Toujours et partout les trois fioles à poulardes. On pourrait donc préparer avec du charbon, de l'air et de l'eau, les diverses choses que nous mangeons ?

AURORE. — En aucune manière ; ce serait folie que d'y songer. J'affirme seulement que tout ce que le cuisinier préparait, quand mon ami lui présenta ses trois fioles, pouvait se ramener à du charbon, de l'air et de l'eau ; je viens de vous en convaincre. Il y avait réellement dans ces fioles les matériaux premiers des poulardes, des étuvées de pigeons, des pâtés de foie gras, des tartes à la crème ; mais pour assembler ces substances en chair et en farine, pour en faire les aliments que le chimiste, dans ses brutales opérations, sait uniquement détruire, l'artiste manquait, le grand artiste dont parlait mon ami.

CLAIRE. — Cet artiste, quel est-il ?

AURORE. — La plante, mes filles, le modeste brin d'herbe. C'est ce que je vous apprendrai plus tard.

XCIV

LA COMBUSTION

AURORE. — Allumons une pelletée de charbon dans un fourneau. Le charbon prend feu, devient rouge et se consume en donnant de la chaleur. Bientôt il ne reste plus qu'une pincée de cendre, d'un poids insignifiant par rapport au poids primitif. Qu'est devenu le charbon ?

Claire. — Il s'est consumé.

Aurore. — D'accord. Mais se consumer, serait-ce se réduire à néant ? Le charbon, une fois brûlé, n'est-il plus rien, absolument plus rien ?

Claire. — Il est devenu cendres.

Aurore. — Non, car les cendres ne font qu'une petite partie du tout. Pour une grande pelletée de charbon, à peine obtenons-nous une poignée de cendres.

Claire. — C'est vrai. Alors le charbon est réduit à rien, il est anéanti.

Aurore. — Si tel est votre avis, je vous apprendrai qu'en ce monde rien ne s'anéantit. Essayez d'anéantir un grain de sable. Vous pouvez l'écraser, le mettre en poudre, mais le réduire à rien, jamais. Et les hommes les plus habiles, avec des moyens plus variés et plus puissants que les nôtres, ne l'anéantiraient pas davantage. En dépit de toutes les violences, le grain de sable existera toujours, sous une forme ou sous une autre. Néant et hasard, ces deux grands mots que nous employons à tout propos, en réalité ne signifient rien. Tout obéit à des lois, tout persiste indestructible.

Marie. — Le charbon consumé n'est donc pas anéanti?

Aurore. — En aucune manière. Il n'est plus dans le fourneau, en morceaux noirs et visibles, mais il est dans l'air en substance invisible. Pour vous aider à comprendre, je vous rappellerai d'abord le sucre. Il est blanc, il est dur, il craque sous la dent. Nous en mettons un morceau dans l'eau. Le sucre se fond, se dissémine dans le liquide et cesse aussitôt d'être blanc, d'être dur, de craquer sous la dent; il cesse même d'être visible aux regards les plus perçants. Ce sucre invisible n'en existe pas moins. La preuve, c'est qu'il communique à l'eau une propriété nouvelle : le goût sucré. D'ailleurs, après le départ de l'eau, évaporée au soleil dans une assiette, le sucre reste et reparaît tel qu'il était au début. Cet exemple vous prouve qu'une substance, sans cesser d'être la même substance, peut devenir, de colorée incolore, de saisissable insaisissable, de visible invisible. Eh bien, ainsi fait le charbon en brûlant : il se dissout dans l'air et devient invisible. Ce qui n'est pas vraiment charbon reste dans le foyer, ne pouvant se dissoudre, et constitue les cendres ; tout ce qui est charbon disparaît, dissous dans l'air, et semble anéanti parce que nous cessons de le voir. Cette dissolution se fait avec production de chaleur et se nomme *combustion*.

CLAIRE. — Quand nous brûlons du charbon, nous le laisons dissoudre dans l'air, à peu près comme le sucre se fond dans l'eau. Une fois dissous, l'un et l'autre ne sont plus visibles.

AURORE. — C'est bien cela. Pour activer le feu, que fait-on ? Avec un soufflet, nous dirigeons de l'air sur le combustible. A chaque bouffée, le feu se ravive et prend plus de développement. Les charbons, d'un rouge sombre d'abord, deviennent d'un rouge vif, puis d'un blanc ardent. L'air apporte une nouvelle vie au sein du foyer. — Pour empêcher le combustible de se consumer trop vite, que fait-on, au contraire ? Nous le couvrons de cendre, nous le préservons ainsi du contact de l'air. Sous la couche de cendre, les charbons se conservent rouges, mais ne se consument pas. Le feu ne s'entretient dans un foyer que par l'arrivée continuelle de l'air, qui dissout le charbon. Plus la dissolution est rapide, abondante, plus la chaleur produite est élevée.

En dissolvant du sucre ou du sel, l'eau acquiert un goût qu'elle n'avait pas d'abord, le goût sucré ou salé ; pareillement en dissolvant du charbon, l'air acquiert des propriétés qu'il ne possédait pas avant. Il prend alors le nom de *gaz carbonique*. On nomme gaz toute substance subtile comme l'air, et comme lui ordinairement invisible. L'air est un gaz, il est encore un gaz après avoir dissous du charbon. Quant à l'expression de carbonique, elle vient du nom de carbone que la science donne

au charbon. Eh bien, ce gaz, cet air imprégné de
charbon, est une substance invisible, dépourvue d'o-
deur et dont rien ne peut faire soupçonner la présence, à
notre grand danger, car c'est un air mortel pour nous.
Vient-on à respirer ce gaz redoutable, aussitôt l'esprit se
trouble, l'engourdissement vous gagne, les forces faiblis-
sent, et la mort arrive promptement, si l'on n'est secouru.
Vous avez toutes entendu parler de malheureux qui se
sont donné la mort en allumant un réchaud de charbon
dans une chambre close, ou, comme on dit, se sont as-
phyxiés. L'air imprégné de charbon dissous est cause de
ces lamentables accidents. Respiré même en petite quantité, il provoque d'abord une violente migraine et un malaise général, puis la perte de sentiment, le vertige, des
nausées et une faiblesse extrême. Pour peu que cet état
se prolonge, la vie est en péril.

Vous voyez à quel danger le charbon nous expose, lorsque les produits de sa combustion ne s'écoulent pas en
dehors par une cheminée, mais se répandent dans la
pièce où l'on se trouve, surtout lorsque celle-ci est petite
et bien close. Dans une pareille pièce on ne saurait trop
se méfier d'un réchaud de braise : qu'elle soit bien ardente
ou à demi éteinte, couverte de cendre ou à découvert, cette
braise exhale un gaz mortel, d'autant plus à craindre qu'on
ne le voit pas, qu'on ne le sent pas, qu'on ne le soupçonne
pas même. La mort peut survenir avant que l'on se soit
aperçu du péril. Il est très-imprudent encore de fermer
la clef d'un poêle d'une chambre à coucher pour y conserver, la nuit, une douce chaleur. Le tuyau fermé par
la clef ne donnant plus issue aux produits de la combustion, ceux-ci se déversent dans la chambre. Si l'appartement est petit et sans ouvertures pour le renouvellement
de l'air, il suffit d'une simple chaufferette pour donner la
migraine, et même amener de graves accidents: Lorsque
nous repassons du linge, soyons attentives à nos ré-
chauds, tenons-les sous la cheminée ou dans un endroit

bien aéré, afin que les redoutables exhalaisons du charbon se dissipent au dehors. Les repasseuses se plaignent
fréquemment d'un malaise dont elles attribuent la cause
à l'odeur du fer chauffé. Ce malaise a pour origine,
non l'odeur du fer, mais bien le gaz délétère produit par
la combustion du charbon. On l'évite en tenant les ré-
chauds sous une cheminée ou dans un courant d'air qui
chasse le gaz malfaisant.

La dissolution qui se fait dans nos foyers d'une manière violente, avec production d'une forte chaleur,
n'est pas la seule manière dont le charbon se consume.
Un morceau de bois abandonné aux intempéries brunit à
la longue, perd peu à peu sa consistance et tombe enfin
en poudre. Or, cette destruction du bois est de tous points
comparable à ce qui se passe dans un fourneau. C'est
encore une combustion, mais si lente, que la chaleur
dégagée n'est pas sensible ou l'est à peine. Le bois qui
pourrit dissout peu à peu son charbon dans l'air, qui
l'entraîne à l'état invisible; et à la suite de ces pertes in-
cessantes, un tronc d'arbre finit par se réduire à quelques
poignées de terre, comme le charbon du fourneau se
réduit à un peu de cendre. Même résultat pour toute matière végétale et toute matière animale en décomposition. Toute chose qui pourrit se consume, c'est-à-dire
dissout lentement son charbon dans l'air.

Il est facile de s'expliquer pourquoi la chaleur résultant de la combustion par pourriture, en général, n'est
pas sensible. Supposons qu'une bûche mette un an pour
se consumer par l'effet de la pourriture, et qu'une bûche
pareille mette une heure pour brûler dans un foyer. Dans les
deux cas, il y aura de la chaleur produite. Seulement,
pour le bois qui pourrit, cette chaleur se dégagera très-
lentement et très-peu à la fois, puisqu'elle doit mettre
un an à se produire en entier ; elle sera donc insensible.
Pour le bois qui brûle dans un foyer, le dégagement de
chaleur sera vif, rapide, puisqu'il ne doit durer qu'une

heure ; par conséquent, cette chaleur sera très-sensible.
Néanmoins, si l'amas en pourriture est considérable, la
chaleur dégagée peut être reconnue. Dans un tas de fumier, la température s'élève beaucoup ; dans une meule
de foin humide, elle peut aller jusqu'à l'incendie.

Il convient donc, bien qu'au fond le fait soit le même,
de distinguer la combustion rapide et la combustion
lente, enfin d'admettre divers degrés dans la manière de
brûler. Un vieux tronc d'arbre qui pourrit, une meule de
foin humide qui s'échauffe, un fagot qui flambe dans l'â-
tre, offrent autant de degrés divers dans la rapidité de
la combustion.

XCV

LA RESPIRATION

Aurore. — En tête des besoins les plus impérieux auxquels nous sommes assujettis, se trouvent ceux du manger, du boire et du dormir. Tant que la faim n'est que
son diminutif, l'appétit, ce savoureux assaisonnement des
mets les plus grossiers ; tant que la soif n'est que cette
aridité naissante de la bouche qui donne un si grand
charme à un verre d'eau fraîche; tant que le sommeil n'est
que cette douce lassitude qui nous fait désirer le repos
du soir, ces besoins primordiaux réclament leur satisfaction plutôt par l'attrait du plaisir que par le rude aiguil-
lon de la douleur. Mais si leur satisfaction se fait par trop
attendre, ils s'imposent en maîtres inexorables et com-
mandent par la torture.

Qui peut songer sans effroi aux angoisses de la soif et de la
faim?... Ah! vous ne savez pas ce que c'est, mes filles, et Dieu
vous préserve de jamais le savoir! La faim ! si vous pouviez
soupçonner ses tortures, votre cœur se serrerait à la pen-

sée des malheureux qui les connaissent. Ah ! venez en
aide, mes chères enfants, à ceux qui ont faim ; venez-leur
en aide, et donnez, donnez toujours. Vous ne ferez jamais
plus belle œuvre en ce monde.

Claire avait mis la main devant les yeux pour cacher
une larme d'émotion. Elle avait surpris comme un éclair
sur le front d'Aurore, parlant du plus profond du cœur.
Après un moment de silence, la tante reprit :

— Il est cependant un besoin devant lequel la faim et la
soif se taisent, si violentes qu'elles soient ; un besoin toujours renaissant et jamais assouvi, qui, sans repos, se fait
sentir pendant la veille et pendant le sommeil, de nuit,
de jour, à toute heure, à tout instant : c'est le besoin
d'air. L'air est tellement nécessaire à l'entretien de la vie,
qu'il ne nous a pas été donné d'en réglementer l'usage,
comme nous le faisons pour le manger et le boire, afin de
nous mettre à l'abri des conséquences fatales qu'amène-
rait le moindre oubli. C'est pour ainsi dire à notre insu,
indépendamment de notre volonté, que l'air pénètre dans
notre corps pour y remplir son rôle merveilleux. Avant
tout, nous vivons d'air ; la nourriture ordinaire ne vient
qu'en seconde ligne. Le besoin des aliments n'est éprouvé
que par intervalles assez longs ; le besoin d'air se fait
éprouver sans discontinuer, toujours impérieux, toujours
inexorable.

Augustine. — Cependant, tante Aurore, je n'ai jamais
songé à me nourrir d'air. Pour la première fois j'entends
dire que l'air est d'une si grande nécessité pour nous.

Aurore. — Vous n'y avez pas songé parce que cela se
fait sans vous ; mais essayez un moment de suspendre
l'arrivée de l'air dans le corps : fermez-lui ses voies, le
nez et la bouche, et vous verrez.

Augustine fit ce que disait Aurore : elle ferma la bouche et se pinça le nez avec les doigts. Au bout d'un instant, le visage rouge et bouffi, la petite fille était forcée
de mettre fin à son expérience.

Augustine. — Il est impossible d'y tenir : on étouffe; on sent qu'on périrait certainement si cet état se prolongeait un peu.

Aurore. — Vous voilà, je l'espère, convaincue de la nécessité de l'air pour vivre. Tous les animaux, depuis le dernier ciron, à grand'peine visible, jusqu'aux plus monstrueux colosses de la création, sont dans le même cas que nous : avant tout, ils vivent d'air. Ceux qui se tiennent dans l'eau, les poissons et les autres, ne font pas même exception : ils ne peuvent vivre que dans de l'eau où de l'air s'infiltre et se dissout.

La physique fait à ce sujet une expérience frappante. On met un animal, un oiseau par exemple, sous une cloche de verre d'où l'on retire l'air peu à peu à l'aide d'une pompe spéciale nommée machine pneumatique. A mesure que l'air disparaît, aspiré par la pompe, l'oiseau chancelle, se débat dans une anxiété horrible à voir, et tombe mourant. Pour peu qu'on tarde de laisser rentrer l'air dans la cloche, le pauvret est mort, bien mort; rien ne pourra le rappeler à la vie. Mais si l'air rentre à temps, son action le ranime. Enfin une bougie allumée que l'on met sous la cloche s'éteint aussitôt si l'on retire l'air. Il faut de l'air à l'animal pour vivre, il faut de l'air à la bougie pour brûler.

Ce que j'ai maintenant à vous dire vous expliquera la cause de cette absolue nécessité de l'air pour l'entretien de la vie. L'homme et les animaux ont une température qui leur est propre, une chaleur qui résulte, non des circonstances extérieures, mais du seul exercice de la vie. Les vêtements la conservent, l'empêchent de se dissiper, mais ne la donnent pas. De plus, cette chaleur naturelle est la même sous un soleil brûlant et au milieu des frimas de l'hiver, sous le climat le plus chaud de la terre et sous le climat le plus froid. Enfin elle ne peut s'amoindrir sans nous mettre en péril de mort. Comment se fait-il que cette chaleur du corps se maintienne toujours et partout la même; et puis, d'où peut-elle venir si ce n'est d'une combustion?

Il y a, en effet, en nous une combustion permanente : la respiration l'alimente d'air, le manger l'alimente de combustible. Vivre, c'est se consumer, dans l'acception la plus rigoureuse du mot; respirer, c'est brûler. On a dit de tout temps en manière figurée : *le flambeau de la vie*. Il se trouve que l'expression figurée est l'expression exacte de la réalité. L'air consume le flambeau, il consume l'animal; il fait répandre au flambeau chaleur et lumière, il fait produire à l'animal chaleur et mouvement; sans air le flambeau s'éteint, sans air l'animal meurt. L'animal est sous ce rapport comparable à une machine d'une haute perfection, mise en mouvement par un foyer de chaleur. Il se nourrit et respire pour produire chaleur et mouvement; il mange son combustible sous forme d'aliments, et le brûle dans son corps avec l'air amené par la respiration.

Voilà pourquoi le besoin de nourriture est plus vif en hiver. Le corps se refroidit davantage au contact de l'air froid extérieur; aussi faut-il brûler plus de combustible pour maintenir au même point la chaleur naturelle. Une température froide excite le besoin de manger, une température élevée le rend languissant. Pour l'estomac famélique des peuples du Nord, il faut des mets robustes, graisse, lard, eau-de-vie; pour les peuplades du Sahara, trois ou quatre dattes suffisent par jour avec une pincée de farine pétrie dans le creux de la main. Tout ce qui diminue la déperdition de chaleur diminue aussi le besoin de nourriture. Le sommeil, le repos, les vêtements chauds, tout cela vient en aide au manger pour conserver la chaleur naturelle, et le supplée en quelque sorte. Le bon sens populaire le répète en disant : *Qui dort dîne*.

Les matériaux que l'air brûle en nous sont fournis par la substance même de notre corps, par le sang, en lequel se transforment les aliments digérés. D'une personne qui met à son travail une ardeur extrême, on dit qu'*elle se brûle le sang*. Encore une expression populaire on ne peut mieux d'accord avec ce que l'on sait de plus certain sur l'exercice de la vie. Pas un mouvement ne se fait en nous, pas un membre ne remue sans amener une dépense de combustible proportionnée à la force déployée; et ce combustible est fourni par le sang, entretenu lui-même par l'alimentation. Marcher, courir, s'agiter, travailler, prendre de la peine, c'est à la lettre se brûler le sang, de même qu'une locomotive brûle son charbon en traînant après elle l'immense faix d'un convoi. Tel est le motif pour lequel l'activité, le travail pénible, excitent le besoin de manger, tandis que le repos, l'inoccupation, l'affaiblissent.

Vous vous figurez peut-être que la combustion vitale se passe comme celle de nos foyers, et vous songez à l'existence de quelque brasier dans notre corps. Détrompez-vous : bien qu'il y ait réellement combustion, il n'y a pas de foyer. Vous vous rappelez le bois qui tombe en poudre et se consume lentement à l'air, la meule de foin humide qui s'échauffe parfois jusqu'à prendre feu. Eh bien, la combustion vitale est plus vive que celle du bois en décomposition, elle est plus lente que celle du bois qui flambe. Elle produit par conséquent de la chaleur, mais pas assez pour nous mettre en péril, comme le ferait un foyer ardent.

En passant à travers un foyer dont il entretient la combustion, l'air change de nature : il dissout du charbon et devient gaz carbonique, qui s'écoule au dehors par la cheminée, tandis que de l'air pur continuellement arrive et le remplace. Les choses se passent exactement de la même manière dans la combustion qui entretient la vie. La poitrine agit à la façon d'un soufflet, qui tour à tour s'emplit d'air et se vide. Ses mouvements alternatifs sont l'inspiration et l'expiration. Dans le premier mouvement, de l'air pur pénètre en nous pour y brûler les matériaux du sang et produire de la chaleur; dans le second mouvement, l'air, après avoir agi, est rejeté au dehors, non tel qu'il est entré, mais imprégné de charbon et désormais irrespirable, pareil enfin à celui qui s'échappe d'un foyer allumé.

Marie. — Nous rejetons alors du gaz carbonique, ce même gaz malfaisant qui s'exhale du charbon embrasé?

Aurore. — Le feu qui brûle et le corps qui respire produisent, l'un aussi bien que l'autre, du gaz carbonique en dissolvant leur charbon dans l'air. Le souffle qui s'échappe de notre poitrine ne diffère pas du souffle qui sort d'un fourneau.

Marie. — Alors l'air que l'on a déjà respiré ne peut plus servir à l'entretien de la vie?

Aurore. — Évidemment non. Par cela même qu'il vient de servir à la respiration, l'air est devenu malfaisant, gaz carbonique, et n'est plus propre à l'entretien de la vie. Nous devons donc veiller avec soin au renouvellement de l'air dans nos habitations, dans les appartements surtout où nous passons la nuit. Ouvrons le matin les fenêtres de nos chambres à coucher, laissons l'air pur du dehors pénétrer à flots et remplacer l'atmosphère malsaine formée pendant notre sommeil; éloignons enfin de nos demeures toute cause de corruption qui souillerait l'air, ce premier aliment de la vie.

XCVI

LA FÉCULE

Un des grands soucis de la marine, en ses longs voyages, est la conservation des vivres, matières éminemment altérables. Des galettes particulières, des biscuits minces, affreusement durs, remplacent notre pain. Ne pas confondre les biscuits de la marine avec ceux des pâtissiers : le robuste estomac des matelots ne se contenterait pas d'une friandise de serins. Les viandes sont salées ou fumées; les légumes sont desséchés, ou comprimés et cuits dans des boîtes de fer blanc hermétiquement closes avec de la soudure. Malgré toutes ces précautions, tôt ou tard les biscuits se moisissent, le lard rancit, les viandes se corrompent, les légumes s'altèrent, et, à la suite d'une alimentation malsaine, les maladies déciment l'équipage.

Le problème des conserves alimentaires s'est présenté pour la plante comme pour la marine, avec cette différence que la plante l'a résolu tout d'abord, d'inspiration, tandis que la marine le cherche encore, sans espoir peut-être d'en venir à bout. Des bourgeons abandonnent la plante qui les a produits, ils se disséminent qui d'ici qui de là pour devenir autant de nouvelles plantes. Il leur faut des vivres pour suffire à leurs premiers besoins, alors que, dépourvus encore de racines, ils ne peuvent puiser la nourriture dans le sol; il leur faut des vivres emmagasinés tantôt dans le rameau gonflé en tubercule, tantôt dans leurs propres écailles devenues charnues. Ces vivres doivent être inaltérables; ils doivent pouvoir supporter l'humide et le sec, le chaud et le froid, sans rancir, sans moisir, sans attirer les vers. Ce programme, que la science humaine ne pourrait réaliser, la plante le réalise admirablement.

Pour éviter les vers, elle approvisionne ses bourgeons d'un aliment qui, n'ayant ni odeur ni saveur, ne peut les attirer, et, pour plus de sûreté, parfois elle assaisonne ces vivres de liquides acerbes et même de poison. Pour éviter le moisi, elle donne à cet aliment une résistance incomparable à l'humidité; pour éviter le rance, elle le fait indifférent à l'action de l'air. Cet aliment se nomme *fécule*.

Vous connaissez l'amidon, la belle matière blanche avec laquelle se fait l'empois, qui sert à donner de la consistance au linge. L'amidon est de la fécule pure, de la fécule extraite par l'industrie des grains des céréales. Mettez-en un peu sur la langue; il n'a aucune saveur. Laissez-le séjourner dans de l'eau froide; il s'y conserve intact. Abandonnez-le à l'air; aucune altération ne s'ensuivra.

En l'état où elle est, la fécule, il est vrai, n'est pas alimentaire; mais elle a de curieux priviléges. Par un revirement incompréhensible, sans rien gagner et sans rien perdre, par un simple tour de main d'apprêt, elle devient... devinez quoi? Elle devient du sucre; non le sucre en pain que vous connaissez, mais un autre ressemblant à celui du miel. Quand vous croquez une dragée, et j'ai la persuasion que vous l'estimez à sa valeur, savez-vous ce que vous mangez? Une pâte de fécule et de sucre de fécule. Je ne parle pas de l'amande centrale, étrangère à la question. Semblable friandise est la nourriture des bourgeons approvisionnés de fécule.

L'homme, le grand mangeur qui exploite de toute façon la plante et l'animal, ne pouvait manquer de tirer parti de la merveilleuse métamorphose. Bouillie avec de l'eau, la fécule se change en empois, matière déjà susceptible de se dissoudre. Or, si pendant l'ébullition on ajoute un peu d'un liquide infernal appelé huile de vitriol, l'empois devient sirop, devient sucre. C'est ainsi que se prépare le sucre de fécule des dragées. Il va sans dire que, une fois formé, on le débarrasse de l'huile de vitriol qui a servi à le faire.

Cette méthode n'est pas la seule qui transforme la fécule. Une pomme de terre crue est immangeable, car pour garantir ses provisions des ravages des vers, le tubercule les assaisonne d'un liquide à saveur rebutante, comme nous saupoudrons de chaux les raisins trop près de la route, pour empêcher les passants d'y toucher. Mais cuite, elle est excellente. Que s'est-il donc passé? La chaleur a détruit le peu de liquide rebutant; de plus, elle a converti en sucre une partie de la fécule. Maintenant le tubercule est, comme la dragée, un mélange de farine et de sirop.

J'en dirai autant de la châtaigne. Crue, elle ne vaut pas grand'chose. A la rigueur, cependant, on peut la manger, car elle n'a pas l'égoïste précaution d'empoisonner sa fécule. Aussi les insectes la rongent volontiers, tandis qu'ils respectent la pomme de terre soupçonneuse. Crue, dis-je, à peine est-elle mangeable ; cuite, on ne peut tarir en éloges sur son compte. Je m'en rapporte pleinement à votre appréciation. Encore une transformation de la fécule en sucre par la chaleur.

Est-il nécessaire de vous dire que la plante n'emploie aucune de ces deux méthodes ? Que voulez-vous qu'elle aille travailler sa fécule par le feu et l'huile de vitriol ? Le procédé est trop brutal. Elle a mieux que tout cela.— Mettez du blé dans une soucoupe et tenez-le humide. En quelques jours le blé germera. Eh bien, lorsque la pointe verte des jeunes pousses commence à se montrer, si vous prenez un grain, vous le trouvez tout ramolli. Il s'écrase sous le doigt et laisse écouler une espèce de lait d'une saveur très-douce. Pour nourrir, pour allaiter en quelque sorte la petite plante, la fécule est devenue sucre, tout doucement, sans feu, sans huile de vitriol. Comment cela ? Je l'ignore. Ici toute science de bon aloi dit modestement : Je ne sais pas. Il est entré dans les desseins du Créateur qu'à un moment donné la fécule, matière aride, non nutritive, dépourvue de saveur, devînt un lait bien doux, fluide, nourrissant, pour sustenter la jeune plante ; et cela se fait.

Partout où il y a un germe destiné à se développer seul, il y a de la fécule en réserve. Il y en a dans le grain, il y en a dans les écailles charnues des bourgeons qui se détachent seuls de la plante, il y en a dans le tubercule. Toujours, au moment de l'éveil du germe, cette fécule devient sucre qui, dissous dans l'eau, pénètre dans la jeune plante et la nourrit.

Réparons un oubli que j'allais commettre. Les provisions de fécule, vous ai-je dit, sont parfois empoisonnées pour être à l'abri des ravages des insectes. Exemples : les tubercules de l'arum et les racines du manioc. Vous avez peut-être entendu parler de cette dernière plante. Sa racine farineuse est pour l'homme un poison épouvantable, et cependant, en Amérique, on en fait un pain excellent. On exprime fortement les racines réduites en pulpe avec la râpe. Le jus qui s'écoule entraîne le poison. Reste alors une matière inoffensive, riche en fécule et propre à faire du pain. Quant aux bourgeons, ils n'ont dans aucun cas rien à craindre du poison qui peut accompagner les vivres. Lorsque le moment est venu d'utiliser la fécule, la matière vénéneuse devient inoffensive, nutritive même, car du poison faire un aliment est un jeu pour la plante.

La fécule est en grains très-menus amassés dans de petits sacs clos de partout et nommés cellules. La chair d'une pomme de terre se compose presque en entier d'un amas de cellules bourrées de ces grains. Proposons-nous d'extraire la fécule de la pomme de terre. Il suffit de déchirer les cellules pour mettre les grains en liberté, puis de faire le triage. A cet effet, le tubercule est réduit en pulpe avec une râpe. On dispose cette pulpe sur un linge au-dessus d'un grand verre, et l'on arrose avec un filet d'eau tout en remuant. Les grains sortis des cellules déchirées sont entraînés par l'eau à travers les mailles du linge ; la pulpe, trop grossière reste sur le filtre. Vous avez maintenant un plein verre d'eau trouble. Mais regardez au grand jour. Une foule de petits points d'un blanc satiné descendent comme neige et se déposent au fond. Dans quelques instants, le dépôt est opéré. Vous pouvez alors jeter l'eau, et il vous reste une matière pulvérulente d'un beau blanc, et craquant entre les doigts. C'est la fécule.

Les grains de fécule sont d'une excessive finesse. Les

plus volumineux sont ceux de la pomme de terre. Il en
faudrait cent cinquante environ pour remplir un millimètre cube. Ceux du blé sont bien moindres : dix mille
suffiraient à peine pour faire un millimètre cube. Cependant ces grains si menus sont très-compliqués et se
composent d'un grand nombre de feuillets emboîtés l'un
dans l'autre. Dans une seule pomme de terre, il y a
des millions et des millions de cellules bourrées de grains,
tous aussi compliqués. Quel incompréhensible travail
pour organiser, feuillet par feuillet, ces légions de gra-
nules ! L'imagination s'y perd, la raison s'y abîme ! Le
tout pour la pâtée d'un bourgeon.

XCVII

LE VIN

Avez-vous jamais remarqué ce qui se passe quand on
met un peu de vin bouillir devant le feu pour faire du
vin chaud? A peine le liquide commence-t-il à bouillir,
qu'une fumée invisible s'en échappe, fumée qui prend
feu à l'approche d'une mèche de papier allumée, et brûle
avec une belle flamme bleue courant à la surface. Bientôt
cette flamme s'éteint, et l'ébullition se poursuit désormais
sans rien donner d'inflammable. Le vin alors a perdu toute
sa force. Ce qui lui donne en effet ses propriétés, c'est
précisément cette substance apte à prendre feu, que la
chaleur chasse au début de l'ébullition. On lui donne le
nom d'*alcool.*

Pour retirer l'alcool du vin et le recueillir, on a recours
à la distillation. Un appareil distillatoire, ou un *alambic*,
comme on l'appelle, se compose d'une *chaudière*, d'un
serpentin et d'un *réfrigérant*. La chaudière reçoit le vin

qu'il faut distiller. Elle est fermée de partout pour ne pas
laisser perdre les vapeurs d'alcool, et communique seulement avec le serpentin, ou tube roulé en forme de spirale. De l'eau froide, sans cesse renouvelée, remplit le
vase réfrigérant et enveloppe le serpentin. On chauffe
avec précaution. L'alcool se dégage le premier en vapeurs, qui se refroidissent en circulant dans les spires du

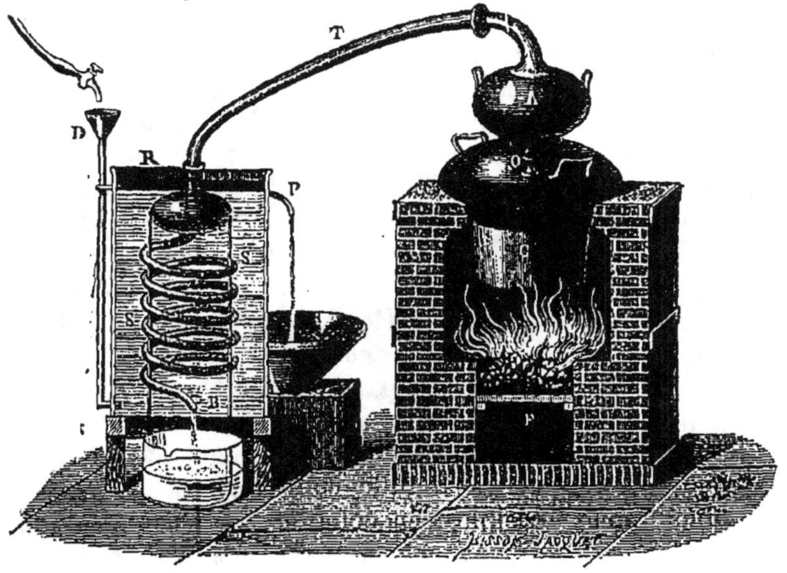

. Fig. 87. — Appareil distillatoire.

serpentin et redeviennent ainsi substance liquide. Par
l'extrémité inférieure du canal spiral, il s'écoule donc un
mince filet d'alcool, provenant des vapeurs que la chaleur
chasse du vin bouillant dans la chaudière. Quand cet
écoulement cesse, l'opération est terminée. Il ne reste
plus alors dans la chaudière que de l'eau et les matières
qui donnaient au vin sa couleur.

Le liquide ainsi recueilli n'est jamais de l'alcool pur;
des vapeurs d'eau passent aussi dans le serpentin, tantôt

plus, tantôt moins abondantes, d'après la manière dont la distillation est conduite, et affaiblissent d'autant le produit obtenu. Les liquides les plus faibles se nomment *eau-de-vie ;* les plus forts, *esprit-de-vin ;* et l'on réserve le nom d'alcool pour désigner la substance pure, ne contenant plus d'eau. Tous ces liquides ont une forte odeur vineuse et une saveur ardente ; tous brûlent avec une flamme colorée en bleu.

Il nous reste à apprendre d'où provient l'alcool qui se trouve dans le vin et donne à celui-ci sa valeur. Le vin se fait avec le jus des raisins. Ce jus, tel qu'on l'extrait de la grappe pressée, n'a nullement l'odeur et la saveur vineuses, car il ne renferme pas encore de l'alcool ; mais il possède un goût agréablement sucré qui donne aux raisins leurs qualités de fruit de table. Or, cette saveur douce, le raisin bien mûr la doit à du sucre pareil à celui qui se forme dans le blé en germination, pareil enfin à celui qui résulte de la fécule transformée comme je viens de vous l'apprendre ; seulement, dans le raisin, ce sucre n'a pas été précédé par l'état de fécule ; il s'est formé directement à mesure que la grappe a mûri. Cette matière sucrée est la substance qui devient alcool pendant la fabrication du vin. Voici comment les choses se passent.

La vendange est d'abord soumise au *foulage* par des hommes qui la piétinent dans de grands cuviers ; puis le mélange de jus et de pulpe est abandonné à lui-même. Bientôt cette purée liquide s'échauffe toute seule et se met à bouillonner en dégageant de grosses bulles gazeuses, comme si elle recevait la chaleur de quelque foyer. Le travail qui se passe alors se nomme *fermentation ;* il s'effectue dans la substance même du sucre, qui petit à petit se décompose en alcool et en gaz carbonique. L'alcool reste dans le liquide, qui perd peu à peu la saveur douce primitive et prend le goût vineux. Le gaz carbonique monte en agitant la masse d'un mouvement tumultueux

semblable à celui de l'ébullition ; il apparaît en oulles à
la surface et se dissipe dans l'air. Ce gaz carbonique, un
des deux résultats du sucre détruit et devenu alcool, est
l'air meurtrier que nous connaissons déjà, le gaz même
qui se dégage du charbon allumé et qui s'exhale de nos
poitrines à chaque expiration. C'est vous dire combien
il serait dangereux de pénétrer dans une cuve en pleine
fermentation, ou même dans un cellier qui n'aurait pas
des ouvertures suffisantes pour laisser écouler au dehors
le redoutable gaz.

Quand la fermentation est achevée, on soutire le vin
pour le séparer du marc avec lequel il est mélangé. Le
liquide est alors composé d'une grande quantité d'eau
provenant des raisins eux-mêmes, d'une petite proportion d'alcool résultant du sucre détruit, et d'une matière
colorante fournie par la peau des raisins.

Si l'on veut obtenir du vin blanc, les raisins, noirs ou
blancs indistinctement, sont d'abord écrasés, puis pressés avant d'être soumis à la fermentation. On sépare
ainsi le jus des peaux. La raison de ce traitement est
celle-ci. La matière colorante du raisin, cause de la coloration des vins rouges, est contenue dans la pellicule
des grains. Elle n'est pas soluble dans l'eau, mais elle
se dissout aisément dans l'alcool. C'est donc après que
la fermentation est déjà avancée dans le liquide que celui-ci se colore, en dissolvant la matière colorante au
moyen de l'alcool formé. Mais si les peaux sont enlevées
avant que le jus ait fermenté, il n'y a plus de matière
colorante à dissoudre, et le vin est blanc, quelle que soit
la couleur des raisins employés.

Pour être mousseux, le vin doit être mis en bouteilles
avant que la fermentation soit achevée. Le gaz carbonique, continuant à se former et ne trouvant pas d'issue à
cause du solide bouchon qui lui ferme le passage, s'ac-
cumule dans le liquide, mais en faisant toujours effort
pour s'échapper. C'est lui qui fait sauter le bouchon avec

explosion quand la résistance n'est pas suffisante ; c'est
lui enfin qui entraîne le liquide en flots mousseux hors
de la bouteille débouchée. L'acide carbonique n'est à
craindre que respiré en abondance; s'il entre dans nos
boissons, il leur communique une légère saveur pi-

Fig. 88. — Le Houblon.

quante, inoffensive et même salubre, car elle favorise la
digestion.

Puisqu'elle est apte à devenir du sucre semblable à celui des raisins, la fécule, elle aussi, doit pouvoir servir
à faire de l'alcool. La fabrication de la bière est précisément basée sur le double changement d'abord de la fécule en sucre lorsque le grain germe, puis du sucre en
alcool lorsque le liquide sucré fermente. On fait germer
de l'orge en la tenant humide à une douce température.
Pour alimenter la jeune plante, la matière farineuse im-

bibée d'eau devient une bouillie sucrée. L'orge est alors
desséchée dans une étuve, puis réduite au moulin en une
poudre grossière, et enfin délayée dans de l'eau. On
ajoute au mélange de la levûre, c'est-à-dire une espèce
d'écume qui s'amasse à la surface au moment où le liquide fermente, et que l'on conserve d'une opération à
l'autre. Cette écume a la propriété de provoquer et d'activer la fermentation. Le travail qui s'accomplit alors est
le même que pour le vin. Le sucre formé aux
dépens de la fécule est détruit et donne à la
fois de l'alcool et du gaz carbonique. Le résultat est la bière, moins riche en alcool que
le vin, mais plus mousseuse que lui. On lui
communique son amertume et son arôme particulier avec les cônes d'une plante nommée
houblon, expressément cultivée dans le Nord
en vue de la bière.

Fig. 89. —
Cône do hou-
blon.

Une foule de fruits, de tubercules, de racines, contenant soit du sucre, soit dé la fécule, donnent lieu à une fabrication plus ou
moins importante de liqueurs alcooliques.
Avec les pommes se fait le *cidre;* avec les pommes de
terre, dont la fécule est préalablement changée en sucre
par l'ébullition en présence d'une petite quantité d'huile
de vitriol, se fait l'*eau-de-vie de pommes de terre*. On appelle *eau-de-vie de Cognac* le produit de la distillation
des vins du Midi; *rhum*, celui que donne la fermentation
du jus des cannes à sucre; *kirsch*, celui que fournissent
les cerises amères écrasées avec leurs noyaux. Les Kal-
mouks obtiennent leur *arki* par la fermentation du lait
de jument; le *genièvre*, dans les contrées septentrionales
de l'Europe, est préparé avec les baies du genévrier; le
wiskey de l'Ecosse et de l'Irlande s'obtient avec de
l'orge, du seigle ou des pommes de terre et addition de
prunelles sauvages; le *marasquin* de Dalmatie provient
des pêches et des prunes. La Chine prépare de l'*eau-de-*

vie de riz et de l'*eau-de-vie de sorgho ;* l'*aqua-ardiente* des
Mexicains est donnée par la séve d'une plante grasse, à
grandes feuilles pointues, nommée agave ; le *rak* de
l'Egypte s'obtient avec la séve des palmiers. Toutes ces
boissons doivent leurs propriétés à l'alcool qu'elles contiennent. Prises avec modération, ce sont des excitants
énergiques qui relèvent les forces dans les travaux péni-
bles ; prises avec excès, ce sont des poisons odieux, qui
délabrent la santé, troublent la raison et ravalent l'homme
au niveau de la brute.

XCVIII

LE PAIN

Ce jour-là Aurore pétrissait. Debout devant le pétrin,
les joues animées par l'ardeur du travail, les bras nus
jusqu'aux coudes, tantôt elle enfonçait à tour de rôle les
poings fermés dans le mélange d'eau et de farine, qui cé-
dait avec un bruit de flic flac ; tantôt, soulevant par brassées de larges nappes de pâte, elle les laissait lourdement
retomber. Marie, montée sur un petit tabouret pour se
mettre au niveau du pétrin, aidait Aurore en ce pénible
ouvrage. La pâte, divisée en morceaux dont chacun devait faire un pain, fut déposée dans de petites corbeilles
de paille et abritée sous des couvertures de laine, pour
qu'une douce chaleur achevât le travail commencé.

— En attendant l'heure du four, fit Aurore, voulez-vous,
mes filles, que je vous raconte l'histoire du pain ? L'occasion est belle, et d'ailleurs cette histoire vient très-bien
après celle du vin. Il y a, dans la préparation du plus
précieux des aliments et dans celle de la plus précieuse

des boissons, des traits de ressemblance qu'il vous sera plus tard fort utile de connaître.

La proposition fut bien vite acceptée. — Eh bien, dit l'infatigable conteuse, commençons par le commencement, par la farine. Ce que vous savez de la farine se réduit à ceci : c'est le grain du froment réduit en poudre au moulin et séparé de l'écorce nommée son. Je vais vous en apprendre un peu plus. Marie, prenez dans le sac une bonne poignée de farine et réduisez-la en pâte avec un peu d'eau.

La pâte faite, vous allez, continua Aurore, la pétrir de vos doigts au-dessus de ce grand plat, tandis que je l'arroserai avec l'eau de cette carafe. Maintenez bien la pâte et pétrissez toujours, tournez et retournez pendant que je verse l'eau en mince filet. — Remarquez bien l'eau qui passe sur la pâte et la lave ; elle tombe dans le plat toute blanche, preuve qu'elle entraîne quelque chose de la farine. Ce quelque chose s'amassera par le repos au fond du plat, et nous reconnaîtrons alors une matière pareille à la fécule de la pomme de terre, pareille à l'amidon qui nous sert pour l'empois. C'est effectivement de la fécule, c'est tout juste de l'amidon que vous pourriez employer tel quel à l'apprêt du linge. L'amidon des repasseuses s'obtient en grand par un moyen semblable : on lave de la pâte, et les eaux blanches déposent, par le repos, une couche d'amidon qu'il suffit de recueillir et de faire sécher.

Voilà un premier point établi : la farine contient de la fécule ; mais elle contient encore autre chose. Dans l'eau qui a laissé déposer la fécule on pourrait reconnaître, si elle était réduite à un plus petit volume, une légère saveur douce. Du reste, ce goût sucré se constate plus aisément avec la farine, qu'il suffit de mettre sur la langue. Second point : la farine contient du sucre, en très-petite quantité il est vrai, mais enfin un peu. Ce sucre est le même qui doit se former plus tard, en si grande abondance, aux dépens de la fécule, pendant la germination du grain ; il est donc tout naturel qu'il s'en trouve déjà quelques traces dans le blé qui n'a pas encore germé.

J'arrive à la substance la plus importante de la farine, celle qui reste maintenant, après un long lavage, entre les doigts de Marie. Cette substance ne cède plus rien : Marie a beau pétrir et moi j'ai beau arroser, l'eau ne lui prend plus rien et tombe incolore dans le plat. La matière que ce lavage prolongé nous a laissée est molle, gluante et s'étire à peu près comme la gomme élastique. Sa couleur est grisâtre, son odeur a quelque chose de fort. Desséchée au soleil, elle deviendrait dure et transparente comme de la corne. On lui donne le nom de *gluten*, pour rappeler son état glutineux, sa viscosité.

Ce serait ici le moment de rappeler les trois fioles à poulardes, les trois fameuses fioles, vous savez, qui trouvèrent le cuisinier si incrédule, car ce que j'ai à vous dire maintenant est tout d'abord bien difficile à croire. Cette matière, d'aspect si peu engageant, toute molle, toute visqueuse, qui englue les doigts, ce gluten enfin, savez-vous ce que c'est ? N'allez pas vous récrier ; ce que j'avance est l'exacte vérité. Par sa composition, le gluten ne diffère en rien de la chair. C'est de la chair végétale qui, sans rien perdre et sans rien gagner, par une légère retouche de la digestion, devient chair animale. Aussi le gluten est-il, par excellence, la cause des hautes propriétés nutritives du pain.

De toutes les céréales, le froment en contient le plus ; le seigle n'arrive qu'en seconde ligne. Le maïs et le riz, ainsi que les châtaignes et les pommes de terre, n'en contiennent point ; par cela même, leur farine, si riche qu'elle soit en fécule, n'est nullement bonne à faire du pain. Cela vous explique la supériorité du froment sur tous les autres grains farineux.

Parlons maintenant de la préparation du pain. Si l'on se bornait à pétrir la farine avec de l'eau et à mettre au four la pâte telle quelle, on n'obtiendrait qu'une galette serrée, compacte, une sorte de colle durcie qui rebuterait l'estomac par sa digestion laborieuse. Il faut au pain, pour être facilement digéré, ces trous innombrables dont il est criblé à la manière d'une éponge, ces yeux enfin qui fragmentent la mie en parcelles et rendent plus aisé le travail d'extrême division accompli dans l'estomac. On les obtient en soumettant la pâte à la fermentation.

Il y a, je viens de vous l'apprendre, un peu de sucre dans la farine, sucre décomposable en alcool et en gaz carbonique, s'il vient à fermenter. Cette fermentation, comment la provoquerons-nous? Rien de plus simple : il suffit d'imiter le fabricant de bière, quand il ajoute, au liquide sucré de l'orge germée, un peu de levûre ou d'écume de la précédente opération. Pareillement, on mélange à la pâte fraîche un peu de vieille pâte, mise en réserve lors du pétrissage antérieur, et appelée *levain*. Entre les deux expressions de *levain* et de *levûre*, vous reconnaissez une étroite ressemblance. C'est qu'en effet les deux matières ont des propriétés pareilles : toutes les deux font fermenter le sucre, toutes les deux le décomposent en gaz carbonique et en alcool. Levain vient du verbe lever, parce que, à la faveur du levain mélangé avec elle, la pâte se soulève, gonflée par le gaz carbonique produit.

Le levain, vous ai-je dit, est une pâte fermentée provenant du pétrissage qui précède. Il est tiède au toucher, à cause du travail de décomposition qui se continue dans sa substance ; il est bombé et très-élastique, à cause du gaz carbonique emprisonné ; il a une odeur pénétrante et vineuse, à cause de l'alcool formé aux dépens du sucre. Telle est la matière qu'il faut mélanger en petite quantité avec la pâte fraîche, au début du pétrissage, pour obtenir le pain tel que nous le désirons. Pour relever le goût, on ajoute un peu de sel, qui ne remplit d'ailleurs aucun autre rôle.

Le pétrissage fini, que se passe-t-il? Le voici : à la faveur du levain, le sucre de la pâte se décompose. Le gaz carbonique produit reste emprisonné dans la masse, car le gluten se gonfle sous l'expansion du gaz, s'étend en minces membranes et forme une foule de cavités sans issue. De la sorte, la pâte se gonfle et devient toute poreuse. Là cuisson au four augmente encore la porosité, car le gaz, se trouvant retenu par des parois de gluten capables de se distendre à la manière de la gomme élastique, se dilate par la chaleur et rend plus spacieuses les cavités primitives. L'effet du levain est donc de produire un pain très-poreux, léger, et, par conséquent, de digestion facile. Une douce température est nécessaire pour que la fermentation s'accomplisse bien ; cela vous explique l'utilité des couvertures que j'ai mises sur la pâte pour lui conserver sa chaleur et la préserver de l'air froid. Soulevez les couvertures et appuyez la main sur la pâte ; vous la trouverez tiède et rebondie. La fermentation l'échauffe et le gaz carbonique la gonfle.

Sur le soir, le pain revenait du four, tout doré sur la croûte et embaumant la maison d'une douce odeur. Claire, Marie et Augustine lui trouvaient une saveur meilleure depuis qu'elles savaient comment se fait le pain.

———

XCIX

TRAVAIL DES PLANTES

Aurore. — Au grand banquet des êtres, trois mets seulement sont servis, accommodés d'une infinité de manières. Depuis le gourmet qui dîne des richesses gastronomiques des cinq parties du monde, jusqu'à l'huître qui fait ventre d'un peu de glaire apportée par le flot; de-

puis le chêne qui suce de ses racines l'étendue d'un ar-
pent, jusqu'à la moisissure installée sur un atome de
pourriture, tout puise au même fonds : le charbon, l'air et
l'eau. Ce qui varie, c'est le mode de préparation. Le loup
et l'homme mangent leur charbon accommodé en mouton; le mouton broute le sien accommodé en herbe ; et
l'herbe?... Ah! c'est ici la grande affaire qui établit la
plante nourrice de ce monde et lui assujettit et le loup, et
le mouton, et l'homme.

Dans la chair, l'estomac de l'homme et celui du loup
trouvent le charbon, l'air et l'eau, préparés sous un petit
volume en mets de haute saveur ; dans l'herbage, l'estomac du mouton les trouve aussi savamment préparés,
moins savoureux, il est vrai, et de plus grand volume.
Mais la plante, qui nourrit le mouton et fait sa chair,
comme celle-ci nourrit l'homme et fait la substance de son
corps, la plante, à quelle sauce mange-t-elle le charbon,
l'air et l'eau?

Elle les mange au naturel, ou peu s'en faut. Ses cellules
vertes, estomacs d'une miraculeuse puissance, digèrent le
charbon, s'abreuvent d'air et d'eau ; et de ces trois choses,
dont tout autre qu'elles ne voudrait pas, composent le
brin d'herbe, qui transmet au mouton l'air, le charbon et
l'eau, associés désormais sous forme nutritive. Le mouton reprend en sous-œuvre la préparation fondamen-
tale du brin d'herbe, l'améliore un peu, à peine, et s'en
fait de la chair qui, finalement, par une retouche des
plus simples, devient chair d'homme ou chair de loup,
suivant le consommateur.

MARIE. — L'homme fait son corps avec la chair du
mouton et les diverses choses dont il se nourrit; le mouton fait sa chair avec l'herbe qu'il broute; l'herbe fait sa
substance avec le charbon, l'air et l'eau. C'est toujours la
plante qui prépare le manger.

AURORE. — A elle seule revient ce travail par excellence. L'homme emprunte les matériaux de son corps

soit à la plante elle-même, soit au mouton et à d'autres
animaux, qui les renferment tout préparés ; le mouton les
extrait de la plante, où ils sont déjà très-dégrossis ; la
plante seule puise à la source première : elle mange l'immangeable, l'air, le charbon et l'eau, et, par un travail
merveilleux, dont elle seule est capable, les convertit en
substances alimentaires propres à nourrir l'animal. C'est
donc elle, en définitive, qui tient table ouverte aux populations de la terre. Si elle suspendait son travail, comme
ils ne peuvent croquer le charbon tel quel, et humer l'air
du temps pour nourriture, les animaux, absolument tous,
périraient de faim, le mouton faute d'herbe, le loup faute
de mouton.

CLAIRE. — Je vois maintenant pourquoi vous appeliez
la plante la grande artiste, qui sait tout préparer avec
les fioles à poulardes de votre ami. Elle fait tout avec du
charbon, de l'eau et de l'air.

AURORE. — La plante ne s'alimente pas à notre manière : elle s'imbibe des matières qui doivent la nourrir.
C'est vous dire que le charbon n'est pas consommé par
elle tel que vous le connaissez, même en poudre fine. Il
doit être préalablement fluidifié, dissous. Or le dissolvant du charbon, c'est l'air. Vous savez qu'une fois imprégné de charbon, l'air devient un gaz mortel nommé
gaz carbonique. Voilà le principal aliment de la plante.

CLAIRE. — La plante vit de ce gaz redoutable dont
quelques bouffées tuent?

AURORE. — Elle vit de ce qui nous ferait périr, elle
nous prépare le manger avec ce qui nous donnerait la
mort. Rappelons-nous que tout ce qui respire, tout ce
qui brûle, tout ce qui fermente, tout ce qui pourrit,
exhale du gaz carbonique dans l'atmosphère. Celle-ci,
réceptacle de ces mortelles émanations, devrait donc,
avec les siècles, devenir irrespirable et asphyxier les populations de la terre, si quelque loi providentielle n'y
veillait. Voyons d'abord ce que disent les nombres au

sujet de ce péril d'empoisonnement de l'atmosphère.

Le gaz carbonique produit seulement par la respiration de la grande famille humaine atteint environ par année 160 milliards de mètres cubes, ce qui représente 86,270 millions de kilogrammes de charbon brûlé. Mis en tas, ce charbon formerait une montagne d'une lieue de tour à sa base et de 400 à 500 mètres de haut. Telle est la quantité de combustible nécessaire pour le seul entretien de la chaleur naturelle de l'homme. Entre nous tous, nous mangeons la montagne; et, à la fin de l'année, bouffée par bouffée de gaz carbonique, nous l'avons disséminée dans l'air, pour en entamer immédiatement une autre. Combien de montagnes de charbon, depuis que le monde est monde, le genre humain a-t-il donc soufflées dans l'atmosphère !

Il faut tenir compte aussi des animaux qui, ensemble, ceux de la terre et ceux de la mer, doivent dévorer une belle montagne de combustible, une montagne comme le mont Blanc, peut-être. Ils sont bien plus nombreux que nous; ils peuplent le globe entier, les continents et les mers. Que de charbon, grand Dieu, que de charbon pour l'entretien du feu de la vie ! Et dire que tout cela va dans l'air, en gaz meurtrier, dont quelques inspirations vous tuent raide !

Ce n'est pas tout encore. Les matières qui fermentent comme le jus de la vendange et la pâte du pain, les matières qui brûlent par pourriture, le fumier, par exemple, produisent du gaz carbonique. Il n'est pas nécessaire que la fumure soit bien forte pour que, d'une terre cultivée, 100 à 200 mètres cubes de gaz carbonique se dégagent par jour et par hectare.

Le bois, le charbon, la houille, que nous brûlons dans nos maisons, dans les puissants foyers de l'industrie surtout, ne se rendent-ils pas aussi dans l'air en gaz délétère ? Songez donc à la quantité de gaz carbonique que vomit dans l'atmosphère le gueulard d'un fourneau d'usine où le combustible se met par tombereaux ! Songez aux volcans, gigantesques cheminées qui, en une seule éruption, en rejettent des quantités devant lesquelles ce qui précède ne compte plus !

C

LES VÉGÉTAUX ET L'ATMOSPHÈRE

Aurore. — C'est tout clair : l'atmosphère reçoit sans cesse des torrents de gaz carbonique à défier toute supputation. Mais, ô prodige ! les races animales n'ont rien à redouter de l'asphyxie générale, ni dans le présent, ni dans l'avenir. L'atmosphère, toujours empoisonnée, est toujours assainie ; toujours chargée de charbon, elle en est toujours purgée.

Et quel est le providentiel assainisseur qui rend l'air inoffensif ? C'est la plante, mes chères enfants, la plante, qui se nourrit de gaz carbonique pour nous empêcher de périr, et nous prépare du pain pour nous faire vivre. Ce gaz meurtrier, en lequel se résout toute chose devenue cadavre, est l'aliment par excellence de la plante ; pour le merveilleux estomac du végétal, pourriture, c'est nourriture. Des dépouilles de la mort, le brin d'herbe reconstitue la vie.

La feuille est criblée d'une infinité d'orifices excessivement petits et nommés stomates. Sur une seule feuille de tilleul, on en compte plus d'un million. Par ces orifices, la plante respire, non l'air pur comme nous, mais l'air empoisonné, mortel pour l'animal et salubre pour elle. Elle aspire, par ces myriades de millions de stomates, le gaz carbonique répandu dans l'atmosphère ; elle l'admet dans l'épaisseur des feuilles, et là, sous les rayons du soleil, un acte incompréhensible se passe. Stimulées par la lumière, les feuilles travaillent le gaz meurtrier et le dépouillent net de son charbon. Elles débrûlent (le mot n'est pas dans le dictionnaire, et c'est dommage, car il rend bien l'idée), elles débrûlent le charbon brûlé, elles défont ce qu'avait fait la combustion, elles séparent le charbon de l'air qui lui est associé ; en un mot, elles décomposent le gaz carbonique.

Et n'allez pas croire chose facile que de ramener à l'état primitif deux substances associées par le feu, que de débrûler une matière brûlée. Il faudrait au chimiste tout ce qu'il possède d'ingénieux moyens et de drogues brutales pour extraire le charbon du gaz carbonique. Eh bien, ce travail, qui mettrait en action tout l'arsenal d'un laboratoire, les feuilles l'accomplissent paisiblement, sans efforts, à l'instant même, mais à la condition expresse d'avoir pour aide le soleil.

Mais si la lumière du soleil lui fait défaut, la plante n'a plus d'action sur le gaz carbonique, sa principale nourriture. Alors elle languit affamée, elle s'allonge comme pour rechercher la lumière qui lui manque ; son écorce, ses feuilles pâlissent et perdent la coloration verte ; enfin elle périt. Cet état maladif, causé par la privation de lumière, se nomme *étiolement*. On le provoque en horticulture pour obtenir du jardinage plus tendre, pour amoindrir et même pour faire disparaître la saveur trop forte et déplaisante de quelques végétaux. C'est ainsi qu'on lie avec un jonc les salades, dont le cœur, privé des rayons du soleil, devient blanc et tendre ; c'est ainsi qu'on enterre, en grande partie, les cardons et le céleri, dont la saveur serait insupportable sans ce traitement par l'obscurité. Couvrons le gazon d'une tuile, cachons une plante sous un pot renversé ; en quelques jours de privation de lumière, nous les trouverons avec le feuillage maladif et jauni.

Au contraire, lorsque la plante reçoit sans entraves les

rayons du soleil, le gaz carbonique, en un rien de temps, est décomposé : le charbon et l'air se séparent, et chacun reprend ses propriétés premières. Dépouillé de son charbon, .'air redevient ce qu'il était avant de s'associer à lui; il redevient air pur, apte à entretenir et le feu et la vie. En cet état, il est rejeté dans l'atmosphère par les stomates, pour servir de nouveau à la combustion, à la respiration. Il était entré gaz mortel dans la feuille, il en sort gaz vivifiant. Il y reviendra un jour avec une nouvelle charge de charbon; il la déposera dans la plante, et aussitôt épuré, recommencera sa tournée atmosphérique. L'essaim va et vient de la ruche aux champs et des champs à la ruche, tour à tour allégé, ardent au butin, ou bien chargé de miel et regagnant les rayons d'un vol appesanti. Ainsi l'air arrive aux feuilles avec une charge de charbon butiné dans les veines de l'animal, sur le tison embrasé, sur les matières en putréfaction; il le cède à la plante et repart, infatigable, pour de nouvelles récoltes.

C'est ainsi que l'atmosphère se maintient salubre, malgré les torrents immenses de gaz carbonique qui, sans discontinuer, y sont déversés. La plante aspire le gaz mortel. Sous l'influence de la lumière du soleil, elle le décompose en charbon qu'elle garde pour faire sa propre substance, et en air respirable qu'elle restitue à l'atmosphère. L'animal et la plante se prêtent un mutuel appui : l'animal fait du gaz carbonique, dont la plante se nourrit; la plante, de ce gaz meurtrier, fait de l'air respirable, nécessaire à l'animal. Nous vivons doublement par les végétaux : ils nous assainissent l'atmosphère, ils nous préparent le manger.

MARIE. — Voilà bien, tante Aurore, la plus surprenante histoire que vous ayez encore racontée. Lorsque vous avez débuté par les fioles à poulardes qui faisaient devenir bleu le nez du cuisinier, j'ai cru d'abord à un conte pour rire ; j'étais loin de soupçonner ce que votre récit devait avoir d'élevé et de sérieux.

Aurore. — Oui, ma fille, ce que je viens de vous dire est bien élevé et bien sérieux, trop peut-être pour votre âge ; mais je n'ai pu résister au désir de vous faire connaître ces providentielles harmonies entre la plante qui fait vivre l'animal et l'animal qui contribue à la vie de la plante ; car il est bon de se fortifier l'âme par la contemplation de la Sagesse infinie qui régente l'univers.

FIN

TABLE DES MATIÈRES

Sceaux. — Imp. M. et P.-E. Charaire.

9 782329 078328